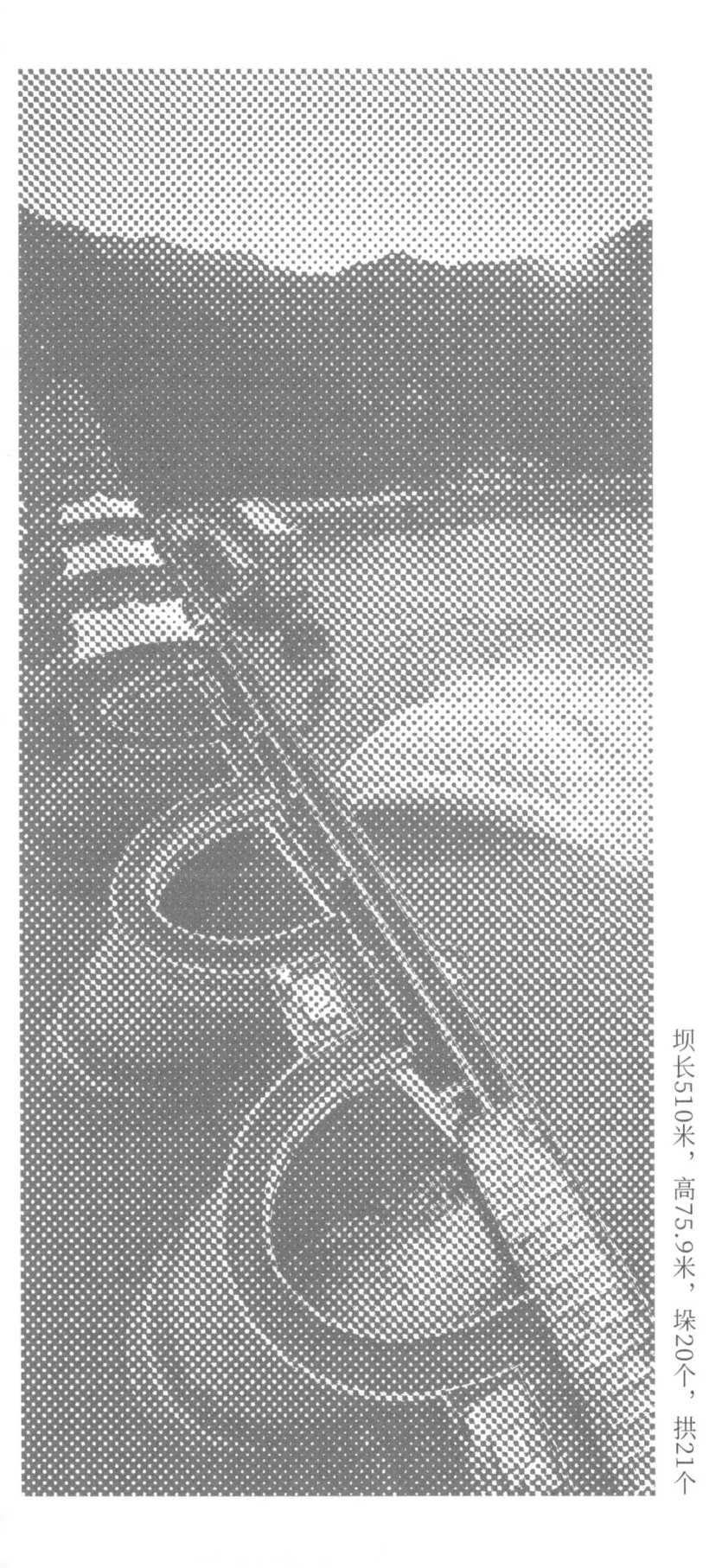

汪胡桢与佛子岭水库

WANG HUZHEN
AND FOZILING
RESERVOIR

吴旭 ◎ 著

坝长510米，高75.9米，垛20个，拱21个

河海大学出版社
·南京·

图书在版编目（CIP）数据

汪胡桢与佛子岭水库 / 吴旭著. -- 南京：河海大学出版社，2024.10. -- ISBN 978-7-5630-9277-2

Ⅰ. TV632.544

中国国家版本馆 CIP 数据核字第 2024PE5715 号

书　　名	汪胡桢与佛子岭水库 WANG HUZHEN YU FOZILING SHUIKU
书　　号	ISBN 978-7-5630-9277-2
著　　者	吴　旭
策　　划	何　平
审　　稿	黄国华　陈昌春
责任编辑	成　微
特约校对	徐梅芝　成　黎
装帧设计	林云松风
出版发行	河海大学出版社
地　　址	南京市西康路 1 号（邮编：210098）
电　　话	（025）83737852（总编室） （025）83722833（营销部） （025）83787769（编辑室）
经　　销	江苏省新华发行集团有限公司
排　　版	南京布克文化发展有限公司
印　　刷	南京新世纪联盟印务有限公司
开　　本	718 毫米×1000 毫米　1/16
印　　张	26.75
彩　　插	3
字　　数	439 千字
版　　次	2024 年 10 月第 1 版
印　　次	2024 年 10 月第 1 次印刷
定　　价	115.00 元

只有在共产党和人民政府的正确领导下发挥人民的劳动和智慧才有佛子岭水库的成功

汪胡桢

谨以此书纪念

佛子岭水库建成 70 周年
暨汪胡桢先生诞辰 127 周年

序一

　　我叫汪胡炜，是汪胡桢的女儿。欣闻吴旭先生为赶上佛子岭水库建成70周年纪念，出版《汪胡桢与佛子岭水库》一书，非常高兴。

　　吴旭先生的《汪胡桢与佛子岭水库》草稿，早在2021年就看到了，我很喜欢，还鼓励他能早点出版。一是记住汪胡桢，就如钱正英所评价的，他留给我们的是一个中国科学家的光辉榜样；二是宣传佛子岭水库，是中国水利工程建设的杰出代表。记者曾经问过我，你觉得你父亲最大的贡献是什么？我脱口就说，佛子岭连拱坝是他设计的，是新中国第一个大型水利工程，当时国家经济困难，又逢抗美援朝，不容易的。

　　汪胡桢也是从河海大学走出的第一批毕业生，河海大学就是他的母校，他们帮助出版这本书，我十分感激，这是河海大学认可汪胡桢为我国水利做出的贡献，我想早点看到《汪胡桢与佛子岭水库》。

汪胡炜
2024.7.12.

序二

吴旭同志撰写《汪胡桢与佛子岭水库》一书，我早有所闻，只盼能早日出版且先睹为快。没有想到的是，在本书即将出版之际，作者让我为之作一序言。诚惶诚恐之余，想到自己有幸与作者早结水利史与水文化研究同道之缘，更出于内心对作者苦心孤诣研究汪胡桢先生治水功绩与大师风范的敬意，我就欣然答应了。

读了这本书，我深深地感受到，本书的特点就是作者叙事时有条有序、言之有据，评述时立意高远、实事求是，并且透露出作者"记住那些对社会进步有益的事件，更要让社会记住为此做出贡献的人"的殷殷之情。作者谈到，他写这本书，是缘于研究淮河治理而涉及佛子岭水库，研究佛子岭水库而被汪胡桢的治淮事迹所打动，研究汪胡桢的治淮事迹进而又为汪胡桢的传奇人生经历所折服。作者不仅浓墨重彩写了汪胡桢指挥建设佛子岭水库期间的一幅幅动人的情景，写了佛子岭水库建设过程中遇到的一个个困难，写了汪胡桢倾其所学、殚精竭虑而攻克的一个个难题，而且着意展现了他一生对祖国的热爱、对人民的奉献，介绍了他一生从事水利科学理论与技术应用研究、水利工程建设规划设计与施工、高等教育教学与管理以及"新村"建设的主要经历，通过大量的原始资料和年谱式"大事记"，使汪胡桢"裨益建设，风惠后学"的大师形象更加丰满、可信。不难看出，作者是怀着高山景行的情愫和严谨负责的态度，在长期深入研究淮河治理，研究佛子岭和梅山水库建设，研究汪胡桢其人其事的基础上，见物见人、见人见事、见事见精神，从而写下《汪胡桢与佛子岭水库》一书的。我想，功夫不负有心人，作者的写作愿景，"记住那些对社会进步有益的事件，更要让社会记住为此做出贡献的人"，一定会在未来更多的读者中实现的。

读了这本书，我似乎看到了汪胡桢先生在佛子岭和梅山水库夜以继日紧张忙碌的身影，这本书让我们了解到他在曲折中奋力前行的人生经历和他那执著的人生追求，了解到许多以前并不为人所知的事情。他那深厚的文化修养，他那严谨的科学态度，他那"水利救国"的初心（他早年撰写了《水利救国论》，是最早提出"水利救国"者），他那治水为民的担当，无不令人肃然起敬。

读了这本书，我不禁联想到汪胡桢先生在华北水利水电大学（以下简称"华水"）工作期间的竭诚奉献和他身后对学校发展的深远影响。汪胡桢先生是华水的"老院长"，华水是他一生任职从教时间最长的一所高校。1960年9月10日，汪胡桢先生由黄河三门峡工程局总工程师调任北京水利水电学院（华北水利水电大学前身）院长，直到1978年6月调任水利部顾问，在此工作长达18年；1984年9月23日，原水利电力部专门发文（水电干字第244号），同意汪胡桢任华北水利水电学院名誉院长。老院长深爱着华水，华水师生也非常怀念他。汪胡桢先生崇尚理论联系实际的教风学风，积极倡导教学工作要紧密联系工程实际，并以身作则，经常带领学校师生到京郊的水利工地进行实地勘测和设计。1965年，他不顾68岁高龄，根据周总理治理黄河泥沙的指示，亲自带领河川、地质专业的毕业班和水动力专业的部分毕业班学生以及大部分水工系的专业教师，奔赴位于黄河中游的山西碛口进行实地勘测，设计拦沙水库，以期缓解泥沙淤积对三门峡水库造成的压力，确保渭河平原及下游黄淮海广大地区的安全。勘测期间，他同大家一样住窑洞，吃粗粮，参与设计计算，奋战4个月，完成了《碛口拦沙水库设计方案》。他十分重视教师业务水平的提高，亲自培养青年教师并过问他们的科研和实验室工作，凡事身体力行，一丝不苟。在教学工作中，他自编讲义，绘制图表，凭借其高洁的精神品格、严谨的治学态度、渊博的学识和丰富的经验而立身，而立言，而立教，深深地影响着全校师生。

老院长退休后，曾先后三次将自己珍藏的2000余册书籍捐赠给学校，就连包装、托运以及抵至车站后包车运送至学校的费用，他都要自己来付。这些书籍是他珍藏了几十年的最爱，其中有抗战爆发前中华书局印行的《经史子集》全套90大本、元明清三朝所著的水利书籍、《四部备要》等，均属稀本，弥足珍贵。就在他临终前几天，他又整理了几大箱子书籍，即要罄其所有一一捐给学校。但书尚未送出，人已经离去。他对学校的如此深情令广大师生无不为之动容。

我是2005年7月受命到华北水利水电大学工作的。为深入总结和宣传汪胡桢先生的先进事迹，进一步加强我校校风、学风和教风建设，于当年9月20日，学校党委印发了《关于深入开展学习宣传汪胡桢先生先进事迹活动的决定》，号召全校师生学习他爱国爱水、为国尽忠、为民造福的思想境界；学习他坚持真理、求真务实、敢于负责的工作作风；学习他恪守师德、孜孜以求、勤奋严谨的治学态度；学习他率先垂范、鞠躬尽瘁、死而后已的奉献精神。为把汪胡桢先生的崇高精神、治学态度和办学思想发扬光大，学校决定，利用汪胡桢先生每年的诞辰、逝世纪念日开展形式多样的纪念活动；每年新生入学、毕业生离校之际、汪胡桢奖教奖学基金发放时，组织开展汪老先进事迹宣传教育活动。学校相继为汪胡桢先生立像，设立了"汪胡桢奖学金"和"本科教育教学汪胡桢奖"，设置开办了"汪胡桢实验班"。由我主编的"中外水文化文丛"中，由同仁宋孝忠教授所著的《中国水利高等教育发展史》一书第四章专门总结回顾了汪胡桢先生的生平事迹，重点阐述了汪胡桢的水利高等教育思想。有的研究生也把"汪胡桢水利思想研究"作为毕业论文选题。目前学校新时代治水社会科学院、水文化研究中心的相关人员仍在多方收集史料，对汪胡桢先生的水利教育实践及其水利教育思想、水利工程实践及其水利工程思想、水利科技成就及其水利科技思想进行深入探讨。这些工作部署和实际行动，旨在不断把对汪胡桢老院长的纪念和学习落实在实处。老院长虽已远去，但他的精神风范已经走进而且必将持续走进一代代华水师生的心中。

读了这本书，我的思绪与情感与作者发生了由衷的共鸣："汪胡桢先生的一生，是与水结缘的一生，他的名字与现代水利紧紧联系在一起，学水、治水、兴水利、除水害，研究水利，教授水利，他把毕生精力和心血全部献给了中国水利建设事业……"作为作者之所以被打动如是，作为读者的我之所以被打动也如是。

进入新时代，党和国家把治水兴水尤其是大江大河治理作为关乎中华民族伟大复兴和永续发展的千秋大计，并进行了全面系统的战略部署。"两个一百年"奋斗目标的实现、中华民族伟大复兴中国梦的实现，归根到底靠人才、靠教育。培养源源不断的人才是我国在激烈的国际竞争中的重要潜在力量和后发优势。事在人为，业在人创，人在人领导。正确的目标任务确定以后，关键在于真正的人才是否得以重用，在于人才是否真正愿意甘为所用。若得用再加上甘为所用则飞龙在天，而不得用或者不愿所用则潜龙如虫。综观汪胡桢先生的一生，其人其事就是明证。

党的十八大以来，习近平总书记多次强调全社会要大力弘扬科学家精神和教育家精神，意义重大而深远。他讲道："一个人遇到好老师是人生的幸运，一个学校拥有好老师是学校的光荣，一个民族源源不断涌现出一批又一批好老师则是民族的希望。国家繁荣、民族振兴、教育发展，需要我们大力培养造就一支师德高尚、业务精湛、结构合理、充满活力的高素质专业化教师队伍，需要涌现一大批好老师。"汪胡桢先生既是立德立言、功勋卓著的科学家，也是学为人师、行为世范的好老师。新时代治水兴水、教育科研乃至各条战线都需要更多像汪胡桢这样大师级的人，这样学识渊博的人，这样才能卓越的人，这样忠诚奉献的人；相信新的时代也一定会培养、造就、锻炼和涌现出更多的"汪胡桢"。

读了这本书，感慨系之。权作为序。

朱海风

2024 年 9 月 21 日

序三

2020年6月24日,中央电视台CCTV 4纪录片栏目《国家记忆》播出了《一定要把淮河修好》五集纪录片,其中的第三集《蓄水筑坝》,主要回顾了佛子岭水库工程建设的点滴,以及介绍了参与该工程指挥的汪胡桢先生。

巧合的是,笔者当时正在整理和研究新中国成立后第一次治淮高潮中的系列重大治淮工程建设历程资料,当然离不开研究佛子岭水库工程的建设情况。

经查阅翻看众多历史档案资料,在进一步了解佛子岭工程建设的相关细节后,越是有种感觉,那就是要研究佛子岭水库的建设过程,就离不开对一个人的了解,这个人就是《蓄水筑坝》纪录片中重点介绍的水利专家,中国科学家的杰出代表、佛子岭水库的设计者和建设者,同时也是佛子岭水库工程建设的指挥——汪胡桢先生。

中央电视台纪录片《国家记忆·一定要把淮河修好》

汪胡桢先生的一生，是与水结缘的一生，他的名字与现代水利紧紧联系在一起，学水、治水、兴水利、除水害，研究水利，教授水利，他把毕生精力都贡献给了中国的水利建设事业。他是一位水利工程专家，中国科学院学部委员（院士），他是我国现代水利事业的开拓者，他自谦自己为"一代水工"。

全国政协原副主席、原水利电力部部长钱正英曾说："先生知智深广，功业卓著，品德高尚，精神感人，作风严谨，生活简朴，为我国水利工程建设和培育水利事业人才耗尽了毕生精力。"

1997年，为纪念汪胡桢先生诞辰100周年，嘉兴市政协文史资料委员会编辑出版了《一代水工汪胡桢》一书，钱正英为书写下前言，高度评价了汪胡桢先生。钱正英指出："汪胡桢先生是我国著名的水利专家。作为一位中国水利事业的开拓者，他背负着中华民族的忧患，培育了一代又一代的弟子，修建了一座又一座的水利工程，留下了一部又一部的科学著作。他既是一位热爱社会主义祖国的科学家，又是一位理论联系实际，不断学习、不断进取和无私无畏的科学家。他留给我们的是一个中国科学家的光辉榜样。"

2023年10月13日，中国科协《科学家日历》栏目的微信公众号专题介绍了汪胡桢先生，称他是中国科学家的光辉榜样，我国现代水利事业的开拓者，修建了我国第一座大型连拱坝。

自从黄河夺淮，河湖昏垫，尾闾淤塞，淮河流域连年遭灾，治理淮河成了世界级治水难题。汪胡桢不畏艰巨，实地踏勘，科学研究，主笔编写《导淮工程计划》，主持编制《关于治淮方略的初步报告》，完成了中国近现代史上第一部完整的流域治理综合规划。他规划淮河，布局淮河，设计淮河，治理淮河，建设淮河，功绩卓著。

笔者从研究淮河治理开始到研究佛子岭水库，又从研究佛子岭水库到研究汪胡桢，在此过程中被汪胡桢的事迹打动，被汪胡桢的传奇人生经历折服。汪胡桢从嘉兴走出，在河海工程专门学校攻读水利，开启了他的水利人生，在我国的水利建设中大显身手、大展其才。他指挥建设的佛子岭和梅山水库，至今为人所称道，无人能出其右，为什么？不是现在没有技术能力，不是没有经济支撑，不是没有技术人才，不是缺乏建设材料和技术工艺，而是因为汪胡桢在建设这类坝型的水库过程中，将水库功能与最省材料和最大经济效益发挥到了极致，在现在看来都确实有点冒险。然而，为什么汪胡桢先生能行？因为他有深厚的技术积淀，有严谨的科学态度，有先进的工程技术理论，有竭力为新中国建设节约物资技术资源的担当，更有一腔的爱国热忱。佛子岭水库的建成，是中国水利史上的一件大事，是新中国治淮的重大成就，它也使汪胡桢先生成为"中国的连拱坝之父"。

这是我理解的汪胡桢，他就是这样一个人。

整理汪胡桢与佛子岭水库的资料的过程，实质上是在反复研究汪胡桢其人、其精神、其光辉的人生。因此，我总结出一句心里话，与读者共勉：记住那些对社会进步有益的事件，更要让社会铭记那些为此做出贡献的人。

吴　旭

2024 年 1 月 22 日于合肥

记住那些对社会进步有益的事件，更要让社会铭记那些为此做出贡献的人。

目录

第 一 章　求学水利　立志救国 ······ 1
第 二 章　计划导淮　工赈淮河 ······ 24
第 三 章　筹组学会　编印书刊 ······ 45
第 四 章　整理运河　撰写手册 ······ 52
第 五 章　梅园新村　运河轶事 ······ 64
第 六 章　华东水利　受命治淮 ······ 75
第 七 章　嘉兴故居　国家记忆 ······ 82
第 八 章　酝酿决策　兴建水库 ······ 91
第 九 章　勘查测绘　大爱无疆 ······ 108
第 十 章　水库设计　坝型选择 ······ 123
第十一章　专家会议　推荐拱坝 ······ 141
第十二章　工场布置　都市崛起 ······ 150
第十三章　礼堂轶闻　文化保护 ······ 160
第十四章　大军云集　组织机构 ······ 187
第十五章　工地大学　精神引领 ······ 206
第十六章　苏联经验　技术革新 ······ 218
第十七章　群贤毕至　少长咸集 ······ 233
第十八章　淠河大坝　冉冉升起 ······ 265
第十九章　施工导流　突发多变 ······ 274
第二十章　创新发明　首试推广 ······ 296
第二十一章　平行作业　功成嘉奖 ······ 306
第二十二章　工程验收　管理纪要 ······ 335
第二十三章　泄洪通道　四次扩建 ······ 357

第二十四章	大坝加固	防渗加高	363
第二十五章	白色能源	改造增容	367
第二十六章	洪水漫坝	经受考验	376
第二十七章	一生总结	传奇创新	385
第二十八章	绿水青山	水库如画	397

主要参考文献 406

跋 408

附图1　佛子岭水库实景三维数字模型图

附图2　佛子岭水库全景图

汪胡桢（1897—1989）

1954年11月5日，佛子岭水库的竣工大会刚刚开过，六千余人的建设大军和欢庆群众手持彩旗，正从水库西岸越过坝顶向东岸前进，欢庆的人们宛如游龙，浩浩荡荡，呼声雷动。

作为佛子岭水库建设的主要负责人、总设计师，佛子岭水库建设指挥部指挥汪胡桢在水库工地办公室里，心情难以平静，他想到工程建设期间的一幅幅动人的情景，想到建设过程中遇到的一个个困难、攻克的一个个难题，想到投身治淮前后的一幕幕曲折艰辛，有对比，有感慨，更多的是激动。

他走到办公桌前，拿起早已准备好的毛笔，饱蘸红色墨水，写下了一段发自肺腑的话语：

只有在共产党和人民政府的正确领导下，发挥人民的劳动和智慧，才有佛子岭水库的成功。

他说到的，他都做到了。

第一章
求学水利 立志救国

Chapter 1 Studying Water Conservancy, Determined to Save the Country

汪胡桢（1897年7月12日—1989年10月13日），浙江嘉兴人，水利专家，中国现代水利工程技术的开拓者，中国科学院学部委员（院士），水利部原顾问、一级工程师。

汪胡桢出生在浙江嘉兴府秀水县南门外东米棚下南端柴水弄（音）一个贫困家庭。

汪胡桢祖屋

他祖籍徽州，堂号汪余辉堂。曾祖父畔山汪公，曾祖母张氏。祖母汪氏，祖父胡云岩，字鸿锦，米店店员，入赘汪家。父亲汪胡泳，字泳麟（1876—1911），上海汉口路复兴恒号颜料杂货店店员。母亲黄月宝（1874—1957），土作坊缫丝工、家庭妇女。①

1902年（清光绪二十八年），5岁的汪胡桢入学饭箩浜钱鸿波廪生私塾。

1906年（清光绪三十二年），汪胡桢就读于嘉兴府秀水县南一区公立南湖初等小学堂。1909年（清宣统元年）12月毕业。

汪胡桢南湖初等小学堂毕业文凭

1910年（清宣统二年）5月，在秀水县官立高等小学堂读完高小第一年级，取得修业文凭。9月，直接跳级报考嘉兴府中学堂（嘉兴市第一中学前身），以文科榜首入学高中。

---

① 黄国华、季山：《汪胡桢先生年谱表》，《水利科技与经济》2023年第4期至2024年第1期。

汪胡桢秀水县官立高等小学堂修业证书

1911年，汪胡桢年仅32岁的父亲去世，这使他原本平静的求学生涯变得忧心忡忡。他自知家境贫寒，曾想去上海商务印书馆投考排字房学徒，多亏姑母接济资助，得以继续求学。

汪胡桢在他85岁高龄时，曾撰文回忆自己的中学时代。他说："中学时代是一个人确立人生观及为体质、学识打好基础的时代，故中学教育最应受到重视。"

1915年（民国四年），汪胡桢中学毕业，适逢全国水利局在南京招生，"直鲁苏浙的学生免收学费，毕业后分配去导淮工程组织机构工作"，这两句"广告词"打动了汪胡桢。于是，汪胡桢放弃了已被录取的上海私立中华铁路学校，转而报考河海工程专门学校（河海大学前身），以第一名的成绩考入南京河海工程专门学校，师从近代水利学家李仪祉先生。

这里，再说一说河海工程专门学校的来历。

1912年（民国元年），张謇在南京临时政府任实业总长，因汉冶萍借款事件辞职。南北和解，张謇在北洋政府督办江皖工赈事务。

12月，张謇代安徽总督柏文蔚为导淮事宜专门致电临时大总统袁世凯，提出裁兵导淮计划，恳请抓紧实施导淮工程，并公布《导淮兴垦条议》。

1913年（民国二年），北洋政府在北京设立导淮局，以张謇为督办，柏文蔚（安徽总督）、许鼎霖（江苏总督）为会办，主持商谈导淮借款诸事务。

1913年9月，张謇在北洋政府任工商总长兼农林总长。

12月，北洋政府改导淮总局为全国水利局，张謇兼任全国水利局总裁。

为培养导淮和全国水利人才，张謇创议并主持设立了河海工程专门学校，再三呼吁："自有导淮计划，即欲养成工程学之人才，以期应用，遂于（南）通校特设土木工科……为今日计，固宜急设河海工程专门学校。"[1]

为解决河海工程专门学校的办学经费问题，张謇与大运河沿线的直隶、鲁、苏、浙四省当局商定，由全国水利局领导，四省负担开办费及每年的教育经费（实际上各省年年欠费，河海工程专门学校坚持办学，实属不易）。同年，张謇向北洋政府申请拨款和分省摊筹办法，上呈《拟请拨款即设河海工程学校并分省摊筹常费办法呈》，提出："惟有急设河海工程学校，以期养成学生，俾可为助"[2]，力争经费渠道，落到实处，得到北洋政府国务院正面回复："呈悉此项开办经费，就由直隶、山东、浙江、江苏四省验契，项下各拨五千元发交该局具领，以资筹备，余如所拟办理，并交财政部查照此批。"[3]

张謇亲拟《河海工程专门学校旨趣书》（以下简称《校旨》）和《河海工程专门学校章程》（以下简称《校章》），1915年1月23日，《时报》以来稿发布《校旨》（连载）；1月28日，《大公报》再刊《校旨》；年初《中华工程师会报》也刊有《校旨》；1915年初，杭州《教育周报》第71期以专件刊登《校章》。

1915年初，全国水利局上呈河海工程专门学校《校旨》及《校章》给北洋政府国务院，获国务卿徐世昌签批："呈悉，交内务、教育两部查照，附件并发。"[4]

为解决校址问题，张謇商请江苏省当局同意，借用南京丁家桥建设正停

---

[1] 张謇：《致熊希龄》，载《张謇全集 2 函电 上》，上海辞书出版社，2012。
[2] 张謇：《拟请拨款即设河海工程学校并分省摊筹常费办法呈》，载《张謇全集 1 公文》，上海辞书出版社，2012。
[3] 《政府公报》（命令，1914年10月9日第874号）。
[4] 《政府公报》（命令，1915年1月29日第980号）。

顿的江苏咨议局的两层西式砖木结构房屋，这栋房子是当时南京城内唯一的新式房屋。

1915年，河海工程专门学校创建之初的校舍（刘顺提供）

为解决教育师资力量的问题，张謇聘请前江苏教育司司长、江苏教育会会长黄炎培（字任之）为学校筹备正主任，聘前江苏都督府秘书、江苏教育会秘书长沈恩孚（字信卿）为学校筹备副主任，聘许炳堃（字缄甫）、丁紫芳（字芝舫）为评议，聘任刚从美国留学归来的许肇南先生为校务主任（后改称校长）。

经张謇同意，许肇南主持聘请老师和招收学生等具体事宜。当时，许肇南出面聘请了李协（字仪祉）、沈祖伟（字奎侯）、张谟实（字云青）、张准（字子高）、刘宝锷（字梦锡）、顾惟精（字心一）、杨孝述（字允中）、李以炳（字虎臣）等一批富有工程经验、热心教育的国内名师前来任教。

汪胡桢在他的文章《回忆河海时期的生活》中提道："由许肇南，延请李仪祉为教务长，又延请留学外国的工程专家及国内名宿为教授，向国外购置图书仪器，分赴冀、鲁、苏、浙招收学生。从1915年1月9日开始，在短时期里即筹备就绪。"[1]

---

[1] 汪胡桢：《回忆河海时期的生活》，华东水利学院《校史资料丛刊》1983年第1期。

从德国留学回来的李仪祉先生为教务长，制定教学计划。

1915年（民国四年）3月15日，河海工程专门学校正式开学。张謇十分重视，专程从北京赶来参加开学典礼。并说："该校事关创举，拟并亲往督同开学，以宣德意，而昭郑重。"

前排左起：1. 沈恩孚；4. 沈祖伟；6. 李仪祉；8. 何思溥；9. 许肇南；10. 张謇；11. 齐耀琳；14. 李虎臣；15. 黄厚甫；17. 黄炎培

1915年，河海工程专门学校开校典礼合影（刘顺提供）

据河海工程专门学校第一届正科班毕业生，原导淮委员会委员、副委员长沈百先先生在《张季直先生与中国水利事业》一文中回忆："曾忆张（謇）先生训词大要：（一）创办本校经过；（二）勉励各生要敦品力学；（三）必修课程，除河道海港工程及其他有关土木机械工程基本暨应用学科外，尤应注重研究本国治河之历史地理等。"[①]

有一次，李仪祉给学生展示了一个水体的模型，他对学生说，这片水体，外语叫"Reservoir"，意思是储蓄处，在我国古书上叫陂或塘，都是单音节字，叫起来不顺嘴，你们可以考虑一下，为它取个双音节的名字，请同学们取个好听并且实用的名字。

当晚，汪胡桢辗转反侧，忽然灵光一现，想到一词："水库"。当即口占七绝一首：

---

① 沈百先：《张季直先生与中国水利事业》，《淮河志通讯》1988年第2期。

1917年，汪胡桢从河海工程专门学校毕业时的毕业照（刘顺提供）

从来粟米聚成仓，而今雨水也入库。

蓄潦济旱能发电，五谷丰登百工富。[1]

第二天，他把"水库"译名报告了李仪祉先生。李仪祉大悦，他说自己也曾想到"水陂"两字，但嫌它不通俗，"水塘"又似乎规模太小，现使用"水库"一词作为"Reservoir"的译名，最为妥当。

故而"水库"一词从此沿袭，全国通用。

河海工程专门学校建校后一直没有固定的校址，曾四易其址：

1916年9月1日，从丁家桥校址迁入北极阁成贤街南京高等师范学校口字房（现东南大学校内）。

1917年7月，因所借南京高等师范学校余屋一年期满，另租用大仓园蒯姓等家民房（今长江路南京九中附近），权作校舍。

---

[1] 汪胡桢：《回忆我从事水利事业的一生》，载嘉兴市政协文史资料委员会编《一代水工汪胡桢》，当代中国出版社，1997。

1916年租用南京高等师范学校口字房（刘顺提供）

1917年租用大仓园蒯姓民房（刘顺提供）

1918年12月，因学生招满4班，校舍容纳不下，迁入中正街（今白下路南京六中附近）上江考棚（后名安徽公学）旧址。

1918年迁入中正街上江考棚旧址（刘顺提供）

1924年9月，东南大学工科与河海工程专门学校合并，河海工程专门学校改名为河海工科大学，校址迁三元洁漪园（今明瓦廊附近）。

1924年迁入三元洁漪园（刘顺提供）

1917年（民国六年）4月12日，汪胡桢和同班的30位同学从河海工程专门学校特科班毕业。

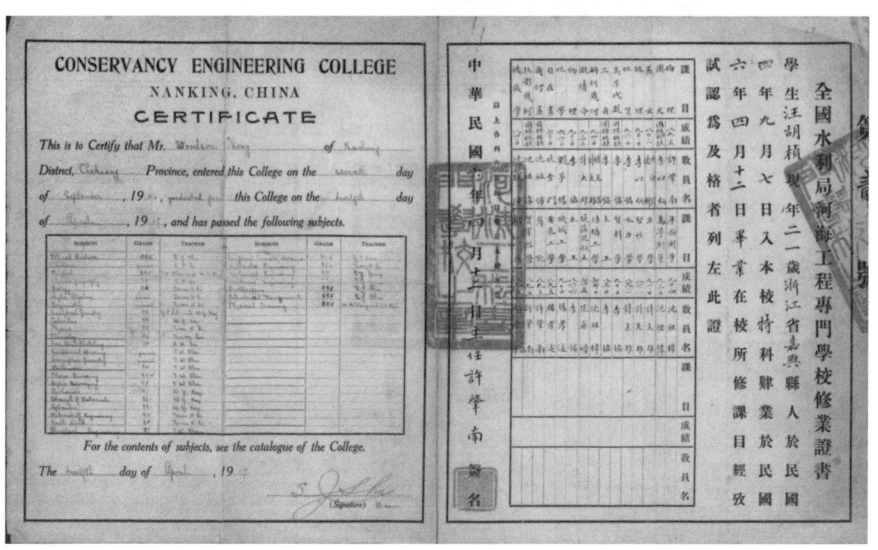

1917年，汪胡桢从河海工程专门学校毕业时的毕业证书及修业证书（黄国华提供）

毕业典礼上，张謇对毕业生发来训词，指出："就我国河海工科人才论，我国大干（主要大江大河）之水，不治则已，治则校所养成者，必不足用。"并要求学生："诸生毕业之后，当莫不有任事之希望，而先须有经验之场所，关于行政，吾乌呼知之所可为诸生言者，任事之本。任事之本其要四：曰虚，曰勤，曰廉，曰固。虚则，能广见闻，以受异量之美；勤则，能更践履，以收试验之功，此学术事；廉则，能体社会经济之艰，不求多给，而人乐任；固则，能决学理事实之要，定其准的而事不摇，此职业事。学术精、职业信，诸生之幸，社会之幸，诸生勉之，予日望之。"①

黄炎培先生也亲临毕业典礼现场讲话，告诫同学："求学，为作事之基础，而作事之时，尤不可忘求学。盖世间之事业日新月异，进步不已，吾之知识有限，久之即有困竭之虞，故吾之学问，宜与事业俱进，不有新知识，即不足以作新事业。故孔子曰：学而优则仕，仕而优则学。诸君，现在学而优则仕矣，然仍须随时求学，以增新知。俗语谓，做到老学到老，洵非虚语，甚望诸君毋以求学一事，与今日毕业偕毕也。"②

张謇的训词，深刻影响了汪胡桢，使他树立了科学治水的道德基石，并激发了他持续追求科学理论的初心与使命。

1917年，河海工程专门学校职教员合影（刘顺提供）

---

① 张謇：《张季直先生训词》，《全国水利局河海工程专门学校特科毕业纪念册》，1917。
② 黄炎培：《黄任之先生训词》，《全国水利局河海工程专门学校特科毕业纪念册》，1917。

1917年，河海工程专门学校校友会全体摄影（刘顺提供）

汪胡桢以第二名的成绩从河海工程专门学校毕业，与顾世楫、吴树声一起应聘到北京的全国水利局工作，任练习员。

1918年（民国七年）春，汪胡桢在北京结识了时任交通部铁路技术委员会会长的詹天佑先生，时常兼职为詹天佑翻译一些英国的铁路技术资料，其间被介绍给时任农商部地质调查所所长的丁文江先生，在地质调查所也接受一些翻译及绘图工作。由于翻译工作比较出色，汪胡桢得到了丁文江的肯定，并又推荐给一位英国矿业工程师柯林斯，为他翻译他在英国出版的《中国矿业论》。

《中国矿业论》原著作者威廉·弗雷德里克·柯林斯（William Frederick Collins，亦译高林士、柯立治）（1882—1956），出生于英国威尔士，是英国矿业工程师。1918年其《中国矿业论》英文版在伦敦出版，这部作品一经问世，便在中国矿业领域掀起一阵浪潮，引起众多学者对矿业开发的重视。

汪胡桢的译本《中国矿业论》，由梁启超先生题写书名，由商务印书馆出版。出版后在国内科技、矿业领域再次引起一股热潮，为中国人掌握自己的矿业分布、开启我国现代科学勘探矿产的计划起到了不可估量的作用。汪胡桢的《中国矿业论》译本，现在在中国矿业大学、台湾大学、美国康奈尔大学的图书馆均有典藏。

随着《中国矿业论》的出版及在全国学界，尤其是科技界引发的广泛关注与热议，汪胡桢声名鹊起。然而，在这份荣耀的背后，他的内心却充满了复杂的情绪。让他难以释怀的是，这样一部关于中国矿业的权威著作，竟然是一位英国人撰写完成的。

1918年商务印书馆出版的《中国矿业论》书影

由此，实业救国、水利救国、科技兴国的抱负，在他的心里变得越发强烈。

中国矿业大学公共管理学院教授、北京大学访问学者宋迎法在多次讲座中分享了其对于《中国矿业论》一书的研究心得与成果。2018年6月9日，宋迎法教授专程从徐州赴嘉兴探访汪胡桢先生的故居，并满怀敬意地在留言簿上写道："……先生早年翻译《中国矿业论》一书，先生为人、治学、从政，皆为后人楷模，永远敬仰！"

1918年6月21日，汪胡桢在全国水利局由练习员升任暂署主事。

1920年（民国九年）1月1日，奉（徐世昌）大总统指令照准，给全国水利局年终考绩请奖，朱培麟、郭世绅晋给六等嘉禾勋章，吴文瑄、张希载、汪胡桢晋给七等嘉禾勋章。

嘉禾勋章，是北洋政府时期勋章的一种，设于1912年（民国元年）7月29日。1916年（民国五年）10月7日，北洋政

1918年，汪胡桢受任全国水利局暂署主事公文（黄国华提供）

府修订《陆海军勋章令》，其中文虎勋章、嘉禾勋章等奖章设定为共九等十级：

公 文

呈

國務總理呈 大總統核給全國水利局年終考績請獎本局各職員勳章單

謹將全國水利局年終考績請獎本局各職員勳章開單仰祈鈞鑒

計開

中華民國九年一月一日已奉 指令

吳文瑄　張希戴　汪胡楨

以上三員擬請照准晉給七等嘉禾章

朱培麟　郭世紳

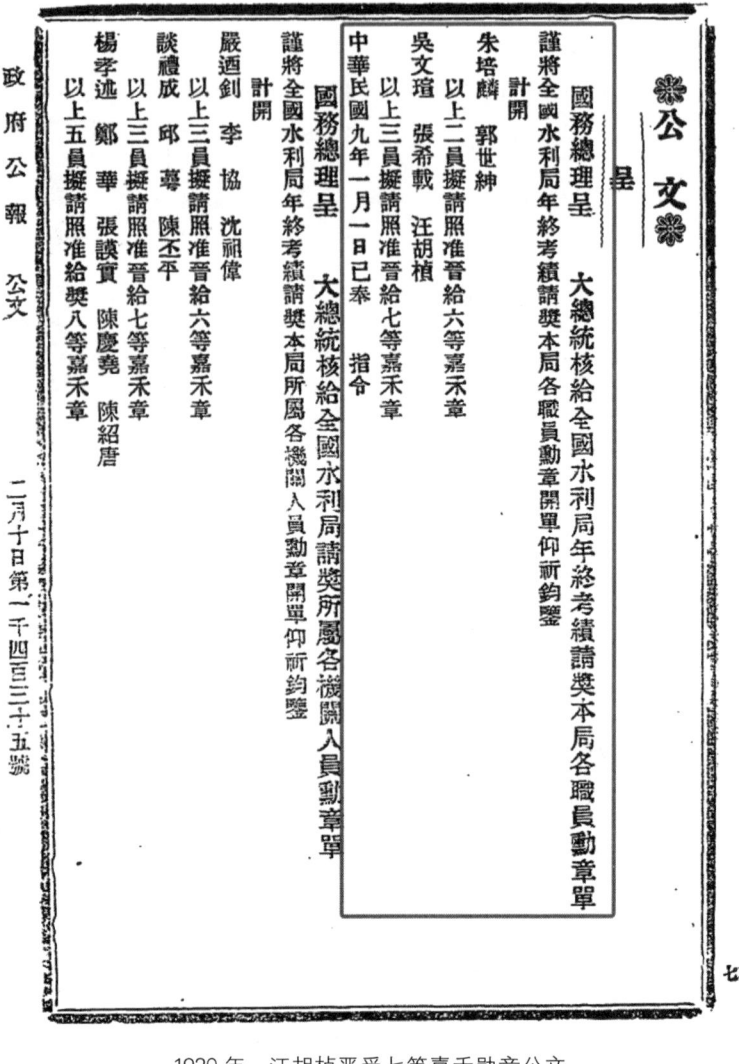

以上二員擬請照准晉給六等嘉禾章

國務總理呈 大總統核給全國水利局請獎所屬各機關人員勳章單

謹將全國水利局年終考績請獎本局所屬各機關人員勳章開單仰祈鈞鑒

計開

嚴迺釗　李協　沈祖偉

以上三員擬請照准晉給六等嘉禾章

談禮成　邱萼　陳丕平

以上三員擬請照准晉給七等嘉禾章

楊孝述　鄭華　張謨實　陳慶堯　陳紹唐

以上五員擬請照准給獎八等嘉禾章

政府公報　公文　二月十日第一千四百三十五號

1920年，汪胡楨晋受七等嘉禾勋章公文

一等为大绶，嘉禾勋章的绶带为黄色红边。

二等为二等大绶和二等无绶，嘉禾勋章的绶带为黄色白边。

三等为领绶，嘉禾勋章的绶带为红色白边。

四、五、六、七、八、九等为襟绶，各等均有表（授予证书）。

四等嘉禾勋章的绶带为红色白边加结。

五等嘉禾勋章的绶带为红色白边。

六等嘉禾勋章的绶带为蓝色红边加结。

七等嘉禾勋章的绶带为蓝色红边。

八等嘉禾勋章的绶带为白色红边。

九等嘉禾勋章的绶带为黑色白边。

嘉禾，是生长得特别苗壮的禾稻，古人视嘉禾图案为吉祥的象征。中华民国成立后，嘉禾图案取代清代的龙纹，经常出现在货币、徽章上，并具有简易国徽的性质。嘉禾勋章为金色或银色八角，角之间为光芒图形，圆形中心为白底金色嘉禾图案，下端是五色彩带，圆形边缘为绿或蓝底，上有八组五色圆点图案。其为铜质珐琅多层结构，背面圆形中心为红底篆书"嘉禾勋章"字样，有年号和制作局印戳。一般文虎勋章授予有功的军人；嘉禾勋章授予有勋劳于国家或有功绩于学问、事业的人。嘉禾勋章由大总统黎元洪签发，按授予对象的功勋大小及职位高低酌定。一、二等嘉禾勋章佩带于左襟中部，大绶由右肩斜至左肋下；三等嘉禾勋章以领绶佩戴于领下正中；四等以下以襟绶佩戴于左襟。

嘉禾勋章及五等嘉禾勋章证（黄国华提供）

是年秋，汪胡桢应河海工程专门学校校长许肇南之邀，受全国水利局留职委派，回母校河海工程专门学校任教，被破格聘为数学教授，承担预科平三角法、弧三角法、高等代数、解析几何和微分等课程的教学任务，并兼任校务会书记和教务会书记两要职，还兼任推广部主任、出版部主任，负责《河海周报》《河海月刊》的编辑出版工作。当时其他特科留校的同学只任实验助教、干事或助理等职。

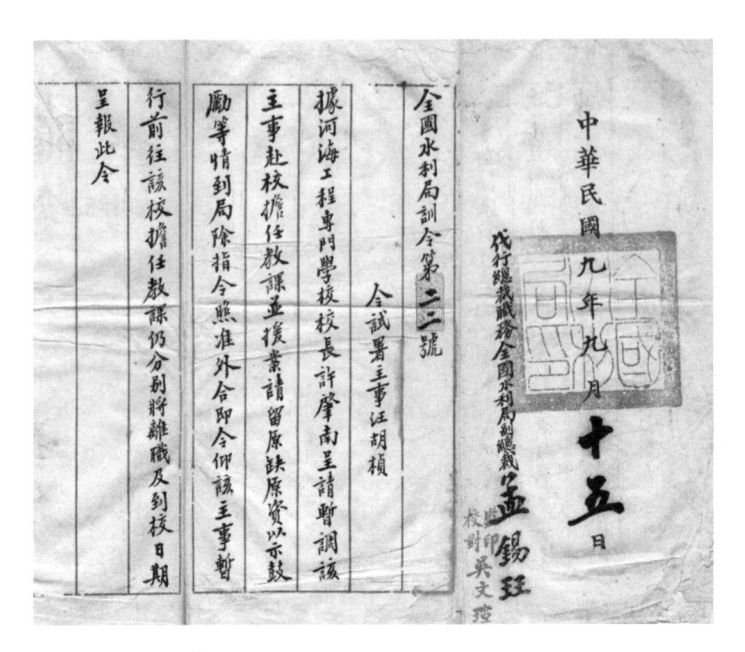

1920年，汪胡桢受任河海工程专门学校暂调令（汪胡炜提供）

1921年（民国十年）1月6日，汪胡桢在全国水利局升任主事。

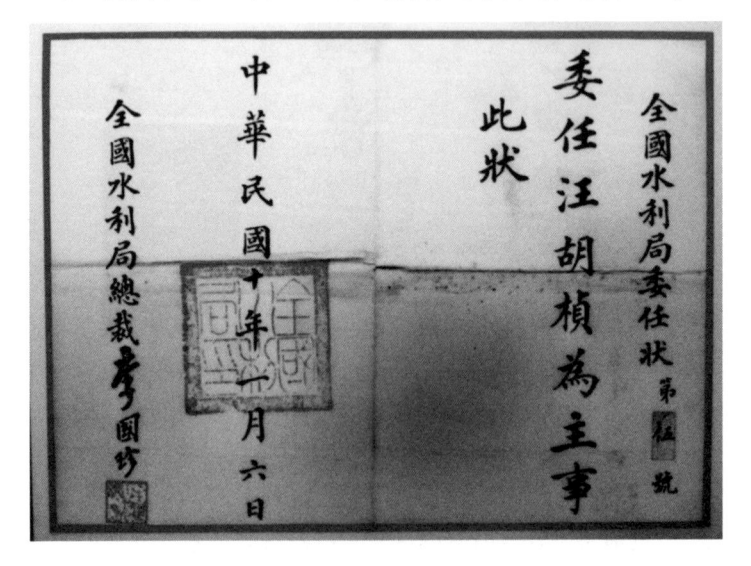

1921年，汪胡桢受任全国水利局主事公文（黄国华提供）

1922年（民国十一年）7月，南洋兄弟烟草公司发布赞助学生留学计划，汪胡桢报考并被录取，入学美国康奈尔大学，学习水力发电专业。

这年，汪胡桢先生在留美期间通过全国水利局年终考绩。

1923年（民国十二年），汪胡桢从康奈尔大学毕业，获得土木工程硕士学位。

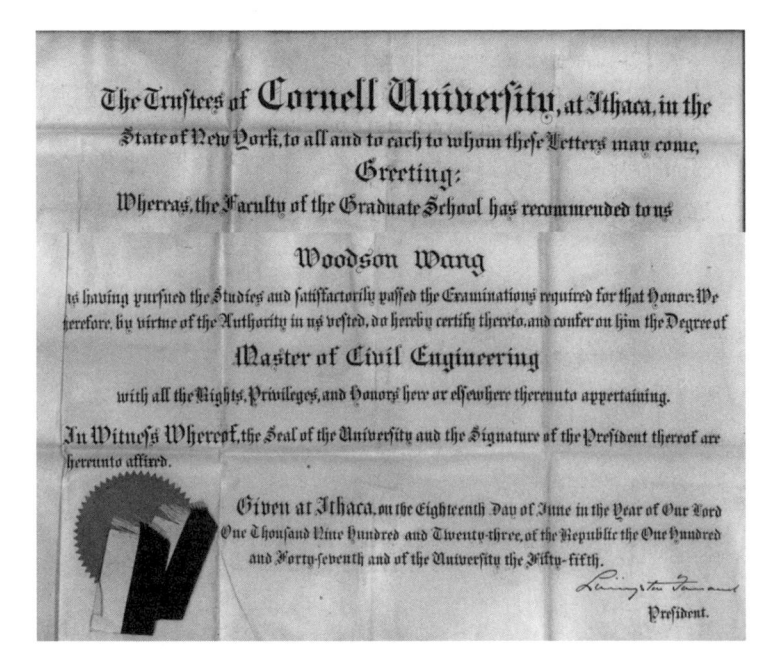

汪胡桢康奈尔大学土木工程硕士学位证书（黄国华提供）

毕业后，汪胡桢通过同学史密斯的父亲的推荐，到佐治亚州亚特兰大市铁路与电力公司设计室参观实习，在此熟悉了摩尔根瀑布水电站（Morgan Falls）的建设图纸。

9个月后，他再次前往摩尔根瀑布水电站建设工地进行了为期一个月的参观实习，并曾参与摩尔根瀑布水电站、骚吐斯（Saw-tooth）水电站实习设计与施工，重新计算校对摩尔根瀑布水电站的设计图纸和骚吐斯水电站混凝土坝应力设计。由于出色地完成了实习工作任务，他获得了公司证明信和金质纪念章一枚。

汪胡桢在河海工程专门学校从事教学和在康奈尔大学留学的几年里，一直作为全国水利局的职员，每年都参加全国水利局年终考绩和晋升。

1923年（民国十二年）1月23日，奉（黎元洪）大总统指令照准，沈祖伟（河海工程专门学校第三任校长）和李仪祉、汪幹夫（汪胡桢）三位先生被授予五等嘉禾勋章。

1924年（民国十三年），汪胡桢在回国途中，先后到英、法、德、比、荷、瑞士等国旅行，除参观名胜以外，最常去的是各地的水电站及大型工厂。5月12日，汪胡桢被调任全国水利局技士。

1924年，汪胡桢受任全国水利局技士公文（黄国华提供）

汪胡桢在他的文章《回忆我从事水利事业的一生》中，对这段留美经历描述较为细致。想要深入了解汪胡桢水利生涯故事的读者，不妨一读。

回国后，汪胡桢受河海工程专门学校沈祖伟校长的聘请，先到河海工程专门学校任教。

同年秋，国立东南大学的工科与河海工程专门学校组建成河海工科大学，汪胡桢受河海工科大学校长茅以升聘请，继续任教，讲授水工结构。

汪胡桢回国之前，委托美国内务部水利股代制美国水利工程电影一部，名为《水的故事》(The Story of Water)，后译为《水利兴国记》，讲述美国测验河川之善和宏伟的水库大坝，除此之外还讲到水力发电与灌溉，这部影片是在国内放映的第一部科教片。[①]

这部电影作为当时最直观的视频科教片，多次在校内放映。第一次在国内放映后，引得许多工科高等学校纷纷前来借用。

---

① 仲维畅：《汪胡桢先生与母校河海》，载嘉兴市政协文史资料委员会编《一代水工汪胡桢》，当代中国出版社，1997。

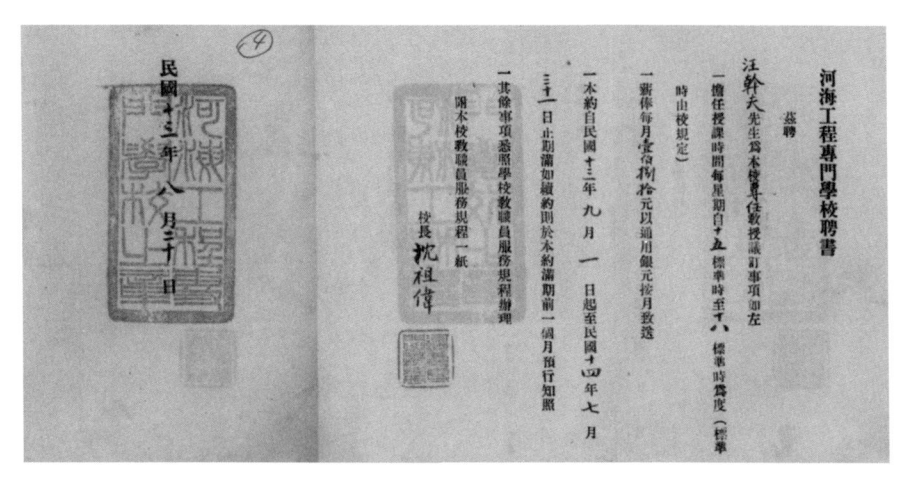

1924年，汪胡桢受聘于河海工程专门学校聘书（刘顺提供）

1926年4月12日，汪胡桢先生以河海工科大学推广部名义在《河海周报》第14卷第6期上刊登一则关于出租水利电影的启事。启事指出："现由美国购来水利工程电影一卷，名曰《水利兴国记》，凡二大卷，长二千尺。片中详述水在天壤间循环流注之状况，及一切水利事业之写真……"

汪胡桢还从美国带回来一件模型，即玻尔特坝（即胡佛坝）的铝制模型及冲击式水力发电机组模型。在和水泵连接后，这个机组可发出一些电流，能点亮小灯泡。因为在美国买不到反击式水轮机，汪

1926年，《河海周报》刊发的出租水利电影启事

胡桢在南京找到一个机器厂，专门定制了一个反击式水轮机，使学生们能亲眼看到教材中很难讲明白的水轮机的构造。同时也为李仪祉先生在学校开设的陈列室添了几件实用水工模型。

从就读河海工程专门学校，到出洋留学，再到重返母校从教，关于这段经历，汪胡桢在其《生日回忆》（之三）[1]一诗中予以回顾：

---

[1] 汪胡桢作于1979年。由汪胡桢孙婿张树贤提供。

淮河失故道，千里罹浩劫，
南通张季直，倡议宏宣泄。
设立河海校，储才为疏掘，
我乃负笈往，水利识粗略。
安知毕业日，导淮声消歇，
还因学小成，登名水部牒。
幞被上京华，学步令人噱，
结褵闺中人，独看鄜州月。
三年回母校，重立程门雪，
得以肆力学，寒暑忘交迭。
巨商简照南，疏财奖才杰，
橐笔去投考，名字得前列。
始作美国行，萤窗度岁月，
实践水电厂，工地遍涉猎，
又作寰球行，寻觅匡时略。

1925 年（民国十四年），汪胡桢在《河海周报》第 13 卷第 1 期上发表了《水利救国论》一文，阐述了兴修水利对国家的有益之处。《水利救国论》也是近代以来我国第一篇以水利救国为主题的文章。原文如下：

医国之道非一，然非基于国民固有之特性，与现时的症结，则虽投以方药，疾亦勿疗。……吾国幅员广则广矣，然以农田言，则有土厚水深不易施以灌溉者，如西北边徼等处是。

有潦旱频仍，农民不获安居乐业者，如黄淮运河参伍错综之地及燕赵五大河交汇之区是。有数百年来人口日繁，地不加辟，农夫一人所分之田不足赡养其家室者，如东南诸省是。

然则，吾国非无土地耳，乃耕者不获尽其耕，使人工有过剩之虑，亦实逼处此耳。今欲调剂人工与农田之不平，惟有自兴修水利始。

积极方面，则举办西北边徼等处灌溉工程，使田地无高下，咸获粪溉之利。

消极方面，则治理各省河道，使旱潦有备，不为生命财产之厄。

水利既兴修矣，东南过剩之人工，乃有归宿之余地。百年未尽之力，均成财富之泉源。国民富力之增进，社会安宁之确定，胥基于是矣。[1]

水利救國論

汪胡楨

他人之便利及智俗，以勿取嫌忌而見譏於大雅焉，匡國之道非一。然非基於國民固有之特性、與現時之病微勿藥。疾亦勿瘳。吾國現時之病徵多矣。然企業不發達。則雖投以方藥。實遲爲其因。蓋兩者不相調劑。於是過剩之人工。乃無可歸宿。以之常事于不經濟的生產。國民全體之力。乃因以日削。以之投於不生產的虛耗。社會安甯乃蒙其影響。故曰醫國之道非一。苟非有以消納此過剩之人工於企業之中。則非瘵疾之良方也。吾國待興之企業亦多矣。然統籌國民固有之特性與現時的徵結。則紛更雖多。亦猶殺賊杞柳而以爲桮棬。夫吾國自昔爲農業之人仍安於爲農。國民百分之八十猶世代爲農。苟不使如此多數世代爲農之人仍安於爲農。則社會狀況必起突然之變化。故日吾國固有之根性者。或開吾國幅員至廣。逼地皆可爲農田也。曰不然。吾國幅員固廣矣。然以農田言則有土厚水深之易庖以灌溉者。如西北邊徼等處是。有遼早頻仍農民不獲安居樂業者。如黃淮運河參伍錯綜之地及燕五大河交匯之區是。有數百年來人口日緊。地不加闢。農夫一人所分之田不足贍養其家室者。東南諸省是。然則吾國非無土地耳。乃耕者不獲盡其耕。使人工有過剩之虞。亦實遲處此耳。今欲調劑人工與農田之不平。惟有自興修水利始。積極方面則墾辦西北邊徼等處滯洳工程。使田地無高下。咸獲菑畬之利。消極方面則治理各省河道。使旱潦有備。不爲生命財產之厄。水利既興修矣。東南過剩之人工。乃有歸宿之餘地。百年未盡之力。均成財富之泉源。國民富力之增進。社會安甯之確定。胥基於是矣。

河海週報 第十三卷 第一期

汪胡桢《水利救国论》

1925—1926 年，汪胡桢由河海工科大学校长杨孝述聘请，继续任教（每年一聘）。

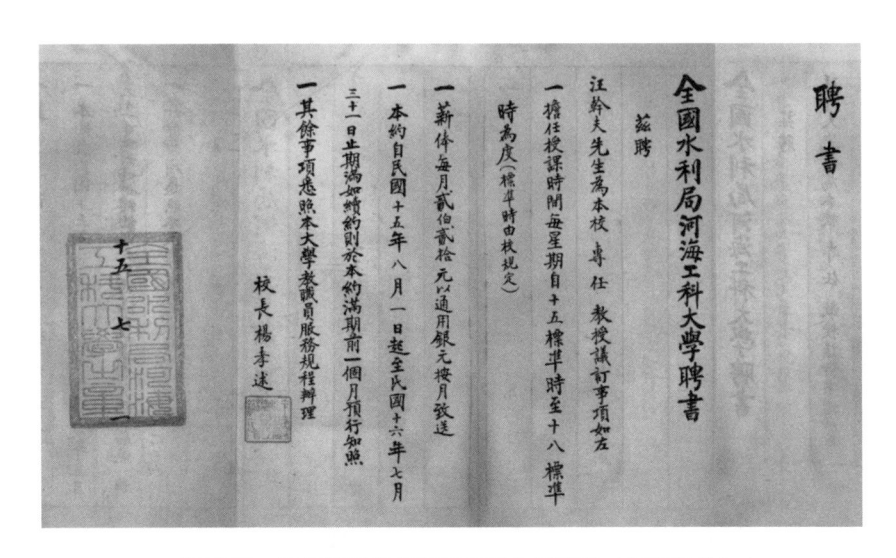

1926 年，汪胡桢受聘于河海工科大学聘书（刘顺提供）

---

[1] 汪胡桢：《水利救国论》，《河海周报》1925 年第 13 卷第 1 期。

1927年（民国十六年）11月28日，汪胡桢被任命为太湖流域水利工程处总工程师。

1927年，汪胡桢受任太湖流域水利工程处总工程师任命状（刘顺提供）

1929年（民国十八年）1月，汪胡桢被任命为浙江省水利工程局工务处处长兼副总工程师。

1929年，汪胡桢受任浙江省水利工程局工务处
处长兼副总工程师任命状（黄国华提供）

关于自己的一生，汪胡桢先生在《回忆我从事水利事业的一生》一文的开头，自谦地总结说：

> 我没有什么才干，我只不过能抓住一切机会勤奋学习，学到一点切合实际应用的水利技术，能为国家做一些水利工程，教导出若干优秀的水利人才罢了。

第二章
计划导淮　工赈淮河

Chapter 2　Planning to Dredge the Huai River, Provide Relief to the Huai River

在中国，被誉为"中国近代水利导师"的有两位，一位是江苏南通的张謇，另一位是陕西蒲城的李仪祉。

张謇，是我国近代的治水先驱和奠基人，担任过国民政府的导淮总局督办、全国水利局总裁、江苏运河工程局督办等职。张謇先后主持并创建了全国水利局、江淮水利测量局、扬子江水道讨论委员会等近代全国性、流域性水利管理机构，对中国近代水利事业的发展有着不可磨灭的重大贡献。

张謇撰写过大量水利方面的疏章、奏议和文章，从拟设导淮公司，到筹兴江淮水利公司，提出过许多超前的治水思想和规划。他创办了河海工程专门学校，培养了大批水利专业技术人才。他创始筹划导淮工程，制定《江淮水利计划》，倡导以导淮工程示范为首功，并为各流域整治水

张謇（刘顺提供）

利做准备，实施了淮河流域主要水系河道的首次测量和水文观测。

张謇一生，情系水利，倡导治淮，测量河道，革新水利，泽被后世。

从 1903 年（光绪二十九年）起，张謇为导淮奔走二十多年，虽然他所主张的导淮计划基本落空，但是他为导淮所付出的心血没有白费，他为日后的导淮乃至治淮打下了坚实的科学基础。

李仪祉是我国近代的水利学家和教育家，中国近现代水利建设的先驱，中国治水名人。他主持《导淮工程计划》的编写，主张治理黄河要上中下游并重，防洪、航运、灌溉和水电兼顾，改变了几千年来单纯着眼于黄河下游的治水思想，把中国治理黄河的理论和方略向前推进了一大步。他参与创办的中国第一所水利工程高等学府——河海工程专门学校等院校，为我国培养了大批的水利建设人才。

李仪祉终生以治水为志，求郑白（郑国渠和白渠）之愿，效大禹之业，凿泾引渭，治黄导淮，足迹遍布祖国江河湖海，做出了卓越水

李仪祉（刘顺提供）

利贡献，尤其对黄河治理，精心钻研，独有建树。他把国外的科学技术与我国古代的治水经验相结合，科学地提出一套治理黄河的理论，给我们留下了一笔宝贵的遗产。正如原水电部部长钱正英所说："李仪祉把我国治黄理论和方略向前推进了一大步，直到今天仍然具有现实意义。"

李仪祉主持建设陕西泾惠渠，成绩卓著，规划建设的渭惠渠与洛惠渠，灌溉关中全部农田，树立了中国现代灌溉工程样板，对中国水利事业做出重大贡献，陕西人民受益尤大。

1928 年（民国十七年）9 月，国民政府在经济建设委员会设立整理导淮图案委员会。经济建设委员会秘书长陈立夫聘请李仪祉为整理导淮图案委员会主任委员，沈百先、林平一、许心武为委员。

整理导淮图案委员会从运河工程局接收了张謇为导淮所做、积累、保管的有关资料并进行汇总，重点对清末民初的种种导淮计划、图表等进行了搜集和整理。

张謇导淮计划图（1929年）

1928年12月12日，国民政府召开第167次政治会议，决议设立导淮委员会，交国民政府文官处妥议办法，经呈国府核夺，旋于1929年1月设导淮委员会，直属国民政府，为中央统筹淮河水利的专责机构，奠定统一淮河水政基础。

1929年1月7日，国民政府成立导淮委员会。同月，整理导淮图案委员会撤销。

实际上，此时导淮委员会机构尚未正式开始办公，整理导淮图案委员会仍在工作。

1929年（民国十八年）4月，整理导淮图案委员会把从江淮水利测量局、导淮测量处、全国水利局、国务院、内务部、财政部、农商部、苏运工程局等部门搜集而来的资料进行了集合汇总，对前期导淮和与淮河水利相关资料进行了整理，编制出《整理导淮图案报告》，该报告共3万多字，包含附图100多幅。这一系列努力为导淮计划的制定奠定了坚实的技术基础，同时也为筹备成立导淮机构做了周全而充分的准备。

6月17日，国民政府在南京正式宣布成立"导淮委员会"，蒋中正出席典礼并宣誓就职，场面十分隆重。

蒋中正虽然在宣誓时表达出了导淮的决心，但是在实际操作层面上根本无所动作。就如在开幕典礼上，有（大公报）记者发言讽刺地说："导淮委员会设在秦淮河畔，是名副其实的。"

6月20日上午，导淮委员会第一次会议在位于南京市白下路的国民政府第一会议厅召开。会议主要是讨论国民政府成立"导淮委员会"之事，并确定导淮委员会各级官员的人选。

整理导淮图案委员会人员全部转隶至导淮委员会，另行安排。

导淮委员会设立之初，选址于南京东厂街，秦淮河东岸，约在逸仙桥南700米处。后在日军侵华期间，因扩建明故宫飞机场被拆除。

导淮委员会位置（1938年）

1946年，抗战胜利后，国民政府从重庆迁都回南京，导淮委员会换址至宁海路34号。

其后，导淮委员会办公地址又迁移至南京新模范马路36号。此地现为南京理工大学光电信息工程教育实验基地，并被列为南京市文物保护单位。

水利機關新址

抗戰勝利後,各水利機關多已陸續派員分往收復區辦理接收工作,茲探錄各機關接收人員通訊新址如次:

行政院水利委員會	南京國府路東箭道二十四號
導淮委員會	南京三海路三十四號
黃河水利委員會	開封教育館街
揚子江水利委員會	南京上海路永慶里
華北水利委員會	天津舊英租界五馬路十一號
中央水利實驗處	南京螢橋新景星里二號
珠江水利局	廣州白雲路一一六號
江漢工程局	漢口慶平里二十三號

1946年公布的若干水利机构地址

导淮委员会旧址公告碑

导淮委员会直属于国民政府,由国民政府特派或简派的委员长、副委员长、常务委员、委员若干组成。

从导淮委员会的委员组成,不难看出这个机构在国民政府中的地位。导淮委员会内设财务委员会和总务处、工程处[①]、土地处三个处室。其任务是掌管淮河流域测量,改良水道,发展水利及一切款项、征地、施工事务。在淮河流域所辖的河南、安徽、江苏、山东四省,按工区设立工程局、处,从事辖区内的导淮事业,由导淮委员会直接领导。

黄郛为副委员长,虽勉强参加了成立大会,但他对导淮的热情并不高,长期未到任,其工作由陈其采代理,后再由庄崧甫代理。1932年7月,庄崧

---

① 资料显示,导淮初期该部门称为工务处。为与文献资料统一,下文称导淮初期工程处为工务处。

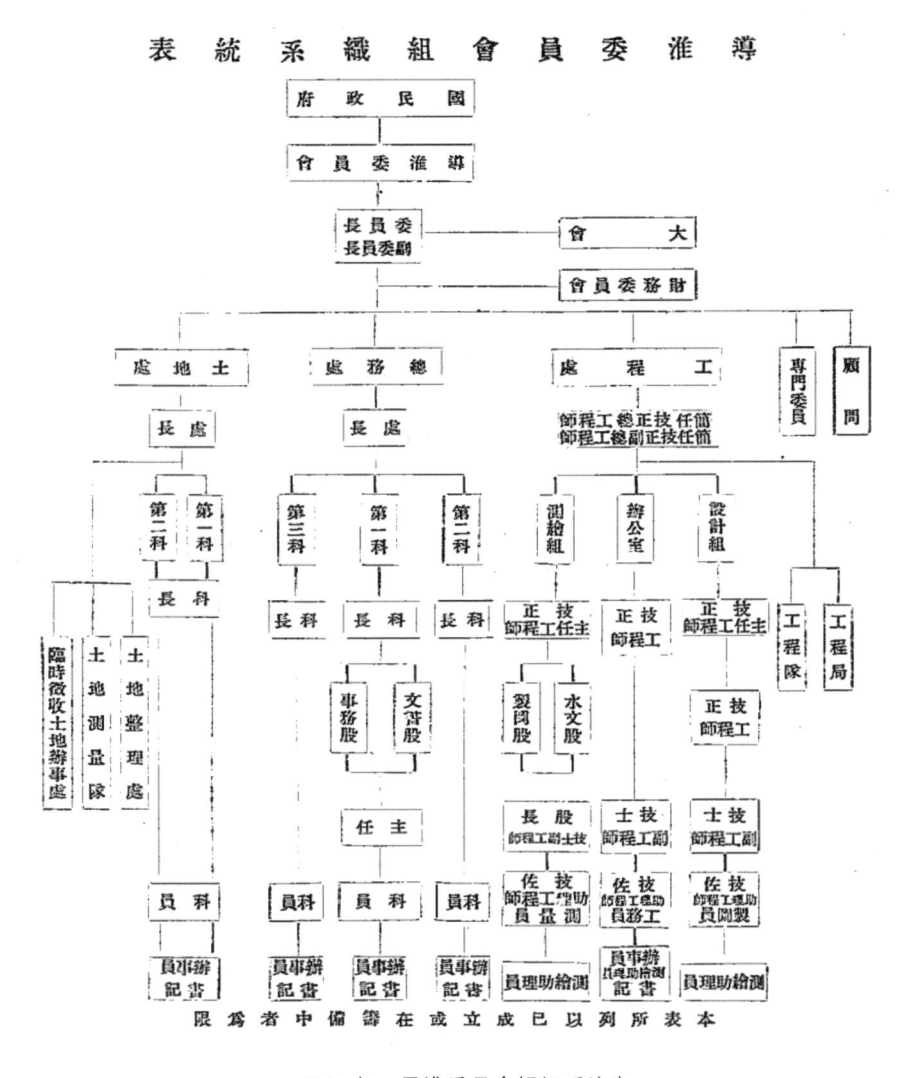

1934年，导淮委员会组织系统表

甫辞职后，由陈果夫继任代理副委员长。1933年，陈果夫兼任江苏省政府主席，负责整治江苏及淮河水利。1943年9月，陈果夫辞职后，由沈百先继任。

1929年7月，陈其采兼任财务处处长，李仪祉任工务处处长兼总工程师，杨永泰（后为何玉书）任总务处处长。1932年，增设土地处，由萧铮任处长。

导淮委员会成立之初的工务处，设在淮阴县（今淮安市淮阴区）水北门省立第四工场旧址。1929年秋，受导淮委员会之聘，德国汉诺佛工科大学的方修斯教授担任导淮委员会顾问工程师。同时，应李仪祉之邀，汪胡桢参加导淮工程建设。工务处下设设计与测绘两个小组。最初，工务处设计组的主任工程师为许心武，汪胡桢和林平一为工程师。

1929年，导淮委员会欢迎德国顾问工程师方修斯合影

当时，对于导淮计划是"入江"还是"入海"，存在争议。许心武主张入海，汪胡桢主张入江。从工费考虑，上层决定以入江为主、入海为辅。于是，许心武辞职。

1930年11月和1931年3月，导淮委员会先后两次（年度）聘任汪胡桢为工务处设计组主任工程师。

工务处成立后，立刻着手编制《导淮工程计划》，先是成立测量队，测量了洪泽湖、白马湖、成子湖、高邮湖、宝应湖地区的地形与入江入海水道的地形图，后又搜集从前的测绘资料与水文资料，设立了水文站与雨量站。

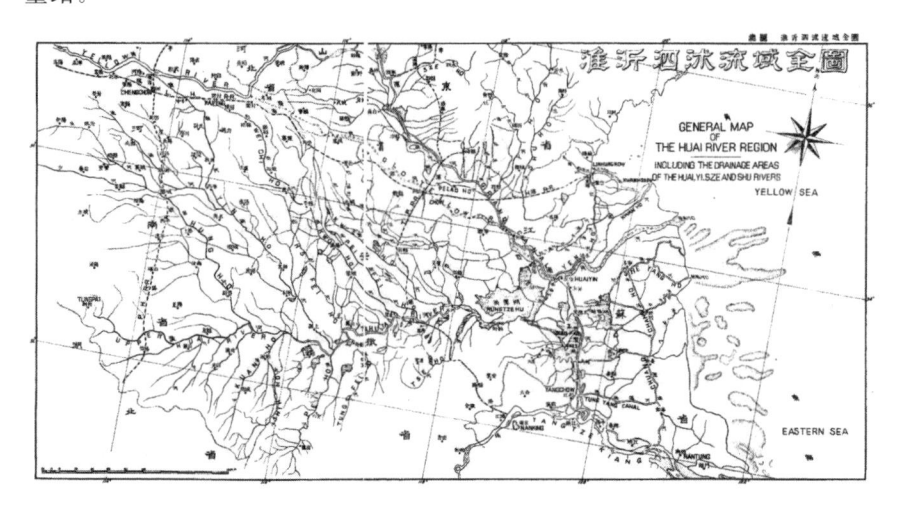

淮沂泗沭水道示意图（1931年1月）

经过两年的时间，《导淮工程计划》完成，用中英两种文字出版。

《导淮工程计划》包括排洪工程计划、航运工程计划、灌溉工程计划、继续测量设计工作四大部分。计划将防洪与航运、灌溉、水电综合考虑，统一规划。《导淮工程计划》开辟了中国水利工程计划的先河，是我国第一部水利工程综合规划，代表了中国水利事业的进步。

但是，就当时的国家财力而言，全盘计划难以同时进行，所以在计划中又考虑了各项工程的主次关系：

> 导淮之目的，曰防洪灾，便航运，裕农利，而发水电附之。防灾为目的之主要者，先祛害而后言利也。①

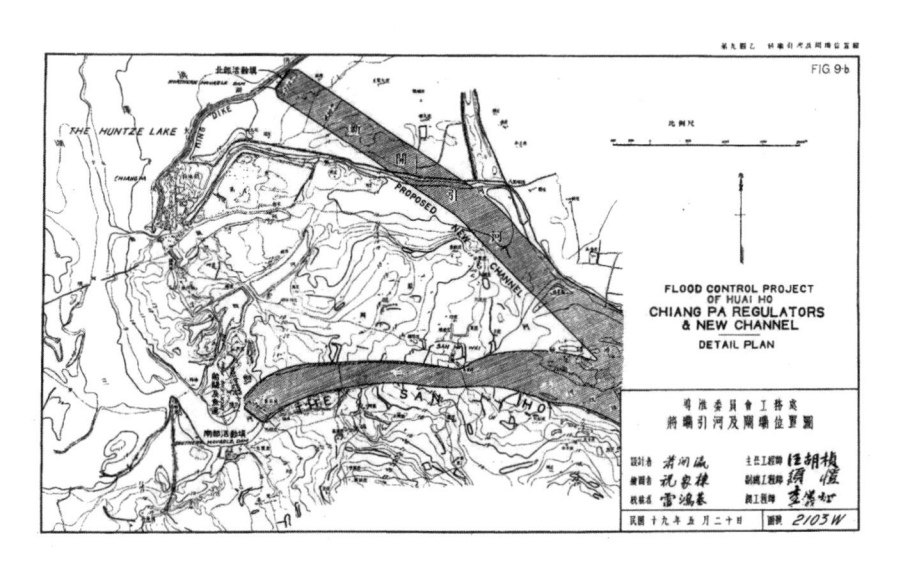

蒋坝洪泽湖口引河及闸坝位置示意图（1931年1月）

《导淮工程计划》将所有工程分为三期完成，其中1931—1936年为第一期，第二期和第三期未做时间计划。

第一期包括排洪、灌溉、航运三大工程。其中排洪工程有：建筑蒋坝镇洪泽湖口三河活动坝及船闸鱼道，开挖淮河入江水道，修筑洪泽湖围堤及泄水闸，建筑中运河活动坝三座。第一期计划的部分工程，在1934

---

① 导淮委员会：《导淮工程计划》，1933。

年至 1936 年间相继开建。其中在大运河上的刘老涧、淮阴、邵伯三个船闸，1934 年开始建设，1936 年建成通航。在废黄河上的杨庄活动坝节制闸，于 1936 年建成。淮河入江的三河活动坝，兴建于 1936 年，后因日军侵华中止。

废黄河杨庄闸

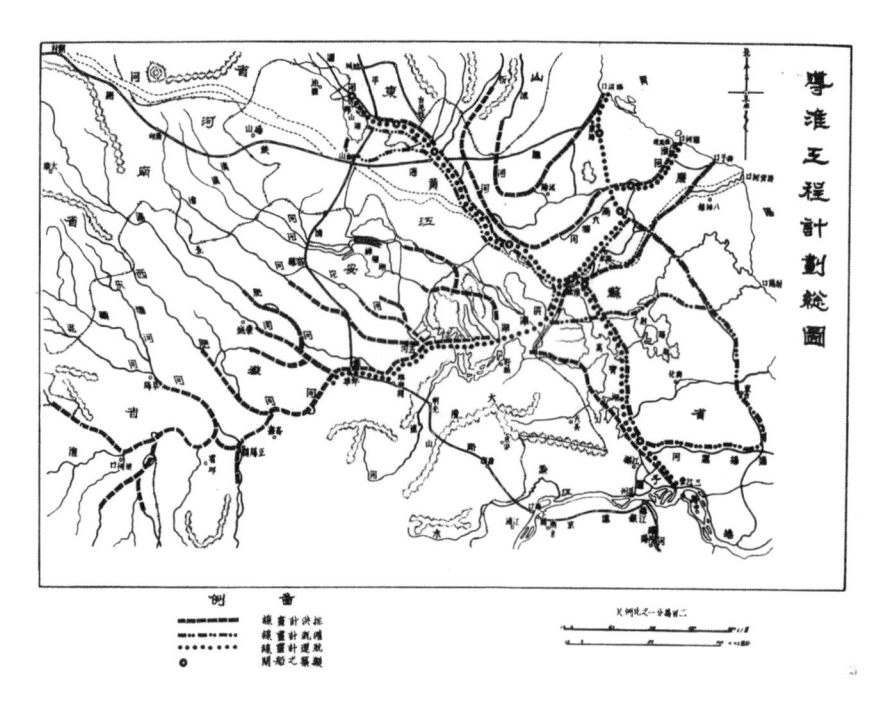

导淮工程计划总图（1947 年 5 月）

第二期同样为排洪、灌溉、航运三大工程。其中排洪工程主要考虑了沂河导治工程、泗河导治工程、沭河导治工程和淮河上游干河导治工程等。

第三期包括排洪、灌溉、航运、水电四项工程。其中，排洪工程有淮河上游各支流治导工程，山东南运河、微山湖上游治导工程等。

由于向美国政府借款未能成功，导淮工作搁浅。仅利用英国退还的庚子赔款，建成了第一期航运计划中的邵伯、淮阴、刘老涧三个船闸和一个杨庄节制闸。

这三个船闸的初步设计和规划图，是汪胡桢主持完成的（有签名）。

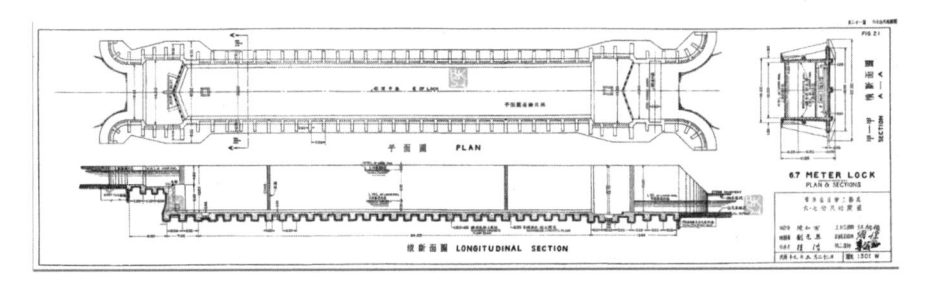

6.7公尺船闸图（1931年1月）

邵伯船闸施工图（1935年9月）

汪胡桢为编制《导淮工程计划》，在淮安工务处驻地的设计室里，白天不停地计算、画图、写稿，晚上还经常带着问题到德国顾问方修斯的房间，虚心请教规划中发现的问题，学习规划思路和方法，得到方修斯悉心指导，这些都被工务处处长李仪祉看在眼里。远在德国的方修斯之孙了解到他祖父与李仪祉先生在治黄、导淮方面无所不谈，有深厚的友谊。因此，他主动将方修斯在导淮委员会的相关资料转交给李仪祉的后代，并提及李仪祉先生曾有一位年轻的下属，与他祖父有过一段珍贵的交往经历。他通过电子邮件将这段美好的故事分享给了南京信息工程大学的陈昌春教授，并表达了对这位"年轻人"的敬意。这位"年轻人"，恰恰就是汪胡桢先生。

《导淮工程计划》的编制，使汪胡桢与淮河结缘，有了第一次联系，他也由此开始了为淮河水利事业奉献的一生。

方修斯，汉诺佛工科大学著名教授，1929年受聘为导淮委员会顾问工程师，与担任导淮委员会工务处处长兼总工程师的李仪祉在同一办公室，两人面对面书案，共同商讨导淮大计。

1930年5月26日，德国顾问方修斯合同期满，解职回国。

1936年3月29日，方修斯先生逝世，李仪祉先生特撰纪念文章《记方修斯先生》，并在另一篇名为《悼方修斯先生》的文中写道："氏在导淮委员会与余参与修订导淮计划，历经中外专家讨论，认为最合经济，有利国计民生之大事。氏又留意于黄河之治导，著有《治河计划》。"①

导淮委员会赠送方修斯的银质徽章（陈昌春提供）　　方修斯先生遗像（1936年）

1930年9月10日，导淮委员会工务处由淮阴迁回南京办公。此时《导淮工程计划》已基本编制完成，进入讨论审核阶段。

11月4日，李仪祉先生请辞工务处处长兼总工程师职务。

11月24日，《导淮工程计划》送国府核备。

12月12日，李仪祉请假赴陕西，须恺代理副总工程师。

---

① 李仪祉：《悼方修斯先生》，《水利》1936年第10卷第6期。

1931年4月12日，国府指令《导淮工程计划》准予备案，即批准《计划》，正式刊印。①

9月10日，汪胡桢被聘为江北运河工程善后委员会委员。

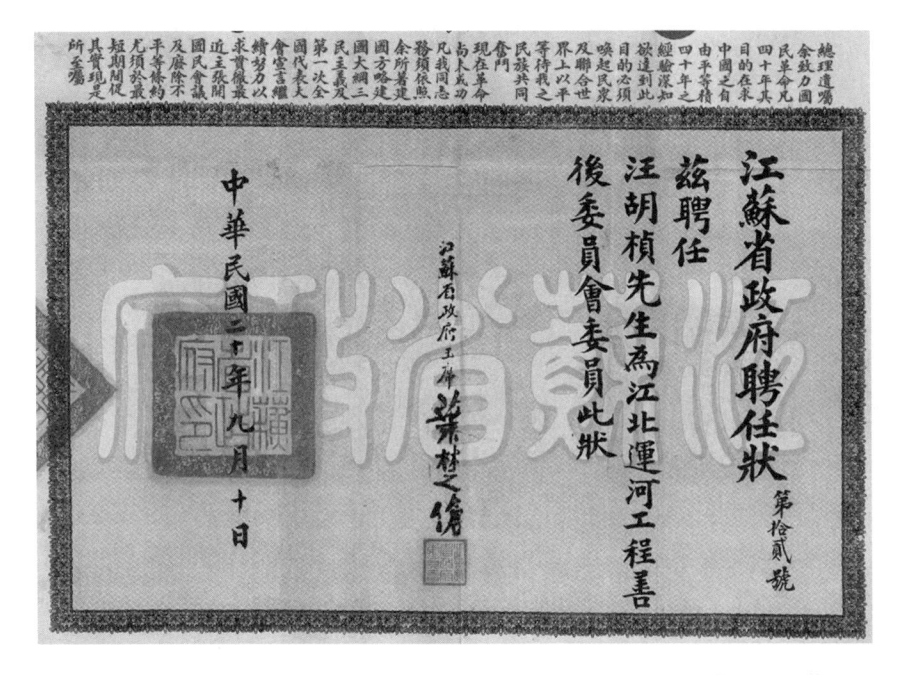

1931年，汪胡桢受聘为江北运河工程善后委员会委员聘任书（黄国华提供）

9月23日，导淮委员会秘书处处长沈百先赴镇江任江苏省建设厅厅长。

1931年，导淮委员会调整为两个处，一是秘书处，沈百先为秘书处处长，另一是工务处，李仪祉兼工务处处长，须恺为副总工程师（1933年代理总工程师，1938年为总工程师）。

这一年，导淮委员会的上中层变化频频。到夏天，江淮大水，灾民遍地。

由于这次水灾，国民政府向美国借得大批剩余小麦。

8月16日，南京国民政府在上海设立救济水灾委员会，简称"国水委"，特派宋子文为委员长，许世英、刘尚青、孔祥熙、朱庆澜为特派委员，聘请英国人辛普生兼副委员长，又聘请了160多位中外专家为委员。在有关省、县设地方分支机构。名流朱庆澜先生为国水委主任，李仪祉先生为

---

① 《导淮委员会大事记》，载《导淮委员会工作报告》，1934。

1931年，美国飞行员林德伯格航拍的高邮城区

总工程师。

9月，国水委设立工赈处，负责统筹灾区的具体工赈事宜。工赈处按照河系和灾情范围，在江淮灾区设立18处工赈局，共138个工务段。仅在安徽境内的淮河沿线就设有第十一、第十二、第十三共三个皖淮工赈局。

10月，汪胡桢调任国民政府救济水灾委员会第十二工赈局局长，兼皖淮工赈局总工程师。

淮河工赈，主要是利用美国小麦，开展以工代赈，修复西起正阳关、东抵五河的淮河堤防工程及疏浚主要支流和筑堤。

第十二工赈局设在蚌埠，这是汪胡桢先生与蚌埠的第一次直接关联。

关于在淮河中游蚌埠的以工代赈工作，汪胡桢先生在他的文章《回忆我从事水利事业的一生》中，进行了详尽的描述。他讲述了与帮会势力、地方派系、地痞流氓、面粉厂老板等各方势力斗智斗勇，克服困难的经历。他还亲自动员民工破土修堤，教导民工种粮除虫，识字植树，改善生活。

11月21日，救济水灾委员会发布公函，任命汪胡桢为第十二区工赈局局长。第十二区工赈局下设 8 个工务段，分别由罗振球、李仲强、丛永文、张炯、盛德纯、殷诚之、陈志定、王景贤工程师负责。

扬子江淮河流域灾区及工赈处赈灾工程图（1932 年）

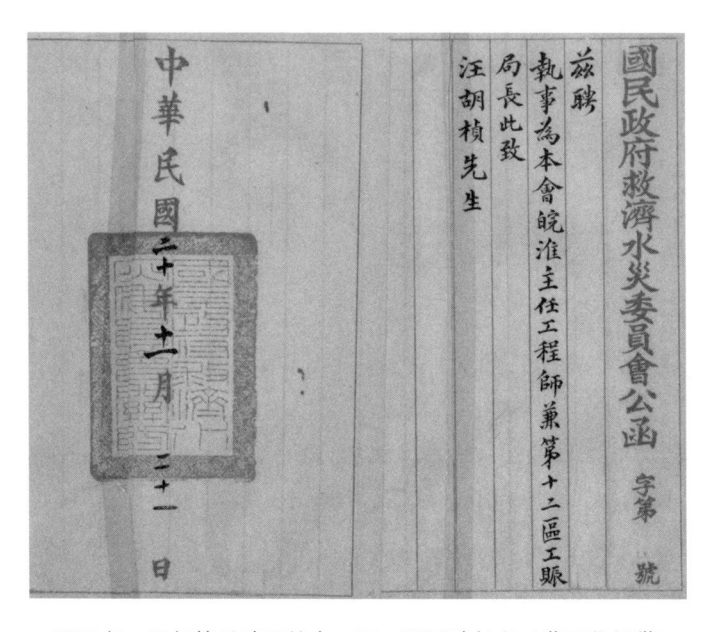

1931 年，汪胡桢受聘于第十二区工赈局聘任书（黄国华提供）

汪胡桢与职员数人随即前往蚌埠，选定兴平西街转运工会余屋作为办公地点。在救济水灾委员会工赈处电限的12月1日前，第十二区工赈局进驻蚌埠，正式挂牌成立，立刻启用印记。

受灾民众，待赈殷切。工赈救灾，刻不容缓。

起初，第十二区工赈局规定了十一小时工作制，并废除周日及一切假期，组织灾民抓紧修堤，及时工赈。自12月15日开工，至1932年7月底完工，历时7个半月。

第十二区工赈局在全部18个工赈局中第一个开工，第一个竣工，最关键的是第一个把赈灾粮发给灾民，解救饥荒。

汪胡桢主导的皖淮工赈，第十一、十二、十三工赈局工程，从正阳关到五河，分设17个工务段。先后召集灾民12万人，修筑干支堤防400多公里，疏通河道27公里，完成土方1200多万立方米，发放赈麦3000万斤。汪胡桢先生品德高尚，大公无私，事必躬亲，不惮艰苦，再加上他指挥若定，工赈效率很高。

当年，皖淮农民农田丰收，到处敲锣打鼓，燃放爆竹，感谢工赈人员。

筑堤

工赈完成后，由汪胡桢主持的皖淮第十二区工赈局还编印了两本小册子，一本是《皖淮工赈纪实》，另一本是《皖淮工赈杂录》，书中记录了工赈经过，并收录了皖北风情民俗故事等。

《皖淮工赈纪实》中记载有赈灾粮票样张，粮票系五彩橡皮机印制，状类中央银行之角票，分为五百斤（蓝色）和一百斤（红色）两种，以示区别。粮票正面为总理孙中山先生肖像。背面写有"国民政府，垂念皖灾，重洋籴麦，救我鸿哀，藉工代赈，修堤安澜，子子孙孙，世守永怀"①。

1931年涉及江淮水灾的工赈活动，轰轰烈烈、规模宏大，可是留下的资料不多，对于工赈活动的细节运作，可以从汪胡桢先生的《皖淮工赈纪实》和《皖淮工赈杂录》中窥得一斑。值得一提的是，这两本书的书名均由著名爱国诗人、书法家于右任先生题写。

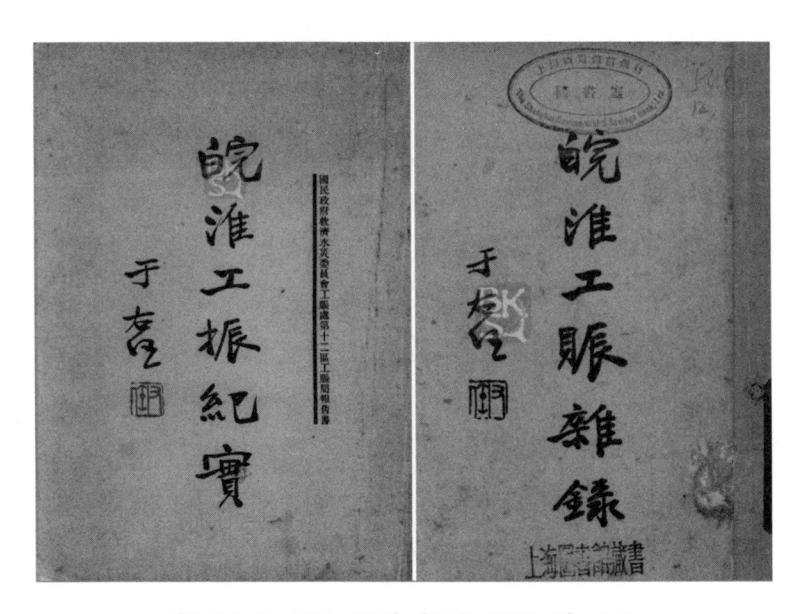

《皖淮工赈纪实》中的粮票样张

《皖淮工振（赈）纪实》《皖淮工赈杂录》书影

《皖淮工赈杂录》收录了汪胡桢先生所撰的《皖北灾后应有之觉悟》《皖

---

① 汪胡桢编《皖淮工赈纪实》，皖淮工程局，1932。

北社会之隐忧》《麦价减低后灾工应得之斤量》等文章。文章指出，皖北灾害产生之原因有三，有社会的，有农业的，也有水利的。并指出："欲使皖北永除水旱之忧，固在乎迅谋导淮之实施，而改良社会经济、农田水利，则在乎省县当局与地方明达人士合力共举，惩前毖后，转危为安，百世之利，实基于是矣！"

也正是因为有这两本书，汪胡桢后来被顾学方推荐给华东水利部副部长刘宠光、钱正英，认为其熟悉淮河，可以参加华东水利部工作。

1932年10月21日，汪胡桢接受全国经济委员会委派，担任工务处皖淮工程局局长，继续善后皖淮工赈。

汪胡桢在皖淮工赈期间，完成淮河支流北淝河治理后，留下了一段关于北淝河治理经过的碑文，这见证了汪胡桢对淮河水利治理所做的贡献。

1932年，汪胡桢受任皖淮工程局局长委任令（汪胡炜提供）

原文如下：

北淝河久失浚治，淤垫若平陆，每遇霪雨，辄泛滥为患。民国二十年，余奉命来皖举办工赈。淮河干堤既次第修复，乃以其余力浚治，此河起自怀远之刘桥，下迄凤阳之沫河口，长亘二十六公里，河底宽三十公尺，取河身之土，筑为右岸之堤，高三公尺许。自民国二十一年四月兴工，至七月毕事，集灾工三万名，浚土一百九十余万公方，发麦八百万斤。虽难工迭出，而不及百日，全河开通。次年春后，于堤间添建涵洞十有八座，以利宣泄。自此，淮泚间稍苏昏垫之忧，是役以工程师雷鸿基、殷诚之、张炯之力为多。泚河所经八塔集，故有玄帝庙建于明代，被水后，庙圮，玄帝铜像亦沦水中。余勘工至此，乃为植立堤上，并刊工程涯略于像座，以同垂永远焉。

民国二十二年五月　嘉兴汪胡桢志

汪胡桢北泚河工赈纪事碑拓片（周荣先提供）

此碑拓片作为汪胡桢先生当年治理淮河历程的见证，是一份极其珍贵的史料。它书于民国二十二年（1933年）5月，现收藏于嘉兴市文物保护所。碑拓长64厘米，宽44厘米，碑铭共245字。

在《皖淮工赈杂录》中，陈其勋写有一篇《八大集铜佛考》的文章，其中记有"七孔桥畔有一庙，据闻规模宏大，内有铜佛十尊，九小一大。……铜佛最大者，为坐像，中空，紫铜质，身高四尺，腰围三尺七寸，底长二尺三寸，宽一尺五寸，赤足，两臂和胸间共有五龙，皆雕刻工巧，惜胸间一龙，略有损坏，深为可惜"。这与汪胡桢北淝河工赈纪事碑记载的玄帝庙为同一庙。1932年，汪胡桢到现场浇筑混凝土碑体，嵌入碑文，并作为这尊铜佛的基座。

陈其勋《八大集铜佛考》

2021年7月11日，笔者与蚌埠友人施德友、李祝清、赵书坤、曹金松等五人，在蚌埠北郊八大集村北淝河弯道处的右岸找到了原碑。当时碑体周边杂草丛生，混凝土碑座质量尚好，但碑文字迹模糊，破坏严重，询问当地居民，无人知道此碑来历。

2021年时的汪胡桢北淝河工赈纪事碑现场

将此碑碑文与拓片比对，两者完全吻合。

汪胡桢北淝河工赈纪事碑（左图为现状，右图为碑拓叠加效果）

有一位小伙子还专门回家取出家中收藏的玄帝铜像碎片，铜片厚近1厘米。

时隔两年，再去看碑时，碑基已毁，碑座移动，令人唏嘘。这座承载着90余年历史的碑刻，不仅是一段故事的载体，更是一位中国科学家功绩的见证。作为淮河治理历史的实物遗存，它亟待我们进行文物勘定，并亟须加强保护力度，以确保这一珍贵的历史遗产得以传承与延续。

1932年1月20日，汪胡桢在皖北赈灾期间，专程与导淮委员会副总工程师须恺一起，陪同国际联盟①（以下简称国联）专家考察团，赴蚌埠视察淮河救灾情况。

国联考察团专家有巴黎道路桥梁局总工程师潘利尔，伦敦高维麦利工程师事务所主任高德，汉堡港务局局长西维京，荷兰工程师蒲德利等。

2月2日，国联考察团在南京特派警卫部队的护卫下，先从蚌埠乘船，沿淮河到达怀远、凤台等地查看水利工程，然后乘船返回蚌埠，再前往淮河下游的五河段察勘，坐船横渡洪泽湖，到蒋坝察勘三河坝坝址，到淮阴察勘废黄河、盐河、运河交汇处的古清口和淮阴船闸，然后沿京杭大运河南下，过高邮，察勘拟建邵伯船闸，过归江坝到扬州，沿运河，抵长江，视察完毕，返回南京。

这段故事，当年被拍成新闻电影纪录片。笔者近期有幸在网上看到这段珍贵影像。

国联考察团视察淮河珍贵影像

---

① 国际联盟，简称国联，是《凡尔赛条约》签订后组成的国际组织。其成立于1920年1月10日，解散于1946年4月。

第三章

筹组学会　编印书刊

Chapter 3　Organizing Academic Society, Publishing Books and Journals

1931年（民国二十年）4月中旬，国民政府国务会议决议，建设委员会所管辖之水利机关，悉行移交内政部主管。内政部先后电召相关水利专家赴（南）京。时任华北水利委员会委员、秘书长，主持日常工作的李书田，及太湖流域水利委员会常务委员、秘书长兼技术长孙辅世等人，纷纷来到南京，以备咨询。

一时间，水利业界的同仁们在南京汇聚一堂，迎来了组建中国水利工程学会的宝贵契机。李仪祉、李书田、孙辅世、陈懋解、沈百先、张自立等诸位水利界精英，经多次协商探讨，深感此次业界齐聚的机缘难得，必须牢牢把握，于是决定正式成立中国水利工程学会，以达成多年以来一直未竟的宏愿。

汪胡桢就是学会成立的积极倡导者、发起者和组织者，更是筹备工作的主要参与者和具体任务的实施者。

1931年4月22日（星期三），《申报》第8版刊登有一则《水利工程学会之发起》的新闻：

> 我国各地水利建设事业，年来发展甚速，如导淮、整理扬子江、广东治河、华北及太湖水利工程，均已筹备成熟。现各方水利工程师，深感有互相联络，以从事研究水利学术，促进水利建设之必要，应有中国

水利工程学会之组织。

昨日，特在首都珍珠桥蕴园开发起人会议。出席者，有华北水利委员会主席李书田，太湖水利委员会委员长孙辅世，导淮委员会秘书长沈百先，代理总工程师须恺，建设委员会技正张自立等十人，一致赞成从速筹备成立，并推定汪胡桢、林平一、张自立三人起草章程，提出讨论。①

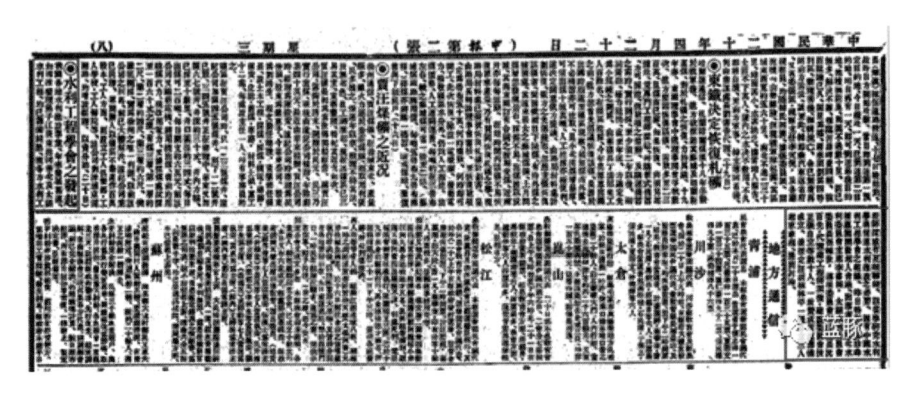

《水利工程学会之发起》新闻

1931年4月22日，中国水利工程学会成立大会在导淮委员会大礼堂举行。中国水利工程学会提出以"集合全国水利人才之精力，求解中国今日之水利问题"为号召，以"联络水利工程同志，研究水利学术，促进水利建设"为宗旨，1937年3月学会宗旨更改为"联络水利工程同志，研究水利工程学术，协力促进中国水利建设"，此后该宗旨一直承袭未改。②

成立大会上，李仪祉被推选为中国水利工程学会会长，李书田担任副会长，张自立为总干事，茅以升、陈懋解、沈百先、张含英、须恺和孙辅世六人被选为该会的董事。在水利工程学会会员名单中，除李仪祉、李书田、陈懋解、张自立、沈百先、孙辅世为董事会成员外，汪胡桢排序紧随其后，甚至在其他董事会成员之前。

从第二届起，汪胡桢加入学会董事会，直至第十届（1945年），其中第七届任副会长。

---

① 《水利工程学会之发起》，《申报》1931年4月22日，第8版。
② 吴旭：《汪胡桢与中国水利学会》，《庆祝中国水利学会成立90周年征文汇编》，2021。

1931年，中国水利工程学会第一届年会合影（后排中间为汪胡桢）（黄国华提供）

中國水利工程學會
（會址：南京太平橋北二十一號）

董 事 會

李儀祉　陝西西安建設廳　　　李書田　天津華北水利委員會
茅以昇　鎮江江蘇省水利局　　　陳懋解　南京建設委員會
沈百先　南京導淮委員會　　　　張含英　葫蘆島港務處
張自立　南京建設委員會　　　　須　愷　南京導淮委員會
孫輔世　蘇州太湖流域水利委員會

執 行 部

會　長　李儀祉　　　副會長　李書田　　　總幹事　張自立

特 種 委 員 會

出版委員會　汪胡楨(主席)　顧世楫　朱浩元　（其餘姓名續布）
會員委員會　洪　紳(主席)　（姓名續布）
介紹委員會　李書田(主席)　徐世大　須　愷　茅以昇　孫輔世　張含英　張自立

機 關 會 員

內政部　交通部　建設委員會　導淮委員會　浙江省建設廳　中央大學唐山工程學院　湖南大學　江蘇省水利局　華北水利委員會　太湖水利委員會　湖北省水利局　永定河河務局　廣東治河委員會　北洋工程學院　河北省黃河河務局

中国水利工程学会组织图

汪胡桢提出："治水不当，洪水泛滥；育人不当，人才湮没。"他始终把治水与育人联系在一起，认为育人首先要重视道德品行、职业操守的培养。

1933年，中国水利工程学会第三届年会合影（左起第16位为汪胡桢）

1936年，在中国水利工程学会第六届年会上，汪胡桢先生起草的《中国水利工程技术人员职业道德信条七则》[①]获得通过。其内容为：

一、应绝对相互尊重职业上的名誉与地位；

二、无论处于何种环境之下，应极端尊重技术上应有之人格与操守；

三、不得违反科学论据，提出或施行任何工程计划；

四、搜集及分析技术上之资料时，应绝对忠诚；

五、对于任何水利主张，有相反之论断时，应作善意之商榷，不得作恶意攻击；

六、任何人员对于水利有错误的主张，不得率意附同；

七、对会员或其他水利工程师工作，应尽量协助，不得牵制或排挤。

这份不足两百字的精炼守则，提出了水利工程技术人员应秉持的核心科学态度与伦理道德准则，深刻体现了汪胡桢先生致力于中华水利振兴的崇高理想与坚定信念。《中国水利工程技术人员职业道德信条七则》无疑成为水利领域乃至整个工程界应当珍视、传承并发扬光大的精神财富。

中国水利工程学会成立的同时，设立了出版委员会、会员委员会和介绍委员会三个特种委员会，分别由汪胡桢、洪绅和李书田出任各委员会的主席。

汪胡桢长期担任出版委员会主席（后称委员长），负责主编会刊《水利》

---

① 黄国华：《汪胡桢传》，浙江人民出版社，2023。

月刊。为创办和发展《水利》月刊，汪胡桢付出了艰辛的努力和劳动，他在《水利》月刊创刊号（1931年第1卷第1期）的《编辑者言》[①]中写道：

> 吾国水利工程界同志，向无联络之机会。各学其学，各事其事，彼此不相闻问，淡然若忘，其为兴利弭灾之急先锋者，此吾同志之过也。
>
> 今幸吾同志及时自觉有中国水利学会之组织，并首先谋及出版月刊，使吾同志之所思、所学、所事、所成就，皆得借本刊以表见。学理因切磋而益显，事业因互助而益宏，行见中国水利学问与事功，均因时而俱进，则此刊为不虚矣。

事实上，这篇《编辑者言》成了汪胡桢非常明确的办刊宗旨。在办刊过程中，他忠实地按照上述宗旨，勤勤恳恳地完成了每期的编辑出版任务。

《水利》月刊杂志，自1931年7月至1948年3月，累计出刊15卷89期（每6期合为一卷），其中汪胡桢主编了自1931年至1937年的13卷75期（其中第十三卷只有3期）。《水利》月刊杂志共刊登文章500余篇，其内容除会务消息、动态、启事等以外，主要是学术论文，主题包括基本理论、研究报告、实验方法、工程总结、管理经验、治水方略、水利史料、国外水利技术等。

汪胡桢除负责《水利》月刊的组织和稿源，具体实施编辑出版销售等任务外，还经常自己撰文。除写编辑者言外，还撰写有40余篇专题文章。其中，关于淮河流域的研究性文章近20篇，研究范围几乎囊括了淮河的干流和主要支流河道。

如1933年第5期"导淮专号"，主要是汪胡桢先生撰写的文章，有《导淮经高宝湖入江之研究》《导淮经射阳湖入海之研究》《导淮经废黄河入海之土方估计》《导淮经盐灌河入海之土方估计》。此外，汪胡桢先生还撰写有《贷款兴办皖淮水利工程之试行》（1933年第4期）；《洪泽湖之操纵与防制淮洪》（1933年第6期）；《皖淮工程局水利计划建议书》（第4卷第6期）；《整理霍邱县城西湖计划书》《泗浍区域水利工程计划草案》《沱浍区域下游堤圈

---

① 汪胡桢：《编辑者言》，《水利》月刊1931年第1卷第1期。

计划草案》（第 5 卷第 1 期）等。①

2022 年 11 月的《水利科技与经济》第 28 卷第 11 期，由黑龙江大学季山老师等著的《为中国近现代水利发展作出重大贡献的科技期刊——中国水利工程学会会刊研究》一文中有："……38 期《编辑者言》除 3 篇外，均系汪胡桢所撰。彰显汪胡桢忠实贯彻会刊'水利救国'的办刊理念，深厚的学术底蕴以及精读论著爱岗敬业、坚持真理（不怕得罪人）甘为人梯的编辑职业操守。"

汪胡桢在办刊过程中，忠实地按照其所言，勤勤恳恳、认真负责完成每一期刊物的编辑出版任务。在汪胡桢题为《出版〈水利〉月刊的回忆》的文章中，他戏说《水利》月刊编辑部故事："《水利》编辑部无固定的设置地点，先在南京，后迁蚌埠，再返还南京，几乎随我的工作地点而定。故有人开玩笑地说，编辑部是旅行编辑部。"②

《水利》月刊对交流水利科学知识、提高水利技术水平、团结广大水利工作者，发挥了很重要的作用，也为研究民国时期水利史和学会史提供了宝贵的历史资料。

中国水利工程学会在编译水利工程丛书的同时，不忘对我国水利古籍进行整理和校印，以汪胡桢为主的编辑团队本着"学无新旧，艺无中西"的学术理念，提出了水利技术随时代而演进的观点，"故鉴其往迹，可知来者，未能以其为陈，而怨之也。既发行《水利》月刊，以传布新时代之经验与学理，犹恐古籍日沦，以致先民胼手胝足之成绩，与前代兴废得失之故，不能表彰。爰按月校订河工水利书一册，以赓流通"。

汪胡桢、吴慰祖等整理合编了《水利珍本丛书》，在书目的选择上，以我国古代河工水利书籍足供后人观摩者为率先，随选随刊，不拘先后。自 1936 年 1 月起，每月出书 1 册，预定每年 12 册为一辑，由中国水利工程学会出版，1936—1937 年排印，计有 2 辑 11 种。这些书籍可谓我国古代重要的治水论著，对研究古代河道和治水经验具有非常高的参考价值，而这些书籍的来源，大部分是汪胡桢在北京工作期间，从天桥旧书摊上淘来的。

---

① 吴旭：《汪胡桢与中国水利学会》，《庆祝中国水利学会成立 90 周年征文汇编》，2021。
② 同上。

第一辑，包括 7 种，即：

〔元〕沙克什[①]（瞻思）《河防通议》2 卷；

〔元〕欧阳玄《至正河防记》1 卷；

〔明〕刘天和《问水集》6 卷，附《黄河图说》1 卷；

〔明〕潘季驯《河防一览》14 卷，附录 1 卷；

〔清〕康基田《河渠纪闻》31 卷；

〔民国〕赵尔巽等《清史·河渠志》4 卷；

〔清〕丁显《复淮故道图说》1 卷，附《请复河运刍言》1 卷。

第二辑，包括 4 种，即：

〔清〕李世禄《修防琐志》26 卷；

〔清〕李大镛《河务所闻集》6 卷；

〔清〕靳辅《治河方略》10 卷，附录 1 卷；

汪胡桢、吴慰祖辑《清代河臣传》4 卷，补遗 1 卷，附录 1 卷。

重刊了《河渠纪闻》《治河方略》《问水集》等。

因《行水金鉴》和《续行水金鉴》篇幅较多，故和商务印书馆商妥，刊入《万有文库》中。

可以说，汪胡桢在中国水利工程学会发展进程中发挥了极为关键的作用，其贡献之巨，难以用言语尽数。在民国南京政府迁都重庆之前，汪胡桢几乎始终充当着水利工程学会与外界沟通的桥梁和纽带，他不仅主导着学会的策划和运营，更亲自承担了技术业务工作的全面运作，为中国水利工程学会的蓬勃发展出谋划策，贡献卓著。

[①] 沙克什，原本作瞻思，今改正。

第四章

整理运河 撰写手册

Chapter 4　Renovating the Canal, Translating and Writing Engineering Manuals

1933年10月，中国水利工程学会第三届年会在杭州召开，李书田副会长主持会议。会议就组织整理运河讨论会提出拟议。

12月21日上午9时，在南京的导淮委员会会议室里，召开了整理运河讨论会会议，出席会议的代表有李书田（华北水利委员会）、张含英（黄河水利委员会）、须恺（导淮委员会）、孙辅世（太湖流域水利委员会）、李蕴（河北省建设厅）、孔令瑢（山东省建设厅）、沈百先（江苏省建设厅）、饶洞九（浙江省建设厅）。除此之外，还有列席会议的代表徐世大（华北水利委员会）、许心武（黄河水利委员会）、张自立（浙江省建设厅）、胡品元（全国经济委员会）、陈湛恩（内政部），以及即将承担此次整理运河工程计划的总工程师汪胡桢。会议主要讨论了整理运河讨论会章程、聘任总工程师及第一步研究计划，以及相关的一些技术问题。

会议决定，从当日起正式成立整理运河讨论会，统筹设计整理北平至宁波间的京杭大运河，发展纵贯南北航运水道。由华北水利委员会、黄河水利委员会、扬子江水道整理委员会、导淮委员会、太湖流域水利委员会，以及河北省建设厅、山东省建设厅、江苏省建设厅、浙江省建设厅联合组建成立整理运河讨论会。

1934年1月25日，华北水利委员会、黄河水利委员会、扬子江水道整理委员会、太湖流域水利委员会、导淮委员会、河北省建设厅、山东省建设厅、江苏省建设厅、浙江省建设厅联合用印，导淮委员会代理副委员长陈果夫代表委员会签署了聘任总工程师合同，正式聘任汪胡桢为整理运河讨论会总工程师，制定大运河整治计划。

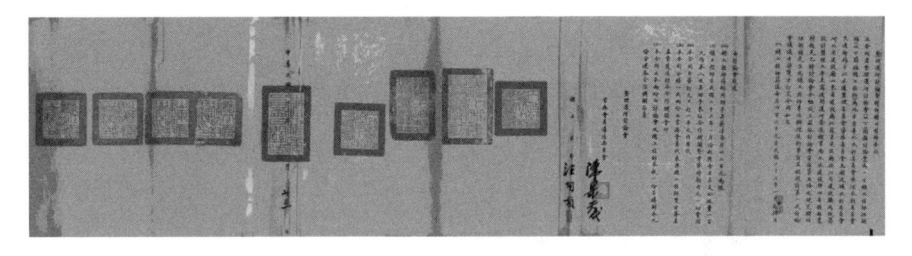

整理运河讨论会聘任汪胡桢总工程师合同书（黄国华提供）

整理运河讨论会成立会合影（后排右一为汪胡桢）（黄国华提供）

京杭运河，北起北京，南迄杭州，全长1782公里，纵贯河北、山东、江苏、浙江四省，为世界上最早开辟的船运河渠。其中，平津段，北京至通州段通称大通河，通州至天津段通称北运河，全长166公里；津黄段，在河北境内通称南运河，在山东境内通称北运河，全长636公里；黄淮段，在山东境内称南运河，在江苏境内称中运河，全长460公里；淮江段，通称里运河，全长180公里；镇苏段，通称运河，全长166公里；苏杭段，通称运河，全长174公里。

合同签订后，汪胡桢和工程师戴祁随即从杭州到北京，全程踏勘运河，在途经浙江省水利局、扬子江水利委员会、江北运河工程局、山东运河工程局及华北水利委员会时，均作较长时间的停留，以从事工程计划和方案制定工作。原计划两年完成的《整理运河工程计划》，仅用一年半时间制定完成并印刷成书。

汪胡桢所著《整理运河工程计划》（李仪祉藏书）（贾金柱提供）

《整理运河工程计划》的正文内容包括缘由、概要、资料、理论、测验项目、工费估计、施工程序和利益八个部分，相当于简要说明。实际上具体技术内容主要包含在附录、附表和附图之中。

计划书中的附录主要有五段运河的各段整理计划初步报告、讨论集、运河沿革、设计尺寸、成本利益、组织章程、会议记录和合同书等。还有附表70个类表，附图28张。

让人意想不到的是，这份《整理运河工程计划》，为2014年6月22日中国大运河申遗成功立下了汗马功劳。

2006年，我国启动大运河申遗工作，国家文物局大运河申遗组专家、中国水科院水利史研究所所长谭徐明教授全程参加了大运河申遗。谭徐明教授在回忆中深有感慨地说："这份规划是大运河申遗为数极少的权威资料。20世纪30年代，汪胡桢先生主持的京杭运河地形测量之后，再没有过了。在中国大运河申遗的技术文件中，只有这份《整理运河工程计划》，作为基础资料，可以支持。"

2012年，在中国水利水电出版社出版的《中国大运河遗产构成及价值评估》一书中，谭徐明教授在引言中再次指出："运河现存主要工程技术资料，来源于20世纪20年代以来的运河规划。其中20世纪30年代汪胡桢先生主持整理运河委员会期间，对大运河的地形测量，是迄今为止唯一的运河全程测量。"[1]

汪胡桢先生之子汪胡熙在文章《踏堪运河》中有一段相关的记录：

该计划经报送各有关单位审查，均得到较好的评价和认可。如：

华北水利委员会称："兹经详加研究，深以该计划至为新颖，亟应促其实现，以辟中国水道交通之新纪元。"

黄河水利委员会称："查所送计划，规划精详，切于实际，又适合我国交通需要，本会亟愿赞助，促其早日实现。"

导淮委员会称："经详细研究，殊为妥适。"

扬子江水道整理委员会称："经本会审核，大体甚为周详。"

江苏省建设厅认为：本计划需水量之推算，引述资料搜集无遗，并参以合理的推求方法，实为最近似之结果，弥足珍贵……本厅甚表赞同。

浙江省建设厅认为：计划至为周密，且均切实可行。[2]

足见，汪胡桢先生所考虑问题之细，所做工作之实，所提措施之妥，无可挑剔，受到一致的高度评价。汪胡桢在"书报介绍"中，直接将该书定义为"堪为复兴运河水利之南针"。

据资料显示，1934年汪胡桢组织的全运河纵横断面测量，是有记录以来的第一次测量，也是迄今为止唯一的一次测量。正是得益于汪胡桢先生为整理运河工程计划做的大量专业、细致、扎实的工作，我国的大运河在申遗路上得以提前八十年便奠定了坚实的技术基石。因此，汪胡桢先生对于大运河申遗的卓越贡献，无疑是杰出的，这一成就或许连汪胡桢先生本人在梦中都未曾预料到。

---

[1] 谭徐明、王英华、李云鹏、邓俊：《中国大运河遗产构成及价值评估》，中国水利水电出版社，2012。

[2] 嘉兴市政协文史资料委员会编《一代水工汪胡桢》，当代中国出版社，1997。

《整理运河工程计划》书讯广告

其间，汪胡桢还完成了《淮河流域航运路线计划》等。

1934年，国民政府统一全国水利行政，导淮委员会改由全国经济委员会管辖。

1934年2月28日，汪胡桢调任全国经济委员会水利处设计科长。

1936年，汪胡桢受任全国经济委员会水利处技正简任状（黄国华提供）

1935年（民国二十四年），汪胡桢向处长茅以升、副处长郑肇经、张含英等建议，利用工赈余款培养水利人才。

经秘书长秦汾批准，以汪胡桢为主考，录取了严恺、张书农、王鹤亭、伍正诚、粟宗嵩、徐怀云、薛履坦等学生，分送英、美、德、法、荷等国家留学，又去印度、埃及、越南水利工地实习。这些学成归国的学子们，后来均成长为中国卓越的水利专家，为我国水利事业做出了杰出的贡献。

1938年，导淮委员会改属经济部管理。

1941年，导淮委员会又由行政院水利委员会管辖。

1947年，导淮委员会改为淮河水利工程总局，直属于水利部。

1938年抗战时期，受中国科学社之聘，汪胡桢在上海组织翻译出版了美国技术学会出版的《实用土木工程学》丛书以及奥地利工程师旭克列许的《水利工程学》。

《实用土木工程学》的翻译，由杨孝述提议，汪胡桢、顾世楫、沈宝璋、许止禅、萧开瀛、马登云等参加，顾世楫为编辑主任，以美国技术学会出版的土木工程丛书最新版（1938年版）为蓝本，分工协作，分头译著《实用土木工程学》丛书，共收录译著12篇，包括《静力学及水力学》《材料力学》《平面测量学》《道路学》《铁路工程学》《土工学》《给水工程学》《沟渠工程学》《混凝土工程学》《钢建筑学》《房屋及桥梁工程学》《工程契约及规范》等，计120余万字。

其中，第五册《铁路工程学》和第六册《土工学》为汪胡桢先生所译著。

1941年7月，该套丛书由中国科学图书仪器公司初版发行。由于定价低廉，因而销路很广，多次再版重印。

接着，汪胡桢又开始着手《水利工程学》的译著工作，将奥地利工程师旭克列许的《水利工程学》分订成5卷13编，以便读者选购。内容有《气象学》《水文学及水力学》《土壤学及土力学》《材料学》《给水工程学》《沟渠工程学》《闸坝工程学》《水力发电工程学》《农田水利工程学》《河工学》《渠工学》等，附图2000余幅。书中详尽阐述了各类水工建筑物的知识，并辅以丰富的插图，广受水利业界读者的欢迎。

其中，第二册《沟渠工程学》《闸坝工程学》，第四册《水力发电学》，第五册《农田水利学》《河工学》《渠工学》由汪胡桢译著。

1948年7月，该书由中国科学图书仪器公司初版发行，后由水工图书出版社再版。

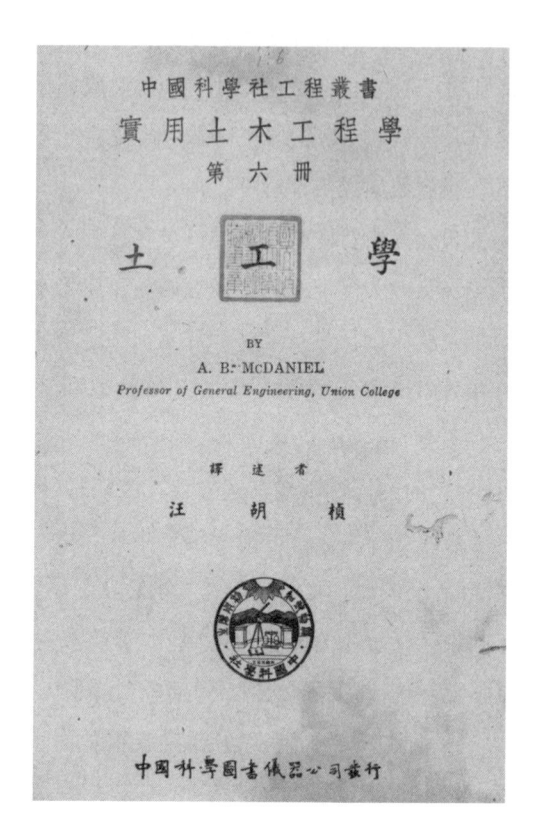

《土工学》书影

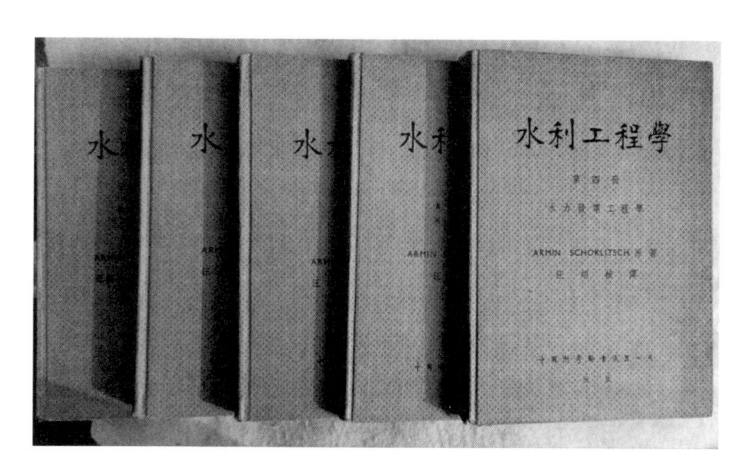

《水利工程学》书影

上海沦陷后，汪伪政府接管了上海各大高校，导致众多有志气的教师都纷纷离校。汪胡桢先生随后邀请了一部分土木工程系教师，在中国科学社召开会议，共同决定闭门编纂《中国工程师手册》。先编基本、土木、水利3卷，计划再编机械、电机、化工、纺织4卷。汪胡桢为主编，规定了内容及编著体例，各位教师和在上海的河海工程专门学校的同学分别承担了各自领域的著述任务。

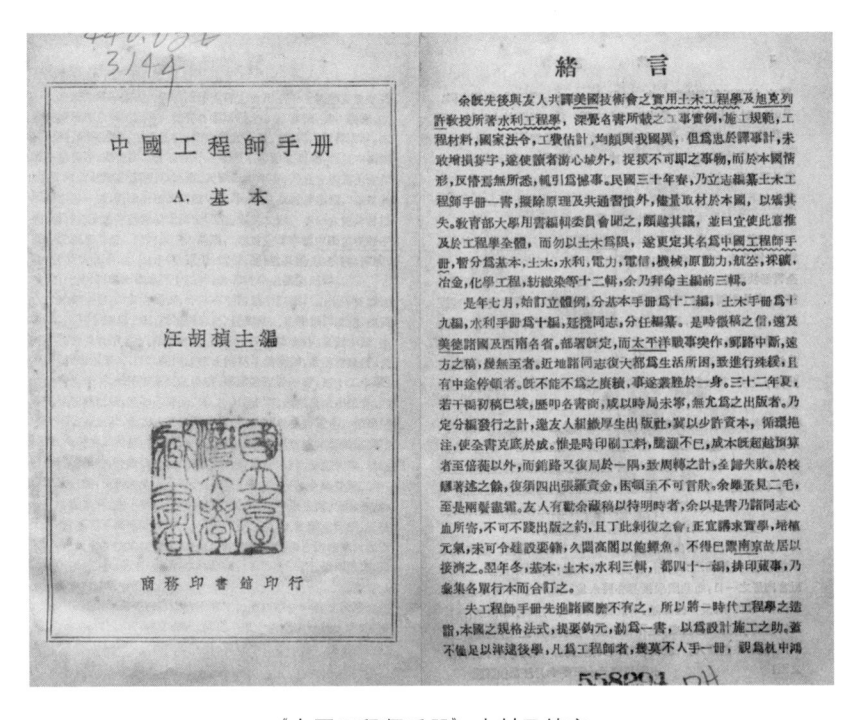

《中国工程师手册》内封及绪言

基本手册：内含算表、算学、高等算学、物理丛表、化学、应用力学、材料力学、应用流体力学、测量学、工程地质学、工程契约、换算表。

土木手册：内含工程材料、材料试验、结构力学、土力学、混凝土、圬工、钢结构、木结构、土工、基础、隧道、土木机械、道路、铁路、登山铁路、高速铁路、房屋、都市规划、航空站。

水利手册：内含水文学、闸坝工程、灌溉工程、排水工程、河工学、渠工学、发电水力、海港、给水工程、阴沟工程。

其中，汪胡桢执笔编写的有12种：算学、高等算学、换算表、结构力学、土工、基础、房屋、水文学、闸坝工程、发电水力、给水工程、灌溉工程。

《中国工程师手册》前3卷陆续分册出版，均曾以单行本形式出版发行，最后制成合订本。因时局动乱，中国科学图书仪器公司不愿负责发行。于是，汪胡桢又组织集资数万元，自筹组建厚生出版社。

1944年，《中国工程师手册》由厚生出版社初版，1946年、1951年、1952年，由商务印书馆再版重印。

汪胡桢主编的《中国工程师手册》出版，使中国工程师第一次有了自己的工程师手册。

《中国工程师手册》合订本书影（尹引提供）

此书开始编著后，汪胡桢闭门潜心撰写，承担起撰稿重任，其笔下所成字数竟占手册前3卷的一半。

从钱宗贤为汪胡桢编纂的《中国工程师手册》所撰写的跋文中我们可以了解到，汪胡桢曾借用钱宗贤的旧居，著书、出书，独自一人倾注心血，他勤奋敬业、术业专攻，凡事亲历，难能可贵。这段文字让人读后不能不想抄录下来，以汪胡桢先生为学习之榜样，同时感叹当今几人能及之？

跋中所言，钱宗贤以借居为机，始得与汪胡桢有朝夕晤对（会面交谈）之乐。他对汪胡桢著书的艰辛进行了描述，跋[①]言：

---

① 钱宗贤：《中国工程师手册·跋》，载汪胡桢《中国工程师手册》，1944。

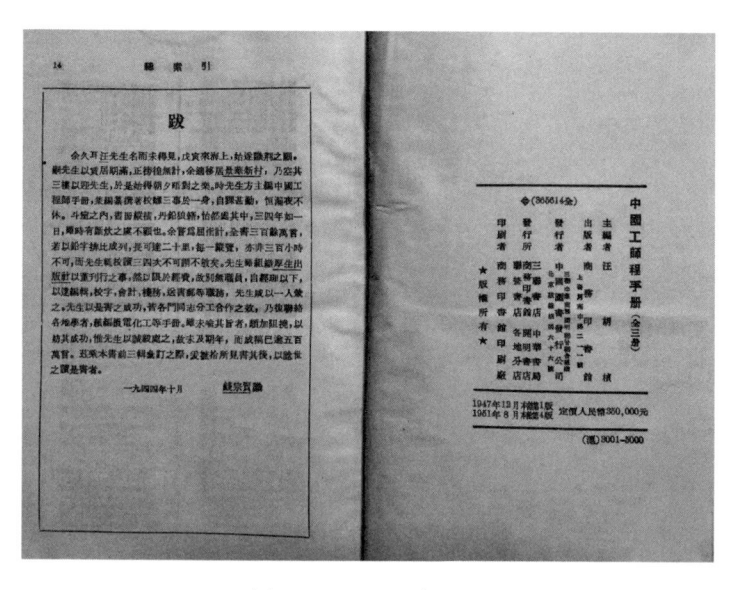

《中国工程师手册》跋文

　　余久闻汪先生名而未得见，戊寅来海上，始遂识荆之愿。嗣先生以凭居期满（慕尔名路，念茂名南路），正傍徨无计，余适移居景华新村（钜鹿路820弄39号），乃空其三楼以迎先生，于是始得朝夕晤对之乐。时先生方主编中国工程师手册，集编纂撰著校雠[①]三事于一身，自课甚勤，恒漏夜不休。斗室之内，书册纵横，丹铅狼籍（藉），怡然处于其中，三四年如一日，虽时有断炊之虞不顾也。余尝为屈指计，全书三百余万言，若以铅字排比成列，长可达二十里，每一纵览，亦非三百小时不可，而先生辄校读三四次，不可谓不敬矣。先生虽罗织厚生出版社以董刊行之事，然以限于经费，故别无职员，自经理以下，以逮编辑，校字，会计，栈务，送书邮等职务，先生咸以一人兼之。先生以是书之成功，皆各门同志分工合作之效，乃复联络各地学者，续编机电化工手册。虽未喻其旨者，颇加阻挠，以妨其成功，惟先生以诚毅处之，故未及期年，而成稿已逾五百万言。兹乘本书前三辑汇订之际，爰撷拾见书其后，以诒世之读是书者。

---

①　校雠（jiào chóu）：形成理论，作为一项独立的学问，始于西汉。"雠"有核对之意。梁代以后校雠亦称"校勘"，指同一本书用不同版本相互核对。从某种角度讲，校雠大于校勘，校勘大于校对。

1944年10月，钱宗贤识。

汪胡桢在《中国工程师手册》绪言中，深入阐述了编撰这本手册的重要性和意义。他表达了希望中国在工程技术领域迎头赶上的强烈愿望和决心，同时也展现出了对于当时国内科学出版物稀缺、科学普及程度不高的状况的深切忧虑。这种忧虑都基于他对国家命运的深切关注和对社会责任的深刻认识，"系于今日，系于自身，已不容我辈各自为政，分散实力。此书之作，集各工程学科于一炉，虽谓为我辈团结之滥觞，亦不为过矣！"

摘录绪言①部分内容如下：

夫工程师手册先进诸国靡不有之，所以将一时代工程学之造诣，本国之规格法式，提要钩元，泐为一书，以为设计施工之助。盖不仅足以津迷后学，凡为工程师者，几莫不人手一册，视为枕中鸿宝也。越若干年则修订一次，如Trautwine一门三代，相继主编，Hutte则80余年间，迭出至26版，为世界艺林之佳话。我国工程建设，进步较迟，然近年来急起直追，正孟晋不已，土木与水利工程，尤为前驱，故3辑之刊行，或亦可以稍为我国经济复兴之助。惟是书之作，在国内尚为创举，可以师承之书甚少，兼以适值战时，国人新著无由寓目，实地资料复难搜求，故其中若干编，仍不能不以国外名著为蓝本，是则有待来日为之修订补充耳。

……

我国科学出版物尚寥若晨星，不及欧美各国远甚。历来国人所诵习者，大都为西文书籍。若长此不图，恐科学思潮，将永无渗入社会内层之一日，而我国学术界亦将永为别国所支配。同人等，兴念及此，不寒而栗。爰不揣谫陋，著此书以问世，明知率尔操觚，无当于博雅君子，且疵谬之处，定不在少数，惟冀绩学之士，视为引喤，竞出珠玑，以饷国人，一洗倚赖外国文化之耻，同人等实不胜引领之至！

---

① 汪胡桢：《中国工程师手册·绪言》，载汪胡桢《中国工程师手册》，商务印书馆，1944。

在绪言部分，汪胡桢先生深情地表达了他对我国科技振兴的坚定信念与深切期望，这同时也为我们揭示了他后来为何矢志不渝地坚持独立自主的道路，毅然决然地选择科学自主之路，拒绝盲目崇拜外国技术，而是致力于建造具有中国时代特色的水利工程，展现中国人民的智慧和力量。

1946年1月9日，国民政府以"代电"的形式，对主编《中国工程师手册》的汪胡桢予以嘉奖。

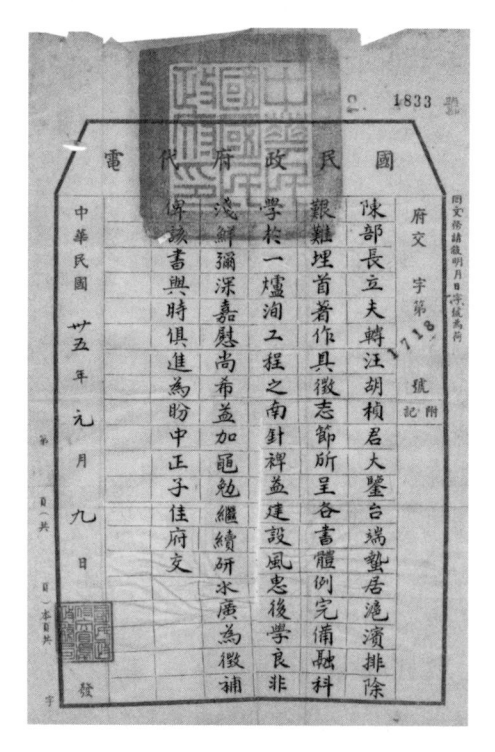

国民政府嘉奖汪胡桢电（黄国华提供）

为了支付《中国工程师手册》稿费和出版印制费，汪胡桢不惜卖掉南京乐居公司的部分房屋，以筹组厚生出版社，解决《中国工程师手册》出版资金不足的问题。

那么，关于南京乐居公司及其房屋为何会在此时出现，究竟有何缘由呢？

第五章
梅园新村　运河轶事

Chapter 5　Building of Meiyuan New Village, Spreading of Canal Anecdotes

　　为出版《中国工程师手册》，汪胡桢不得已将南京乐居公司自己的部分房屋卖掉。由南京乐居公司，又引出一段汪胡桢鲜为人知的故事。

　　如今的梅园新村，其实当年一棵梅花树也没有，而是邻近汉府街的一块荒地。30年代初，汪胡桢先生与友人在南京共同集资组建的乐居房产公司，专门代人设计施工造房子。公司将这块荒地买下后，划分一下地块，编上号，吸引别人投资，盖了一批房屋。取什么名字一时未定，后因附近有个桃源新村，就取了个梅园新村的名字，作为映衬。汪胡桢先生当时风华正茂，也有一定的经济实力，且本人又是水利水电工程专家，便以梅园新村30号的一块地皮作为地基，自己设计并由乐居房产公司盖了房子。

……

　　整个建筑占地489.3平方米。有一个矮围墙，围墙的大砖是用混凝土预制的，上面还有梅花的图案。

　　梅园新村30号的房子建于1933年。是年冬，汪胡桢一家开始住进去。1937年抗战爆发，全家人为避战乱，躲入上海租界内，留下一个男佣看守房子。日本侵略军打进南京后，男佣逃到山西路难民集中营去了，日本人住进了梅园新村30号。一次男佣再回来看房子，被日本人抓住。日本人说，既然是你看房子，就把书籍都搬走。汪胡先生多年的藏书，因此大多散失。抗战中，这幢房子一直被日本人占据着，据说是改作了卫生院……

抗战胜利后，汪胡桢先生重回梅园新村30号。房里的东西全都被搬走了。本想把房屋修理好，但一时缺钱。后因中共代表团要来南京，国民党的南京市政府到乐居房产公司去问有没有房子。乐居房产公司就为汪胡桢先生代办了各种手续，照官价出售了30号住宅。市政府征收后，交给中共代表团使用。

于是，这里成了周恩来生活和办公的地方。

为了防止国民党军警宪特的干扰监视，代表团将原来的矮围墙加高一倍。为解决住房拥挤的困难，在原来的门房和车库上加盖二楼。主楼格局未作变动。院子里南面围墙边，当时已有4株石榴树，主楼门前有两株柏树，书房外种了一棵桂花树，葡萄、海棠、蔷薇依旧。

解放后，这里被辟为中共代表团梅园新村纪念馆。因为周恩来喜欢梅花，纪念馆的同志在院子东边种了一株腊梅花，后又在东边围墙下种了几株冬青和一株红茶花。现在这里已被定为国家级文物保护单位。人们都知道这里是周恩来率中共代表团同国民党政府谈判时住过的地方，但这座建筑物与其原主人汪胡桢的关系，却鲜为人知了。[①]

这则故事，摘自南京梅园新村纪念馆工作人员颜鸣、李磊的文章《几度访梅寻故人》。

在南京城东长江路东端汉府街的中国共产党代表团梅园新村纪念馆里，第二部分"进驻梅园，开启南京续谈"的展区中，开篇便介绍了"驻地由来"的历史背景，即梅园新村30号为汪胡桢旧宅。

在汪胡桢撰写的《回忆我从事水利事业的一生》中，专门有一章节"建造新村"，叙述了乐居公司和梅园新村30号的来历：

[①] 颜鸣、李磊：《几度访梅寻故人》，载嘉兴市政协文史资料委员会编《一代水工汪胡桢》，当代中国出版社，1997。

梅园新村纪念馆展示"驻地由来"的历史背景

梅园新村 30 号

　　南京原为江苏省省会，人口不过 20 余万，故房屋不多。除城南居民较多外，其余地区的房屋很少。自从国民政府把南京建成首都后，人口陡增到 80 万，故住屋成了一个问题。

　　我和林平一同志在导淮委员会工务处迁到南京之后，都感到租屋不易……

　　我们两人都是土木工程师，一天不见土木工程就觉难堪。因见四条巷有一块空地正要出卖，我们商量后，就把这块空地买下了。经过测量与设计，知道在这块空地上可建 3 层钢筋混凝土构架的房屋 3 排，共 30 幢，可与亲友联系，用合作社方式建成一个新村。计划决定后，所识亲友纷纷参加。有了资金，就请友人所组建的扬子建业公司担任建筑，取名良友里。屋成之后，我与林平一两家就迁入居住。见者都认为屋型新颖，造价低廉。

　　我们见到在南京大可兴建商品化房屋出售，因此就组织成乐居房产有限公司，陆续建成桃源新村、梅园新村、复成新村和竺桥新村，并在新街口建一所 5 间临街店屋，除一间作为公司用屋外，其余 4 间都租给商人开店。

　　各新村房屋类型各异，投人所好。[1]

---

[1] 汪胡桢：《回忆我从事水利事业的一生》，载嘉兴市政协文史资料委员会编《一代水工汪胡桢》，当代中国出版社，1997。

1931 年底至 1932 年初，汪胡桢组织创建了金陵房产合作社。

1932 年底，乐居房产公司招股成立。

南京乐居房产股票（尹引提供）

乐居公司先后开发的良友里、梅园新村、桃源新村、复成新村、竺桥新村等一系列"新村"，在设计上有自己的创新，成就了很多经典，给南京市留下了众多宝贵的民国建筑，成为当时"首都建设"的标本，也成了现在南京难得的城市人文遗产。

1937 年 3 月 15 日，乐居房产公司在《中央日报》第一版上刊登的《乐居房产有限公司迁居新厦第一贡献》公告中称，最新的房屋为"便殿式住宅"。

汪胡桢在新村开发中，有非常具体的计划。他认为，新村要扎根在城市，必须注重周边生活配套设施和人文环境的建设，同时对新村的道路、电力、消防、排水等都做了配套规划。对新村的生活配套设施，计划也考虑到若干地点配套商场、菜场、电影院、国民学校等公共建筑。认为"凡是为新村居户增进衣食住行之便利者，盖莫不预为设置也"。

乐居房产公司开发的几个新村，都处于南京的核心区，规模近两百幢，周边都有完善的生活配套设施。

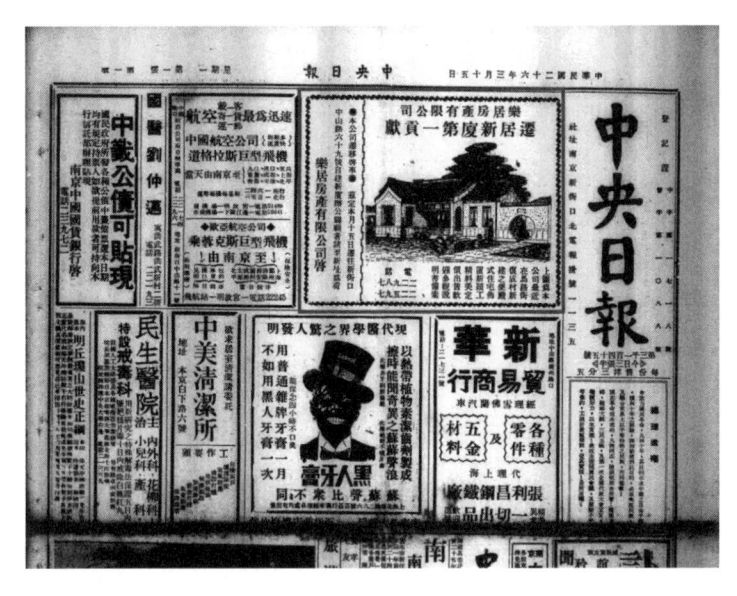

1937年，刊登于《中央日报》的乐居房产公司广告（尹引提供）

新村旁，就是从下关至中正街（今白下路）的京市铁路，类似于现在城市的地铁。所以，乐居房产公司才会对复成新村有这样的宣传："本村与南京商业中心之太平路、最优美之第一公园及公共体育场、富有诗意之秦淮河，均甚邻近，而空气清新，宜于居家，在首都无出其右。"

梅园新村位置图（1938年）（尹引提供）

从这一事例可见汪胡桢先生行事规范，规划长远，注重细节，成事宏大，贴心到位。

在文章中，汪胡桢接着写道："梅园新村建成后，我与林平一两家都各自再建一宅。我住的是梅园新村30号，为一幢美国本格芦式房屋，有小花园，种植一些花木，颇称幽雅。"①

本格芦（Bungalow），是美国一种比较流行的建筑型式，指那种带有凉台或走廊的平房，夏天人们可以在凉台上纳凉，或者在走廊上养花、散步、遛狗、聊天，流行于20世纪初至30年代，这种建筑的价格相当亲民，使得更多的人能够承担得起。

梅园新村30号本格芦式建筑

中国水利学会通讯地址（1934年3月）

---

① 汪胡桢：《回忆我从事水利事业的一生》，载嘉兴市政协文史资料委员会编《一代水工汪胡桢》，当代中国出版社，1997。

当复成新村房屋建成时，日寇在金山卫登陆，南京政府迁往重庆，房屋无人承购。日军占领南京以后，各新村房屋多为敌伪官吏占为住宅。新街口店屋则被日本大丸洋行据为店屋。

日军投降后，林平一同志先回南京，招回乐居房产有限公司的职工，把房屋修葺一新出售，并把公司结束，退还股本。

我梅园新村房屋及邻居吕姓房屋都由当时的南京市政府征收，作为中共代表团南京办公驻址。解放后，改为中共代表团梅园新村纪念馆。①

时间再回到当汪胡桢正在上海法租界埋头编写《中国工程师手册》的时候，意外突然发生了。

话说《手册》前三卷，基本、土木、水利分册已经陆续出版，合订本也正在打样再版。

在《回忆我从事水利事业的一生》中"闭门著作"章节里，汪胡桢回忆道：

> 我又邀集机械、电机、化工、纺织等学者续编手册的后 4 卷，每卷推定主编，由主编约集作者，从事编著。
>
> 正在此时，忽有两位不速之客登门来访，拿出名片，上面赫然印着"殷汝耕"三字。殷汝耕是由日本关东军指使搞冀东独立的大汉奸。冀东独立失败后销声匿迹已久，今日忽然出现在我眼前，使我毛骨悚然。
>
> 殷汝耕坐定之后，就说这次来访是要邀我出山，去整理京杭大运河。他说已看到我所著《整理运河工程计划》，表示非常佩服。故特来面访，请我出山担任总工程师。殷汝耕又说，你著成这计划以后，适值时局大变，无法进行。我现在已筹到一笔款，可使你的计划完全实现。
>
> 我再一看他的随从是我教过的学生王某。他从旁插言说机会难得，希望我不要错过。我说我很惭愧，现在我脱离工作已久，旧部星散，一

---

① 汪胡桢：《回忆我从事水利事业的一生》，载嘉兴市政协文史资料委员会编《一代水工汪胡桢》，当代中国出版社，1997。

个光杆司令如何能任总工程师。而且黄河花园口决口之后，大运河被黄河冲得一塌糊涂，黄河泥沙到处淤积，地形大变，我的旧计划已不适用了。①

汪胡桢先生，一位将一生都献给祖国水利事业、矢志不渝的爱国者，他那颗忠诚于水利、忠诚于国家的心，又怎会接受汪伪政府的邀请呢？由此，汪胡桢被硬生生逼出上海，《中国工程师手册》的编纂工作，也只好搁置停下。

于是，汪胡桢悄悄逃离上海，准备前往重庆，途中到达黄山屯溪后，因交通中断，只能暂住黄山脚下，直至抗战胜利。

1945年2月，汪胡桢接到赴南通学院任教的聘书，教授农业水利课程。

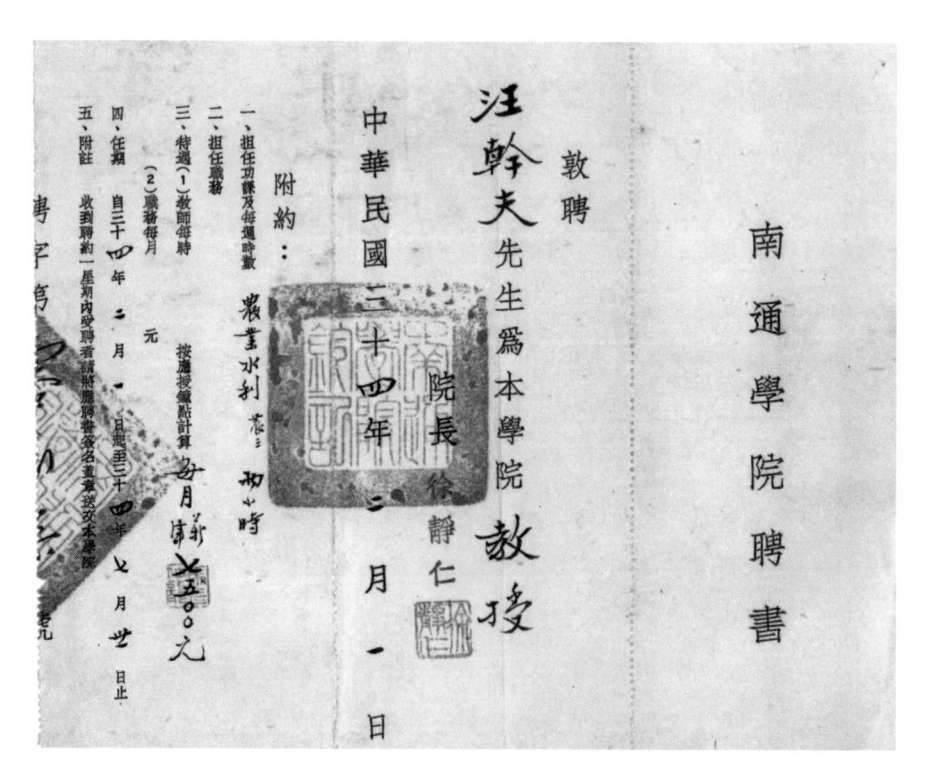

1945年，汪胡桢受聘于南通学院聘书（黄国华提供）

---

① 汪胡桢：《回忆我从事水利事业的一生》，载嘉兴市政协文史资料委员会编《一代水工汪胡桢》，当代中国出版社，1997。

抗战胜利后，1945年8月，汪胡桢乘船离开黄山，沿新安江到杭州，改乘火车，回到嘉兴老家。到家后，见到母亲身体健康，他十分欣慰。可是辛苦营建的两层楼房，已被日军所毁，墙砖瓦片荡然无存。因而只在嘉兴逗留一天，便匆匆赶往上海。

正在寻找生活出路之时，汪胡桢接到了国立中央大学聘书，聘请他任该校工学院水利工程学系教授，可是当时学校还在返迁之中。

12月，又接大连市政府聘书，邀其出任大连市接管委员会专门委员，帮助恢复重建城市。

1946年3月，汪胡桢被任命为国民政府行政院善后救济总署苏宁分署赈务组副组长，并同时担任水利委员会派驻联合国救济总署办事处顾问。此外，他又接获了行政院水利委员会委员长薛笃弼亲自签署的任命令，被委任为水利器材专员。可谓是一岗三职，能者多劳。

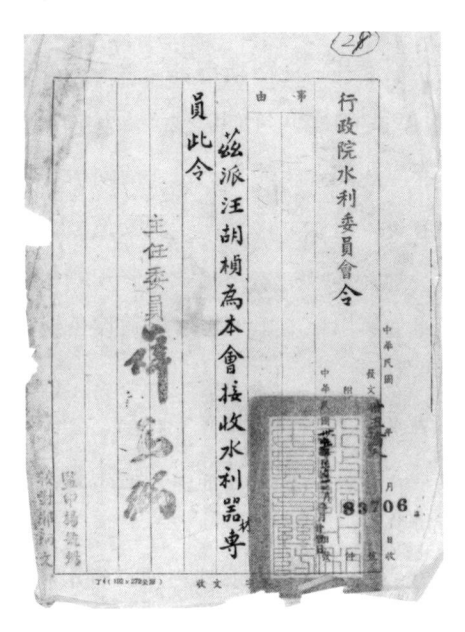

1946年，汪胡桢被委任为水利器材专员（黄国华提供）

联合国善后救济总署（United Nations Relief and Rehabilitation Administration），英文简称UNRRA，中文简称"联总"，创立于1943年，发起人为美国总统罗斯福。

其名称中之"联合国"，并非指后来于旧金山组成的联合国组织，而是指第二次世界大战期间同盟国的参战国家联盟。本质为福利机构的联合国善后救济总署，成立目的是为战后统筹重建二战中受害严重且无力复兴的同盟国参战国家。

其中，受害最严重的中国，也成为最主要受其帮助的国家，施予帮助者则为美国、英国与加拿大。

1945年1月，民国政府设立行政院善后救济总署，英文缩写为CNRRA，简称"行总"，代表政府作为联总的对应机构，负责接受和分配由联总提供的救济物资。

行总的总部初在重庆，后迁南京。在上海、浙江、福建等省市设立15个分署。

第二次世界大战结束后，美国有不少军事物资都存放在南太平洋的岛屿上，由联合国设善后救济总署来处理这些物资，其中一部分土木器材捐赠我国使用。

受行政院水利委员会委托，汪胡桢负责在上海设办事处，接收与分配这批器材。器材运到我国后，将军队筑路机械、汽车起重机、推土机、混凝土搅拌机、机械修理汽车、风钻、压缩空气机、活动房等堆置在黄浦江复兴岛的物资，按需分配给导淮委员会、扬子江水利委员会、浙江省和江西省水利局等单位，由上海办事处委托运输公司，转运各地领取。其中，分配给导淮委员会的物资，有许多后来用在了佛子岭水库建设工地上，成为水库建设主要的施工机械和特殊工具。

1946年7月，浙江省水利局设钱塘江工程局，茅以升为局长，聘任汪胡桢为副局长兼总工程师，制订"整理河床，稳定江道，围垦沙滩"方案，对钱塘江两岸海塘进行维修。

1947年3月，浙江省建设厅聘汪胡桢为浙江省水利局顾问。5月，被水利部聘为顾问。

1948年5月，行政院处理美国救济物资委员会又聘汪胡桢为钱塘江工程救济专款监理委员会会员。9月，钱塘江海塘工程局与资源委员会合作组建水力发电工程处，提出在街口建设新安江水电站的计划，因遭美援会的反对，汪胡桢与茅以升局长一起愤然辞职。

是年，汪胡桢入选中央研究院（数理组）首届院士正式候选人。

第六章

华东水利　受命治淮

Chapter 6　East China Water Conservancy Ordered to Rule the Huai River

1949 年，中华人民共和国成立前夕，汪胡桢一头扎进书房，凭借对中国现状的深刻洞察与所掌握的科学知识，奋笔撰写了长达 45 页、共计 2 万余字的《全国经济建设拟案》。他始终将爱国之心紧紧系于民族的希望与祖国的振兴之上，以实际行动践行"科技救国"与"水利兴国"的崇高理想，精心绘制出全国经济建设的壮丽蓝图。《全国经济建设拟案》于 1949 年 7 月 25 日晚圆满完成，彼时，嘉兴城已宣告解放，迎来了新时代的曙光。

8 月，汪胡桢接到浙江大学马寅初校长的邀请，担任土木系教授，讲授水力发电及灌溉工程两门课。为确保教学质量，汪胡桢不辞辛劳，

《全国经济建设拟案》手稿

立即着手自编讲义，精心筹备，以期为学生们带来丰富而深入的课堂讲授。

1949年，上海解放后，在华东军政委员会陈毅、曾山等同志的领导下，华东水利部在上海成立，冷遹任部长，刘宠光为第一副部长，钱正英为副部长。华东水利部设在上海静安寺路东口新接收来的百乐门饭店内，楼下的跳舞厅改为会议厅，楼上的客房改作办公室。

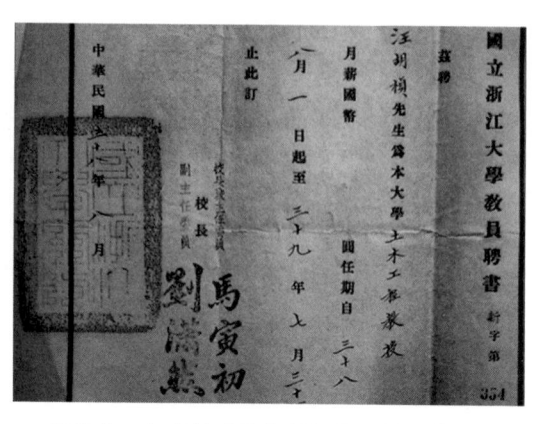

1949年，汪胡桢受聘为浙江大学教员聘书
（黄国华提供）

刘宠光、钱正英两位副部长负责具体工作，经顾方学和华东水利部的许多高级工程师推荐，刘宠光决定邀请汪胡桢来主持华东地区的水利建设。

刘宠光先是安排何家濂去浙江大学，诚邀汪胡桢出山，未遇。何家濂又转道去嘉兴，在汪胡桢老家的湖滨小筑与其相见，畅谈研究新中国水利事业的发展。汪胡桢慨然应允，答应在手边书稿告一段落后即往上海。

不久，刘宠光又奉令专程到嘉兴登门拜访，邀请汪胡桢尽快出山治水。汪胡桢先生听闻祖国的召唤，目睹刘宠光的真挚与执着，当下下定决心，毅然重披战袍，投身于治淮的宏伟事业中。

汪胡桢对刘宠光说："主诚而不动者未之有也，只要真干，我汪某赴汤蹈火也在所不辞。"刘宠光听了，高兴地紧紧握住汪胡桢的手说："一言为定。"

这段故事后来被传为一段佳话，说刘宠光好比当年刘备，三顾茅庐请诸葛亮一样。

那时，汪胡桢与华东水利部冷遹部长和刘宠光、钱正英副部长四人的办公桌置于办公室中央，组成面对面的方阵。一起传阅文件、一起讨论问题、一起开会，也省了会议室。

大家共同商讨，一致认为，华东水利工作，应先从治淮开始。

于是，决定把设在南京原导淮委员会改组后的淮河水利工程总局迁址到安徽蚌埠，在淮河前线开展治淮前期工作。

1947年7月1日，国民政府行政院将导淮委员会改名为淮河水利工程总局。

1948年10月,国民政府撤退南迁,淮河水利工程总局的部分人员也分三路撤退,分别去了广州、南昌和杭州。

1949年4月29日,南京市军事管制委员会接管淮河水利工程总局,军代表刘晓群负责管理。

10月上旬,水利部任命刘宠光为淮河水利工程总局局长,汪胡桢为淮河水利工程总局副局长,总局下设秘书处、工务处、测验处和人事室等,局址仍在南京。

12月14日,中央财政经济委员会同意水利部组设淮河水利工程总局。

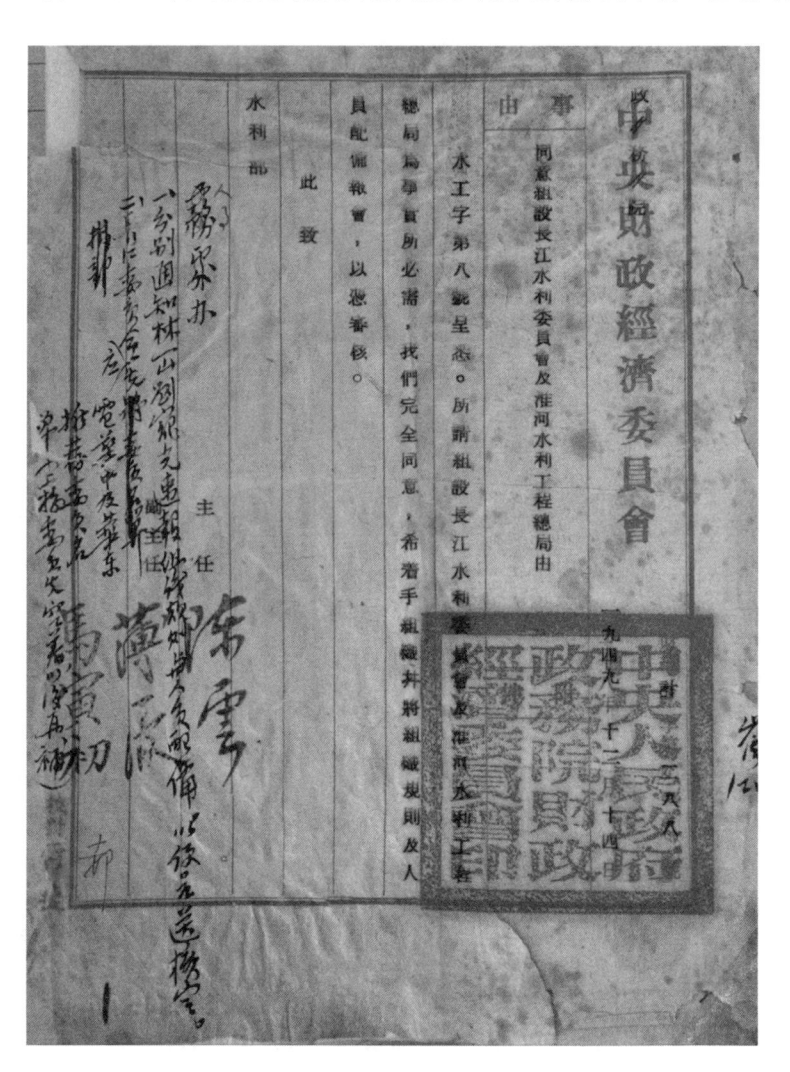

中央财政经济委员会同意组设淮河水利工程总局文件

12月23日，经中央人民政府政务院第12次政务会议通过，正式任命汪胡桢为淮河水利工程总局副局长。

治淮委员会成立后，淮河水利工程总局改为治淮委员会工程部。

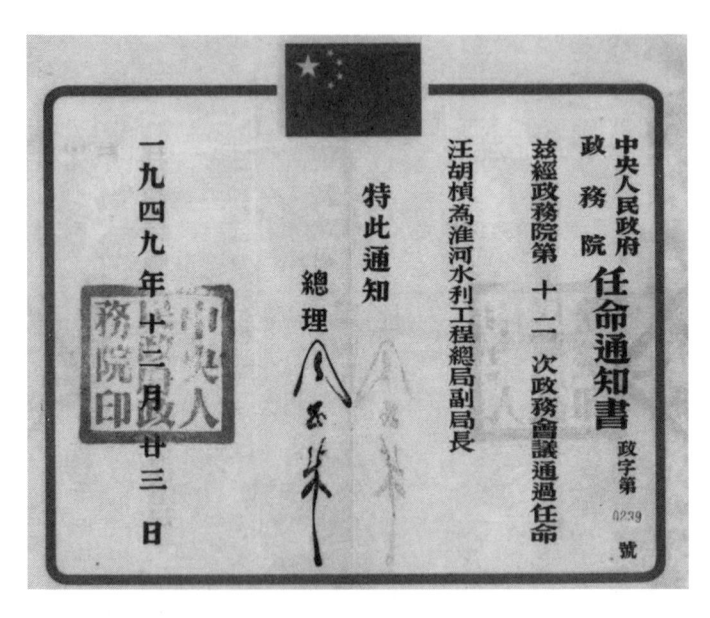

1949年，汪胡桢受任淮河水利工程总局副局长任命通知书（黄国华提供）

淮河水利工程总局的任命通知书下达后，汪胡桢收到了一封特殊的来信，这封署名为"淮河水利工程总局全体职工"的信函，表达了对汪胡桢的热情欢迎和深切期待。信的内容如下：

汪局长：

　　我们怀着万分欣喜的心情，读到了新华社发布的中央政府对你的新的任命的消息。我们更怀着万分期待的心情，兴奋地等待着你早日莅临南京，主持局务。

　　虽然处在解放战争还在继续的时节，但是我们的中央政府仍然十分重视水利建设事业，把淮总正式列入中央编制，号召我们在1950年完成预定的工作计划。我们深深地感到自身责任的重大。因此我们迫切地需要，需要像你这样英明的领导，来共同完成这艰巨的任务。

　　基于你对于淮河流域深刻的研究与关怀，我们相信：在你的领导下，一定可以胜利地完成工作计划。为了今后业务的开展，我们热忱地欢迎你的早日到来。

谨致　敬礼并祝新年愉快！

淮河水利工程总局全体职工
1949 年 12 月 29 日

1950 年春，汪胡桢到南京淮河水利工程总局走马上任。随后，淮河水利工程总局由南京迁往蚌埠，并决定为在淮河及主要支流的上游山区兴建水库，进行先期测量等前期准备工作。

1950 年 4 月 11 日，经中央人民政府委员会第六次会议通过，正式任命汪胡桢为华东军政委员会水利部副部长。

1950 年，汪胡桢受任华东军政委员会水利部副部长任命通知书（黄国华提供）

1950 年 12 月 27 日，经中央人民政府政务院第 56 次政务会议通过，任命汪胡桢为治淮委员会委员。同时，水利部任命汪胡桢兼任治淮委员会工程部部长。

治淮委员会成立后，淮河水利工程总局改为治淮委员会工程部，办公地点设在蚌埠市胜利街的一所房屋内。工程部随即开始制定治淮总体规划，将其定名为《治淮方略》。

1950年，汪胡桢受任治淮委员会委员任命通知书（黄国华提供）

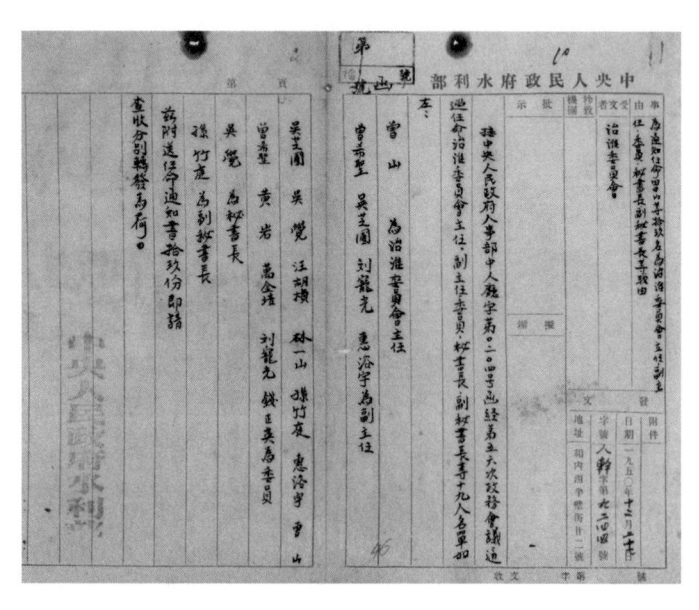

中央水利部任命治淮委员会主任等人员名单（1950年12月27日）（黄国华提供）

治淮初期，汪胡桢先生主持治淮的技术工作，负责淮河流域的规划、设计、施工，并亲自主持修建了中国第一座大型连拱坝——佛子岭水库大坝。

20世纪50年代初，钢筋混凝土连拱坝技术问世不久，尽管在美国已有多个成功案例，阿尔及利亚也见证了一座成功的连拱坝，但中国建造的佛子岭水库连拱大坝在当时却成了国内外水工界的奇迹，被认为是一件非常了不起的成就。

这座水库大坝的设计和施工，均是在汪胡桢先生的卓越领导下完成的。佛子岭水库的成功建成，不仅标志着大型连拱坝技术在中国谱写了新篇章，更极大地提升了中国水利工程技术在国际舞台上的影响力和地位。

第七章
嘉兴故居　国家记忆

Chapter 7　Jiaxing Former Residence That Have Become National Memory

1951年，汪胡桢任佛子岭水库工程指挥，筹建佛子岭水库。

1952年，佛子岭水库开工建设。

1954年，佛子岭水库建成验收。

1954年，汪胡桢任水利部北京勘测设计院总工程师。

1955年，汪胡桢被聘为中国科学院技术科学学部委员（院士）。

1956年，汪胡桢任黄河三门峡工程局总工程师。

1960年至1978年，汪胡桢任北京水利水电学院院长。

1978年，汪胡桢任华北水利水电学院（现华北水利水电大学）名誉院长。

1979年，汪胡桢任水利部顾问（至1982年）。

1984年3月，汪胡桢被聘请担任《淮河志》编纂委员会名誉顾问。

1989年10月13日，汪胡桢在北京逝世。

汪胡桢与世长辞时，没有留下任何遗言。

时任全国政协副主席、原水利电力部部长的钱正英在《光辉的榜样——悼念汪胡桢同志》[1]一文中深情缅怀汪胡桢，她写道：

---

[1]　钱正英：《光辉的榜样——悼念汪胡桢同志》，载《我和我的师友们》，水利电力出版社，1993。

他是一位热爱社会主义祖国的科学家，他是一位理论联系实际的科学家，他是一位不断学习、不断进取的科学家，他是一位无私无畏的科学家。他毋需留下更多的遗言，他留下的是毕生的事业，他留给我们的是——一个中国科学家的光辉榜样。

2015年3月30日，嘉兴市梅湾街东区帆落浜39号，一改往日的清寂，人们踏雨而来。上午十点，汪胡桢故居正式揭牌，并面向公众开放。

汪胡桢故居

汪胡桢故居，又名"湖滨小筑"，占地近2500平方米，临水而建。

汪胡桢在家书中曾提道："饭箩浜35号的园地，产权是我独资买来的，1924年我在园地的东部建一座两层新式楼房。始奉我的母亲住在这楼房中。"这处院落，当时面积为4.9亩（1亩约667平方米），现存约3亩。在日寇侵华时期被毁。

1948年，因母亲故土难舍，事母至孝的汪胡桢再次在原址重建起两排西式平房。精通土木工程的汪胡桢在设计时，将中间设计为房廊贯通的布局，从上面看下来，整个建筑呈一个标准的"工"字形。房子坐北朝南，占地面积480平方米，采用砖木结构，屋顶则铺设洋瓦。前后两进，北面一进三开间，分别为内书房、外书房和客厅；南面一进四开间，为卧室和卫生间。连接南、北两进为客厅，其东、西两侧为花园。

汪胡桢将其居所题名为"湖滨小筑",并请工匠镌刻于墙上。他说:"我把自己的宅第构成一个工字,就是时刻不忘做一个称职的水工。"对于"水工"一职的理解,汪胡桢自1917年在河海工程专门学校的毕业典礼上,聆听教员代表周厚坤的训诫时,便铭记于心:"诸生今日之所学者,工也;异日这所事者,工也。宜知工人之生活辛且劳,工人之作业剧且烦,为工人者,要宜有淡泊之志趣,纯洁之思想,勇猛之精神,耐劳之能力。毋慕势利,毋念虚荣,毋染恶习,毋耻劳役,毋畏难,毋苟安,然后能精勤不怠,百折不回,得奏厥功。"

"湖滨小筑"石刻

他曾表示,母亲年老,平房更方便安全,将来自己若能叶落归根,此地正是一个合适的选择。在旧居的西南侧,还有一房屋(亦称高平房),为汪胡桢弟弟的居所,它建于1936年,日本侵略者占领嘉兴期间曾被用作司令部。

汪胡桢表侄黄国华先生回忆说:"1948年,利用出售南京梅园新村30号的资金,在原小楼旧址重建住房,并勒石取名为'湖滨小筑',嵌在书房院门的内墙上。门前流过的小河,就是他1928年主持开浚的鸳鸯湖(西南湖)尾闾的水利工程,并因挖塘被划去了1亩宅地。可惜,自赴华东水利部出山治水之后，汪胡桢真正回来的时间少之又少。"

1986年4月，汪胡桢寄诗嘉兴旧友，古典戏曲家、诗人庄一拂：

卅年不饮鸳湖水，井巷依稀入梦中。

旧友无端摇落尽，只君独立作诗雄。

眷念故土的他，在去世前夕，还托人打听"湖滨小筑"的近况。

经过汪胡桢女儿汪胡炜的多方努力，以及在嘉兴市领导的重视下，湖滨小筑于2000年被列为嘉兴市文保单位，从而得以完好地保存下来。

2011年，"湖滨小筑"被列为省级文保单位。

2014年，嘉兴市政府实施了汪胡桢故居修缮及周边整治工程。

2015年初，完成故居基本陈列和复原陈列，正式对外开放。

嘉兴市还专门举办了一场故居开放仪式，市委、市政府、市政协等有关领导参加了开放揭牌仪式，汪胡桢先生的女儿汪胡炜夫妇及其他家属，母校河海大学、华北水利水电大学等校方代表一同参加了揭牌仪式。在仪式现场，华北水利水电大学向汪胡炜夫妇颁发了汪胡桢先生藏书的捐赠证书，并另向嘉兴市文物保护所捐赠了汪胡桢先生的10本珍贵藏书。

2023年7月12日，在纪念汪胡桢126周年诞辰之际，为缅怀汪胡桢先生的丰功伟绩和崇高风范，嘉兴市文物保护所在汪胡桢故居内新设了"汪胡桢文献展"，新增了9柜16大项的内容，展出许多珍贵史料，以示纪念。

汪胡桢故居陈列室

在嘉兴故事网的嘉兴院士专栏中，有一篇题为《汪胡桢：时刻不忘做一个称职的水工》的文章。文中讲到湖滨小筑有一颗龙柏，被视为镇门之树，虽然树已枯萎，但汪胡炜却千叮万嘱不要砍伐。因为这棵树是她父亲汪胡桢亲手所植，它不仅见证了岁月的更迭，更寄托了汪家两代人的深厚情感。在汪胡桢先生离世的同年，这棵树也悄然凋零，但它却依然以另一种形式，默默守护着这片充满宁静与雅致的院落。它所守护的，不仅仅是故居的安宁，更是汪胡桢先生一生致力于水利事业的卓越贡献，以及他亲自指挥建设佛子岭水库的那份不朽功绩。

曾有记者问汪胡炜，您觉得您父亲最大的贡献是什么？汪胡炜毫不犹豫地答道：他设计的佛子岭连拱坝，是新中国第一个大型水利工程。当时国家经济困难，又逢抗美援朝，不容易啊。她的话语自然而然地流露出汪胡桢与佛子岭水库之间深厚的情感纽带。

中央电视台CCTV 4播出的纪录片《一定要把淮河修好 蓄水筑坝》中，专题介绍佛子岭水库，并详细讲述了汪胡桢先生为治淮工程做出的卓越贡献。

纪录片《一定要把淮河修好 蓄水筑坝》

佛子岭水库作为新中国在淮河治理领域的先驱之作，不仅是第一座拔地而起的大型水库，更是新中国水利建设史上的一座里程碑——首座钢筋混凝土连拱坝水库。其建设地位堪称新中国治理淮河工程的开篇之作，是首批启动并顺利完成的重点水利项目。汪胡桢先生在回忆录中精准概括："佛子岭水库是新中国成立后我国在华东地区最早兴建的水库"，这一描述更为准确。

1952年1月9日，佛子岭水库的建设正式拉开序幕。与此同时，在淮河流域，一系列重大水利工程已相继完成或正在紧锣密鼓地进行中。如石漫滩水库已于1951年7月7日竣工；板桥水库则紧随其后，于1952年5月31日宣告竣工；紧接着，白沙水库于同年6月30日顺利竣工。至于佛子岭水库，其建设进程稳步推进，最终于1954年11月5日成功竣工。

1985年，在庆祝治淮三十五周年前夕，水利电力部治淮委员会约请了一些当年参加过治淮工作的老同志，请他们撰写回忆治淮的文章，以在《治淮》杂志上刊用，与读者分享这些宝贵记忆。

时年已八十八岁高龄的汪胡桢老先生，以其一丝不苟的精神，四方写信，向过去的同事和学生核实情况，核对数据，在身患糖尿病、腿部神经炎、白内障，走路艰难，左眼失明、右眼只有0.1的视力的情况下，手拿高倍放大镜，凭借坚韧不拔的毅力，为我们留下了洋洋洒洒、价值连城的数万言回忆文章。

1985年，汪胡桢在整理回忆文章（黄国华提供）

这篇文章，汇编在 1985 年 9 月由水利电力部治淮委员会编制的《治淮回忆录》中，题名为《沸腾的佛子岭——佛子岭水库建设的回忆》。在 1997 年当代中国出版社出版的《一代水工汪胡桢》一书中，收录了许多领导专家同事对汪胡桢先生的回忆文章，汪胡桢自己所著的《沸腾的佛子岭——佛子岭水库建设的回忆》也收录其中。

《沸腾的佛子岭——佛子岭水库建设的回忆》对佛子岭水库的建设历程进行详细描述，字里行间充满了工程建设的精妙细节，这些全赖于汪胡桢亲力亲为、亲闻亲见的记忆，也是作者对自己所建工程的真情流露。文章中讲述了许多发生在佛子岭工地建设时期的动人故事与精彩情节，包括治淮的背景，水库构想的酝酿，技术难题的研讨，还提到了佛子岭大学、参建人员、建设大事记和关心水库建设的各界人士等，应该说这是一篇最具权威的佛子岭水库建设纪事性文章，为我们全面展现了佛子岭水库建设的光辉历程与辉煌成就。

《治淮回忆录》收录的汪胡桢文章《沸腾的佛子岭——佛子岭水库建设的回忆》

由这篇文章也可见汪胡桢先生对治淮感情之深厚,对佛子岭水库建设记忆之深刻。新中国的淮河治理在汪胡桢水利人生中的分量之重,难以用言语完全表达。

本书下文以汪胡桢先生的回忆录《沸腾的佛子岭——佛子岭水库建设的回忆》为主线,引领读者一同回顾汪胡桢先生及其团队在佛子岭水库建设中的辉煌历程。在叙述过程中,笔者将穿插和补充若干关于水库设计、施工等方面的内容,展示一系列珍贵的老照片和老资料。

在汪胡桢先生的回忆录中,首先介绍了佛子岭水库建设的艰苦历程和建设成就,其中也不乏风趣的自嘲和调侃:

> 佛子岭水库是新中国成立后,我国在华东地区最早兴建的水库。当时我受党的重托,率领一批大学土木科毕业的学生及从未见过水库的工作人员,进入了大别山区工地。在交通困难、施工机械缺乏的情况下,依靠党的领导与支持,用人民解放军"小米加步枪"的苦干精神,从1951年冬到1954年冬奋战了三年。大家不懂就学,懂了就闯,竟能如期建成我国大地上从未有过的钢筋混凝土连拱坝,不仅当时国内水工界诧为奇迹,就是国外专家也表示钦佩。有人对政治委员张云峰说:"汪某不要头颅了,这样巨大的工程怎能在解放战争刚完成不久时进行?"沈崇刚同志曾说过,他在苏联列宁格勒(今俄罗斯彼得格勒)水电设计院工作时,设计院的院长来华参观了佛子岭连拱坝,回到苏联一看见他,就向他致贺,跷起大拇指说:"连拱坝好,中国工程师了不起,确乎有一手的!"
>
> 佛子岭主坝投资3800万元,从破土到竣工仅费时880天,也是后来水库建设中所不及的。到今天佛子岭水库竣工已满三十年了[1],它经过洪水与地震袭击的多次考验,仍像一座坚韧不拔的长城,屹立于淠河上。为此,我特写此回忆录,以志当时创业的经过。[2]

---

[1] 指1984年写作《沸腾的佛子岭——佛子岭水库建设的回忆》一文时的时间。
[2] 汪胡桢:《沸腾的佛子岭——佛子岭水库建设的回忆》,载水电部治淮委员会《治淮回忆录》,《治淮》杂志编辑部,1985。

40年前的11月5日，为庆祝佛子岭水库竣工满30年，汪胡桢拿着放大镜，写出了《沸腾的佛子岭——佛子岭水库建设的回忆》，为之纪念。

2024年的11月5日，是佛子岭水库建成70周年纪念日，我又能做点什么？

为此，笔者将历经四年磨砺的草稿《汪胡桢与佛子岭水库》再次进行补充和完善，旨在将汪胡桢及其所建佛子岭水库的动人故事呈现给广大读者，并以此作为对这段历史的深切纪念。

第八章

酝酿决策　兴建水库

Chapter 8　Deliberation and Decision Making for the Construction of Reservoirs

佛子岭的勘测设计工作，开始于1949年冬。当时，华东军政委员会在陈毅、曾山等同志的领导下，在上海成立了华东水利部，聘民主人士冷遹为部长，任刘宠光、钱正英为副部长。那时我正在杭州浙江大学任教，在新学期开始后，授课仅三个月，即被征调到华东水利部任副部长。次年，我和刘宠光赴南京成立淮河水利工程总局，并于郑州、蚌埠、扬州各成立上、中、下游三个分局，决定在淮河水系上游山区建设蓄洪水库，达到防洪和开发灌溉、航运、水电等综合利用的目标。当时，商定河南省境内山区水库的勘测、设计及施工工作由上游局负责，安徽省境内淠河东支上的佛子岭水库，西支上的长竹园水库（后改称响洪甸水库）和史河上的梅山水库由总局负责。未几，总局迁到蚌埠与中游局合并，华东水利部又在蚌埠成立治淮委员会，由曾山任主任，曾希圣、吴芝圃、刘宠光、惠浴宇兼任副主任，吴觉为秘书长，把淮河水利工程总局改为淮委的工程部，任我与钱正英为工程部的正副部长。[①]

1950年7月，淮河流域遭受了严重洪涝灾害，河南、安徽两省共有1300

[①] 汪胡桢：《沸腾的佛子岭——佛子岭水库建设的回忆》，载水电部治淮委员会《治淮回忆录》，《治淮》杂志编辑部，1985。

多万人受灾，4000余万亩土地被淹。

20日，一封反映淮河灾情的电报，又一次放到了毛主席的办公桌前。

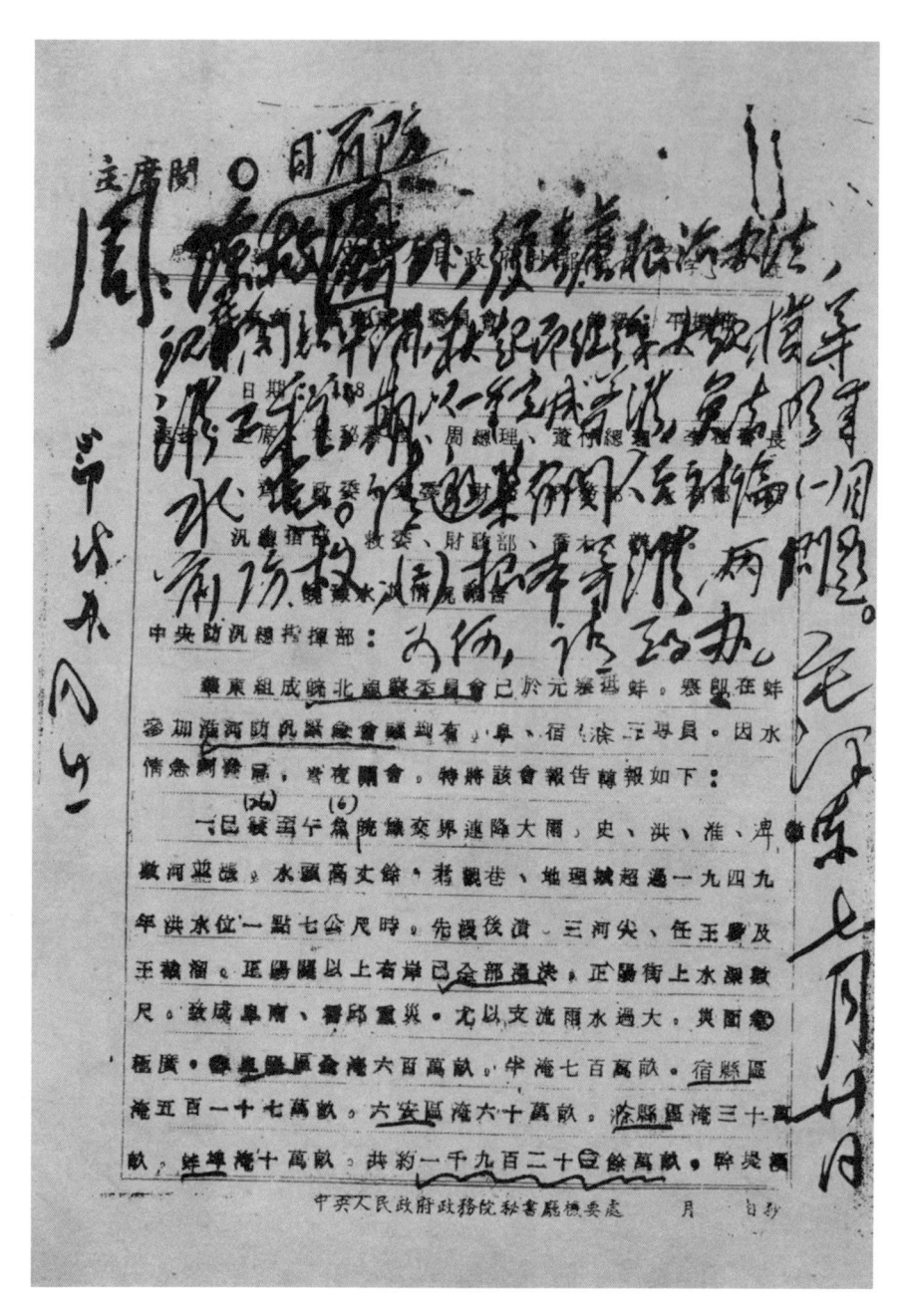

毛泽东批示的治淮电文

毛主席阅读这封电报时难掩悲伤，不禁落泪，他在电报中多处，如"不少是全村沉没""被毒蛇咬死者""今后水灾威胁仍极严重""多抱头大哭"等做了记号。并当即在电文上批示："除目前防救外，须考虑根治办法，现在开始准备，秋起即组织大规模导淮工程，期以一年完成导淮，免去明年水患。请邀集有关人员讨论（一）目前防救（二）根本导淮两问题。"

根据毛泽东根治淮河的指示精神，周恩来总理参加了水利部召开的多次治淮会议，听取汇报，针对会上发生的蓄泄之争和苏、皖、豫三省存在的分歧，就治淮工作的方针提出了指导性意见。

8月5日，毛主席在另外一份反映淮北灾情的报告上写下了批语："请令水利部限日做出导淮计划，送我一阅。此计划八月份务须作好，由政务院通过，秋季即开始动工。"周总理根据毛主席的指示，在抓紧救灾的同时，加快了对治淮工程的具体部署安排。决定于8月底，举行全国治淮会议。

8月12日，华东军政委员会上报中央《关于治淮问题的意见请示》的报告，首次提出要求成立治淮委员会："……即速筹设治淮委员会，统筹指挥豫、皖、苏三省淮河工程。并请中央派主持，华东可派较多工作人员参加委员会的工作，并可由皖北行署与淮河总局合力组成之，最好驻在皖北办公。以上各点，请中央审查并指示。华东局"[①]

8月31日，毛泽东再次批示："导淮必苏、皖、豫三省同时动手，三省党委的工作计划，均须以此为中心。"

按照毛泽东的批示，周恩来充分听取各方意见，细致做好协调工作，亲自落实了治淮经费和任务分配。

8月25日，中央人民政府水利部遵照毛主席根治淮河的指示，在政务院周恩来总理的亲自领导下在北京召开第一次治淮会议，参会者有华东区、中南区水利部、淮河水利工程总局及河南、皖北、苏北三省区负责干部，周恩来总理主持了第一次治淮会议。会议对淮河水情、治淮方针和1951年应办工程等作了反复的研讨。会议历时18天。[②]

会上，时任水利部技术委员会主任的须恺，参照南通张謇关于导淮必须

---

① 汪斌主编，水利部淮河水利委员会编《新中国治淮事业的开拓者——纪念曾山治淮文集》，中国水利水电出版社，2005，第139-141页。

② 《治淮大事记》，载治淮委员会编《治淮汇刊 第一辑》，治淮委员会，1951。

"统筹全局，蓄泄兼施"的论断，向周恩来总理提出了治淮工作需要"蓄泄兼筹"的建议，为政务院所采纳，并作为治淮的方针。

此事，由须恺先生的堂弟须景昌向汪胡桢咨询当年会议情景，经证实后，记录在《怀念汪胡桢老师》一文之中。

1929年，南京国民政府成立导淮委员会，李仪祉担任总工程师。须恺在导淮委员会曾先后担任（副）总工程师长达14年之久。

导淮初期，汪胡桢和须恺一起深入参与了《导淮工程计划》（以下或简称《计划》）的具体编制工作。此《计划》吸收了前人各种导淮方案的长处，特别是吸收了张謇的《江淮水利计划》的精髓。通过查勘重要河道，设计计算治理方案，运用现代水利科学技术，经过认真分析研究，提出应排洪、航运和灌溉并重，首要是除害，同时结合兴利，并确定了江海分疏、淮沭沂泗四河分治的原则。

1931年4月，《导淮工程计划》编制完成。同年，在淮河流域大水后，又对《计划》进行了修订。尽管由于种种原因，《计划》最终没能付诸实施，但《导淮工程计划》本身，仍不失为我国20世纪30年代初期在淮河流域水利综合治理领域所取得的重大科技成果，其历史地位与价值不容忽视。

1950年9月21日，毛主席在看完中共安徽省委书记曾希圣写给华东局和中央的报告后，转批给周恩来总理："现已九月底，治淮开工期，不宜久延，望督促早日勘测，早日作好计划，早日开工。"

9月22日，周恩来致陈云、薄一波等电：

> 陈（云）、薄（一波）、李（富春）各同志并转傅（作义）、李（葆华）、张（含英）各同志：
>
> 此两文件已送华东、中南审议，请他们研讨后提出意见，以便乘十月五日饶（漱石）、邓（子恢）两同志来京之便与水利部作最后确定，再行公布。在公布前，此计划业已付之实施，昨已面告傅、李两同志加紧督促实行。昨晚，毛主席又批示：治淮工程不宜延搁。故凡紧急工程依照计划需提前拨款者，亦望水利部呈报中财委核支，凡需经政务院令各部门各地方调拨人员物资者，望水利部迅即代拟文电，交院核发至华东、中南。届时如有修正意见，必关系于勘察后的工程，对于目前紧急

工程谅无变更，因此类事业经各方多次商讨，均已认为无须等待。专告。

10月14日，政务院颁布了《关于治理淮河的决定》（以下或简称《决定》），制定"蓄泄兼筹"的治淮方针，以及治淮原则和治淮工程实施计划。在《决定》的第四部分中，明确了关于成立治淮组织机构的相关内容。

10月15日，《人民日报》在头版头条发文《确保豫皖苏三省不受淮河水灾 政务院发布根治淮河决定 上中下游按不同情况实施蓄泄兼筹方针 拟定明年应办工程设治淮委员会统一领导》。同时，《人民日报》同版还发出社论《为根治淮河而斗争》。

《人民日报》刊发政务院发布根治淮河的决定

"为加强统一领导,贯彻治淮方针,应加强治淮机构,以现有淮河水利工程总局为基础,成立治淮委员会,由华东、中南两军政委员会及有关省、区人民政府指派代表参加,统一领导治淮工作。主任、副主任及委员人选由政务院任命。下分设河南、皖北、苏北三省区治淮指挥部。另设上、中、下游三工程局,分别参加各指挥部为其组成部分。"① 根据《决定》要求,以淮河水利工程总局为基础,成立了隶属于中央人民政府的治淮机构——治淮委员会。

11月3日,在政务院第五十七次政务会议上讨论治淮报告时,周恩来讲到了治理淮河的五大原则:

淮河的事情,讨论了很久,老早就说要治理淮河,在利用天灾之后,大家正在紧张的时候,更易于动员。水灾是非治不可的,如果土地不涝就旱,那就是土改了也没有用。所以,治淮工作今天是可以做而且应该做的。治淮工程虽然浩大,但我们有信心按计划完成。根据苏北的经验,他们可以动员几十万人参加治水(苏北导沂整沭工程),可见治淮的人力是有把握的。在这种情况下,我们决定要治理淮河。

治理淮河的原则是:

一、统筹兼顾,标本兼施

淮河应该根治,因工程太大,治本的计划不能一下全部弄出来。据水利专家说,唯独淮河的水文没有很好的历史记录,所以订计划很困难。但是,又不能不治淮河,不能等到明年才动工,必须今年就开始动工。因此,要标本兼施,治标又治本。明确了治淮的方向后,在不妨碍治本的原则下来治标。治淮总的方向是:上游蓄水,中游蓄泄并重,下游以泄水为主。从水量的处理来说,主要还是泄水,以泄洪入海为主,泄不出的,才蓄起来。新河道的四条线路还不能决定要走哪一条,但方向总算是定了。这次治水计划,上下游的利益都要照顾到,并且还应有利于灌溉农田,上游蓄水注意配合发电,下游注意配

---

① 《中央人民政府政务院关于治理淮河的决定》,载治淮委员会编《治淮汇刊 第一辑》,治淮委员会,1951。

合航运。总之，要统筹兼顾。淮河是一下大水，一下干旱，水量不多，但山洪很多，水的流动又慢，因此调节水量很重要。皖北、苏北都是盛产粮食之地，不能不管。1951年，先在不妨碍治本的方向中来治水，主要的还是治标。

二、有福同享，有难同当

站在苏北的立场，当然是要维护苏北的利益，想保存归海坝以东几千万亩的土地，当地人民也不愿意大水在自己的附近过去。但是，我们不能只叫皖北水淹而苏北不淹。三河活动坝如果挡不住水，下游就不可能不淹。这叫做有福同享，有难同当，不能只保一省的安全。三河活动坝明年不一定能修好，就算修好之后，当地人民只看眼前利害，硬是几十万人睡在坝上，毛主席来命令也不走，那时就会遇到很大的困难。事情总是应该大家分担一些才能解决，哪一方面想单独保持安全都不行。

三、分期完成，加紧进行

治淮不可能明年便全面开工，人才、器材、勘测等准备工作都不够，要买某些器材，也不是一下就能买到手。例如，苏北明年有五种工程要动手做，又要开入海水道，人力便感不足。人才、技术、器材都不是一天两天能够解决的。因此，明年只能做一部分，分期完成。但是，我们要加紧进行，应该设想到明年还要受灾。治淮的过程是由有灾到少灾，由少灾到无灾，一步一步来。同时，也不能错过时机，秋汛一过就要动工，治水和打仗一样，迟一步都不行，处处要配合上天时和人力，行动要非常机灵。

四、集中领导，分工合作

过去，治淮机构设在南京，有几栋房子，我们的治淮组织又舍不得放弃那地方，是很不对的。为了集中领导，治淮机构就应该靠近淮河，搬到蚌埠才能更好地办事。今年治淮工作，以华东为主，中南为副，集三省之力一块来搞，上下游共同分工合作。在工作进行时，水利部应经常驻人在当地具体指导、监督。皖北和江苏互相争持的情况，以后还要继续注意。

五、以工代赈，重点治淮

淮河治理工作，在皖北比较容易动员，因为当地灾情最重。河南也有灾，所以也热烈赞成治水。江苏就比较困难，不那么起劲。在灾区实行以工代赈，而不是以赈代工，重点在治淮工作。如果观念上是以赈代工，那么就不应该用那么多钱来赈，工作也要找强壮的人来做，工人要合乎工作上的需要。这次治淮河时，有人说为什么不治长江、黄河、汉水？原因是淮灾最急，而要治黄也不是那么容易，要有更大的计划，不是一年内勘测得清楚的。这次治淮费了很大的力气，朝鲜战争爆发后，财经上更为困难，但财委还是大力支持，邓子恢、饶漱石也很注意这件事情。①

为迅速贯彻执行中央政务院关于治理淮河的决定，根据政务院确定"蓄泄兼筹"的治淮方针，淮河水利工程总局和筹建中的治淮委员会紧锣密鼓地拟定具体的治淮方案。

1950年3月，淮河水利工程总局迁至蚌埠，同时成立淮河上中游总局（实际上是中游的安徽局），张太冲任局长，陈和甫任副局长，接受淮河水利工程总局领导，负责淮河中上游干支流防洪、灌溉、航运、排水工程的兴建、修防和养护等事务，接受皖北行署②督促检查。

8月29日，皖北行署生产救灾治淮指挥部临时在合肥成立，黄岩为指挥，曾希圣为政委。

9月，河南省成立淮河上游工程局，彭晓林任局长，原素欣任副局长。除接受淮河水利工程总局领导外，还接受河南省政府督促检查。

10月5日，皖北行署生产救灾治淮指挥部由合肥迁移至蚌埠办公。当日，在蚌埠召开了皖北首次治淮会议，初步拟定中游第一年度治淮工程计划。皖北行署和皖北军区司令部、政治部发布了"治淮动员令"，号召全皖北人民动员起来，"为实现毛主席根治淮河的英明指示而奋斗"。

10月10日，河南省治淮总指挥部在开封（时为河南省省会）成立，吴芝圃任主任，牛佩琮、孔庆法任副主任，张玺任政治委员，杨一辰任副政治

---

① 水利部淮河水利委员会、《淮河志》编纂委员会编《淮河志（第7卷）：淮河人文志》，科学出版社，2007。
② 1949年4月，安徽皖北全境解放。15日，在合肥市设立皖北行署（全称皖北人民行政公署），管辖安徽省长江以北的地区。1950年底时，皖北行署管辖范围为合肥市、蚌埠市2个地级市，淮南矿区1个地级办事处，安庆、宿县、阜阳、滁县、巢湖、六安6个专区。

委员，贺崇升任秘书长，许西连任副秘书，下设办公厅和政治、供应、卫生、工程四个部。

21日，河南省召开第一次治淮工作会议，中央水利部李葆华副部长、水利部计划室须恺主任莅临会议指导，参会人员多达300余人，会议历时10天。会议确定河南省治淮总指挥部下辖许昌、信阳、潢川、淮阳、陈留、商丘6个专区治淮指挥部，各级治淮机构分工合作、统一指挥，组织民力修建蓄洪工程、整理河道以及开展群众性的水利建设。

10月，淮河下游工程局在淮安成立，熊梯云任局长，邢邳绪任副局长，下设人事室和工程、财务、工务三个处。

11月6日，直属于中央人民政府的治淮机构——治淮委员会在安徽省蚌埠市成立，下设办公厅、政治部和工程部，统一领导治淮工作。同日，淮河水利工程总局、淮河上中游工程总局、皖北治淮指挥部撤销。淮河水利工程总局转为治淮委员会工程部。

治淮委员会分设河南、皖北、苏北三省区治淮指挥部，负责规划和领导淮河流域的水利工作。

同日，治淮委员会在蚌埠市召开了治淮委员会第一次全体委员会扩大会议，出席会议的有曾山、曾希圣、吴芝圃、刘宠光、惠浴宇、黄岩、吴觉、孙竹庭、林一山、汪胡桢、钱正英、万金培、陈学斌等委员，中央水利部李葆华副部长、计划室须恺主任亦出席指导。会议通过了关于淮河上、中、下游工程的初步计划，依据河南、安徽、江苏三省共保、统筹兼顾、互相照顾、互相配合的精神，形成了治淮委员会第一次全体委员会议决议。会议决定仍予以保留皖北治淮指挥部，以便发布命令与下达文件。

治淮委员会第一次全体委员会议还研究并拟定了1951年度治淮工程和财务计划。会期共7天。

会议认为，根治淮河水患的办法，在于控制洪水量，削减洪峰，降低水位；以蓄洪为主，拦蓄后的多余洪水，视上、中、下游干流河床情况，进行河槽整理及疏浚工程，使其通畅安全排泄；结合河槽整理，配合群众性的水利建设，沟洫工程，择要进行局部疏浚，使内水得以排泄；上游以蓄洪为主为原则，在各干支流上游山谷兴建水库。

11月17日，治淮委员会曾山向周总理呈报《关于治淮委员会成立经过

曾山在治淮委员会第一次全体委员会议上讲话

并请颁发印信的请示》，汇报了第一次治淮委员会全体委员会议的精神。淮委成立后，随即在蚌埠正式建立了办公机关，设有办公厅及工程、财务、政治三部，驻会的副主任曾希圣、刘宠光均已到职视事，以吴觉任秘书长，孙竹庭、高鸿分任第一、第二副秘书长。并经会议拟定以汪胡桢任工程部长，钱正英、张太冲任副部长；万金培任财务部长，龚意农、吴大胜任副部长；陆学斌任政治部主任，温友臣、黎竞平任副主任。除正副秘书长业经政务院批准外，其余所拟各部正副部长及主任，请予批准任命。并请在新印未颁发前，拟借用淮河水利工程总局印信暂代，以便推行工作。[1]

1951年1月10日，苏北运河工程局并入淮河下游工程局。

2月1日，淮河下游工程局（苏北工程指挥部）迁至扬州。

11月9日，苏北治淮工程总指挥部在淮安成立，原淮河下游工程局同时撤销。苏北治淮工程总指挥部由苏北行署主任惠浴宇兼任指挥，陈亚昌、熊梯云任副指挥，苏北区委副书记万众一兼任政治委员，下设办公厅、政治部、

---

[1] 水利部淮河水利委员会，《淮河志》编纂委员会编《淮河志 第7卷 淮河人文志》，科学出版社，2007。

财务部、工程部和泰州、盐城两个专区指挥部。①

据汪胡桢回忆：

> 我便与钱正英、王祖烈等制订治淮总体规划，定名为《治淮方略》。在《方略》中，始具体列出各山区水库的名称，佛子岭水库列名于正式文件中，是以此为开始。
>
> 《治淮方略》订立后，即经淮委各领导表示同意，但为了郑重起见，曾山同志特率领钱正英和我在津浦铁路的列车后附挂专用车厢，专程去北京向政务院周恩来总理作汇报。
>
> 当时周总理等领导同志都按战争的习惯，于夜间办公，白昼休息。我们乘坐的列车半夜到了北京，中央水利部副部长李葆华和政务院的秘书即在车站相迎，同往中南海周总理的办公室。周总理的办公室设在一所长有许多树木的院子里，一条通道直通北屋。我们先到中间的会客室，把《治淮方略》的图表铺在会议桌上。因总图尺寸过大，桌上放不下，就铺在屋内的砖地上。
>
> 既毕，秘书向周总理汇报，周总理就从西间屋子缓步而出，先和曾山同志握手寒暄了几句，再由曾山同志把我和钱正英介绍和他握手相见。就座后，由钱正英以非常清晰且有条理的语言，不看稿件向总理扼要作《治淮方略》的汇告。周总理注意谛听，又频频点首。我仅在谈到工程位置时，在图上指出。阅看总图时，大家就都蹲在图周的地上，周总理也俯身趴在地上细看图上的注字，并提出问题，由钱正英和我一一作了回答。
>
> 汇报毕，周总理说："这个《方略》我已大体了解了，原则上认为可行，可让李葆华同志拿到中央水利部去报告傅作义部长，再叫专家们详细审核，由部下达正式的批示。"我们即收拾铺开的图表，连同《方略》交给了李葆华同志。随即就到前门东车站上的专用车厢去休息，次日即返蚌埠。②

---

① 《治淮大事记》，载治淮委员会编《治淮汇刊 第一辑》，治淮委员会，1951。
② 汪胡桢：《沸腾的佛子岭——佛子岭水库建设的回忆》，载水电部治淮委员会《治淮回忆录》，《治淮》杂志编辑部，1985。

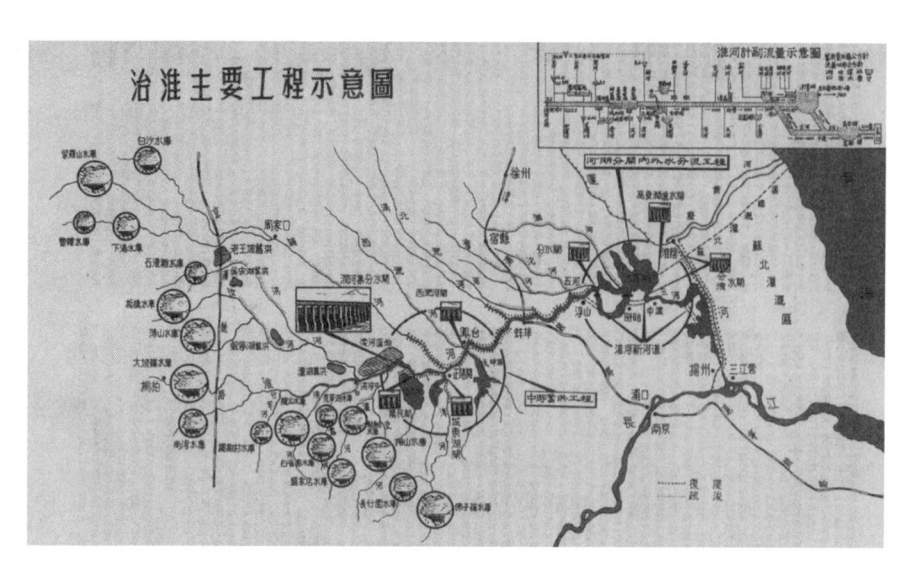

治淮主要工程示意图

早在1917年至1919年期间，汪胡桢从河海工程专门学校毕业后，曾在北京全国水利局工作，距此次赴京，屈指一算已有30多个年头了。

1951年1月19日，治淮委员会副主任曾希圣、中央水利部顾问、苏联水利专家布可夫，治淮委员会工程部部长汪胡桢、副部长钱正英和工程师等30余人，赴皖北正阳关以上及润河集蓄洪地区视察。

4月7日，治淮委员会副主任曾希圣，工程部部长汪胡桢，中央水利部顾问、苏联水利专家布可夫等一行，由蚌埠前往临淮关、五河、浮山、双沟、盱眙、古河、老子山、蒋坝等地实地勘察和研究淮河游下段情况。

19日，中央水利部部长傅作义偕水利部顾问、苏联水利专家布可夫，苏北行署主任惠浴宇、治淮委员会淮河下游工程局局长熊梯云等，查勘入江水道。

未久，政务院给治淮委员会批示，原则上批准了《治淮方略》。

4月26日，治淮委员会召开第二次全体委员会议。出席会议的有全体委员，依姓氏笔画顺序排列，分别为吴芝圃（副主任）、吴觉（秘书长兼政治部主任）、汪胡桢（工程部部长）、林一山、孙竹庭（副秘书长）、惠浴宇（副主任）、曾山（主任）、曾希圣（副主任）、黄岩、万金培（财务部部长）、刘宠光（副主任）、钱正英（工程部副部长）。除全体委员外，还有上、下游局的工程财务人员，中游各专区治淮指挥部代表，以及治淮委员会处长以上干部列席参与。水利部部长傅作义、副部长李葆华莅会指导。会议历时7天。

会议之前，先由上、中、下游汇报冬修春修情况。

会议正式开始后，由曾山主任提出这次会议意义及所要解决的问题，接着由曾希圣副主任报告了五个月来的治淮工作总结，在经过讨论，并稍做修改补充后，一致认为曾希圣副主任的总结报告，是符合第一期五个月来的治淮工作发展过程与实际情况的，并决议印发给上、中、下游作为推进今后治淮工作的重要文件之一。

曾希圣在治淮委员会第二次全体委员会议上讲话

会议的第二个重要议题，是听取了中央水利部苏联顾问布可夫同志和治淮委员会工程部汪胡桢部长及各处处长的报告。他们根据几月来对淮河水文的综合计算，以及中、下游干流河道、湖泊的实际勘察等材料，分别就《治淮方略》进行了阐述，并提出了1952年度工作纲要。

经大会讨论研究，1952年度治理淮河方针和具体任务主要是消灭淮河洪水，降低洪峰水位，着重在山区与洼地建设大量蓄洪工程（即水库与蓄洪区工程）以及淮河干流的治本工作，并结合进行重点的内河疏浚与堤防、闸坝工程等，争取消灭大雨大灾，并确保扩大秋收面积和1952年度麦收。

根据会议要求，拟订了今后工程方略及1952年度工程要点。

5月2日，形成治淮委员会第二次全体会议决议：

工程方略

第一、蓄洪工程：上游除继续完成白沙、板桥两山区水库外，1952年务须保证完成大坡岭、龙山、南湾、薄山等四水库，并争取完成紫罗山水库，以削减山区暴雨的洪水峰，减低洪河口以上水位。同时完成独树村、盛家店、鲇鱼山、下汤、曹楼等五个水库的测量钻探及具体计划，并继续勘测其他水库。

中游，开始修建史河的梅山及淠河东源的佛子岭两个大型山区水库，并完成淠河西源的长竹园山地水库的具体计划。洼地蓄洪，完成濛河洼地、唐垛湖及城东湖的蓄洪控制工程，结合下游分别进行洪泽湖蓄洪的控制工程……

上述工程要点，须于六月底以前制成1952年度冬修春修的具体工程计划，并呈报中央水利部并转请政务院审核批准，俾使今年工程能于汛后及时开工。①

在第二次治淮会议中，佛子岭水库的工程建设任务得到了正式的确定。

5月4日，中央治淮视察团郑重地将毛主席亲笔题写的"一定要把淮河修好"的锦旗授予治淮委员会及皖北治淮指挥部。

伟大鼓舞

---

① 治淮委员会编《治淮汇刊 第一辑》，治淮委员会，1951。

5月9日，中央治淮视察团到达开封，将另一面毛主席亲笔题写的"一定要把淮河修好"的锦旗授予河南省治淮总指挥部。

"一定要把淮河修好"锦旗（收藏于中国国家博物馆）

1951年5月15日，《人民日报》报道中央治淮视察团向河南省治淮总指挥部授旗

7月24日，治淮委员会副主任曾希圣、工程部部长汪胡桢、财务部部长万金培赴北京，出席中央水利部第二次治淮会议。

其实，佛子岭水库的前期筹备工作，早在1950年就已经开始，包括地质查勘和调查、水文测量和调查等。由于安徽境内的山区水库，以佛子岭水库规模最大，技术问题比较复杂，汪胡桢先生毅然决然地担当起这个水库的设计与施工重任。

11月20日，治淮委员会副主任曾希圣同志，在华东军政委员会第四次全体委员会议上做了题为《治理淮河的初步成就》的报告。报告的第一部分是治好淮河所采取的计划和步骤。第二部分为1951年度治淮成就和1952年度奋斗目标，提出要在淮河中游尽可能完成佛子岭这一最大的山谷水库的任务。

曾希圣说，1952年工程重点仍在皖北，特别是佛子岭水库，其坝高与上海国际饭店相等，其工程之艰巨超过润河集大闸。

曾希圣在谈到治淮工程建设进展时，举例中再次提到了佛子岭水库。如到佛子岭的公路，原预定三个月修完，实际一个半月即已完工。由此可见，1951年度的治淮工程进展是非常顺利的。

1952年1月，中共皖南区委、皖北区委合并为中共安徽省委，曾希圣先后任省委书记、省委机关驻合肥市第一书记。1952年8月7日，中央人民政府委员会第十七次会议通过了《关于调整地方人民政府机构的决定》，决定成立安徽省人民政府，并于省人民政府成立后撤销皖南人民行政公署、皖北人民行政公署，曾希圣为省人民政府主席。8月25日，安徽省人民政府委员会召开第一次全体委员会议，宣布安徽省人民政府正式成立。

第二次治淮会议之后，佛子岭水库要不要建的问题已经明朗。接下来，是落实怎么建（方案）、在哪儿建（坝址）、建什么样（坝型）等一系列坝体设计与施工的具体问题。

第九章

勘查测绘　大爱无疆

Chapter 9　Surveying and Drawing of Engineering Drawings, Having Endless Love

佛子岭水库坝址以上，流域面积为1840平方公里，约占淠河流域的27.5%。水库以防洪、灌溉为目标，兼顾水力发电和改善淠河航运。

根据勘测结果，坝址拟设在霍山县城以南17公里的佛子岭打鱼冲以上。

依据查勘和地质钻探资料，初步设计做出了土坝、堆石坝、重力坝、平板坝和连拱坝共五种坝型。在研究各类坝型的施工方案时，从安全、经济、施工、时间等多个条件分析后，决定选用连拱坝形式。

规划阶段设计坝顶全长516.2米，其中连拱坝段长为433.5米，坝垛21座，拱22个，最大坝高为65米，其余的分别在两端做重力坝，西岸重力坝在高程117.8米以上改为平板坝。[①]

实际建成后，坝顶全长为510米，拱坝段长为413.5米，坝垛20座，每个宽6.5米，拱21个，每个内径为13.5米，两端为重力坝，东端长30.1米，西端长66.4米，西端45米改为平板坝，最大坝高为74.4米。[②]

在坝东端山岭鞍部，开辟一座溢洪道。坝西端设上下游施工物资过坝设施。

---

　　① 佛子岭水库工程指挥部：《佛子岭水库工程技术总结　第一分册　水库计划》，治淮委员会办公室，1954。
　　② 佛子岭水库工程指挥部：《佛子岭水库工程工作总结・概述》，治淮委员会办公室，1954。

坝西物资过坝设施

水库建成后，可以控制东淠河洪峰，把超过 3300 立方米每秒的洪峰流量降低到 580 立方米每秒，有效减轻淠河洪水压力，并为淮河干流拦洪错峰。

本书在"酝酿决策 兴建水库"章节中讲到，汪胡桢先生陪同曾山同志专程去北京，向周恩来总理汇报《治淮方略》，经周总理同意并在第二次治淮会议中确定在淮河中游兴建佛子岭水库和梅山水库的建设任务。

自此，佛子岭水库建设正式进入了具体的勘测与设计环节。

水库查勘

在《治淮方略》确定之前，淮河水利工程总局就对淠河东西两大水源的水库和坝址均进行了三次查勘。

第一次，1950年3月至6月，由前淮河水利工程总局派出的淠河查勘组前往查勘，并完成了《淠河流域整治开发意见》的报告。

第二次，1950年11月，由中央燃料工业部水力发电工程总局、华东农林部和治淮委员会工程部共同组派查勘复查，并完成了《淮河流域淠河东西源水库复勘报告》。

第三次，1951年3月至6月，由治淮委员会工程部组织淠河水库设计工作队进行第三次查勘，并完成了《淠河水库工程规划书》。

工程人员在实地查勘

地质调查

在佛子岭水库动工之前，对淠河东西两源水库和坝址的地质情况，先后进行过两次地质调查。

第一次，1950年11月，由浙江省地质调查所盛莘夫前往调查，并写有《淠河流域蓄水库地质简报》。

盛莘夫，地质学家、地层古生物学家。早年对于浙江等省的区域地质、地层和矿产调查有卓越的贡献。中华人民共和国成立后，在新安江水库、长江三峡等水电建设的工程地质勘察中有重要成绩。

第二次，1951年4月至6月，由中国科学院地质研究所谷德振、戴广秀前往调查，并写有《淮河中游淠河东源山谷水库地质》和《淮河中游淠河西源山谷水库地质》两份报告。

谷德振，河南密县人，1980年当选为中国科学院学部委员（院士），工程地质学家、构造地质学与地质力学家。

戴广秀，江苏苏州人。1947年毕业于清华大学地质系，1951年治淮开始，在中国科学院地质研究所一直从事工程地质工作。

1951年4月到6月，在佛子岭选定的土坝和堆石坝坝址处，用钻探机钻取了11个孔，取出了石样和砂卵石样品，送中国科学院地质研究所检验，并制成坝址横断面地质图。

从1951年11月起，在打鱼冲口以南的混凝土坝坝址处，用钻探机钻探和槽探两岸山头，并用凿石机和炸药开凿竖井，了解岩层高度和石质。

工程人员对坝址地质进行钻探

汪胡桢与佛子岭水库

佛子岭水库建库之前

钻孔大体分布在规划的四条坝轴线上,线间距 50 米,孔间距 60 米,相互参差成梅花桩式。对于地质情况复杂的位置,孔间距缩到 20 米左右。全部坝基共钻孔 56 个,至 1952 年 4 月上旬全部完成。为进一步了解地质状况,又补钻了 26 个孔。

利用钻探成果,绘制出坝垛的地质剖面图和坝址利用岩层等高线图,并进行了岩石抗压强度试验。

对于佛子岭水库的查勘和地质调查,汪胡桢先生在《沸腾的佛子岭——佛子岭水库建设的回忆》一文中也有所提及:

> 1950 年 11 月在淮河水利工程总局期间,我便赴杭州与浙江省地质局朱庭祜局长订立协议,由该局派盛莘夫工程师率队到大别山中作佛子岭、长竹园两水库的初步地质查勘。未几,华东水利部又与燃料工业部的水力发电总局及农林部联合组成调查队,到大别山中查勘水库位置,肯定了佛子岭地区可建蓄洪的水库。1951 年 4 月至 6 月,淮委亦请中国科学院地质研究所的工程师谷德振和戴广秀到大别山作佛子岭等水库的地质调查,且对佛子岭坝,提出四个可供选择的坝址,供进一步开展钻探工作之用。[①]

在水库查勘和地质调查的基础上,又进行了一系列的地形测量、水文调查、土壤试验、地震试验等工作。

地形测量

1951 年 3 月至 7 月,治淮委员会工程总第七测量队测量了佛子岭和响洪甸水库万分之一比例尺地形图,范围到水库蓄水淹没影响所及的地方为止。

同时,对佛子岭、响洪甸(长竹园)坝址进行了千分之一比例尺地形图测量,等高线间距为 1 米。

1952 年 2 月到 3 月,佛子岭水库工程指挥部成立后,陆续又补测了佛子

---

① 汪胡桢:《沸腾的佛子岭——佛子岭水库建设的回忆》,载水电部治淮委员会《治淮回忆录》,《治淮》杂志编辑部,1985。

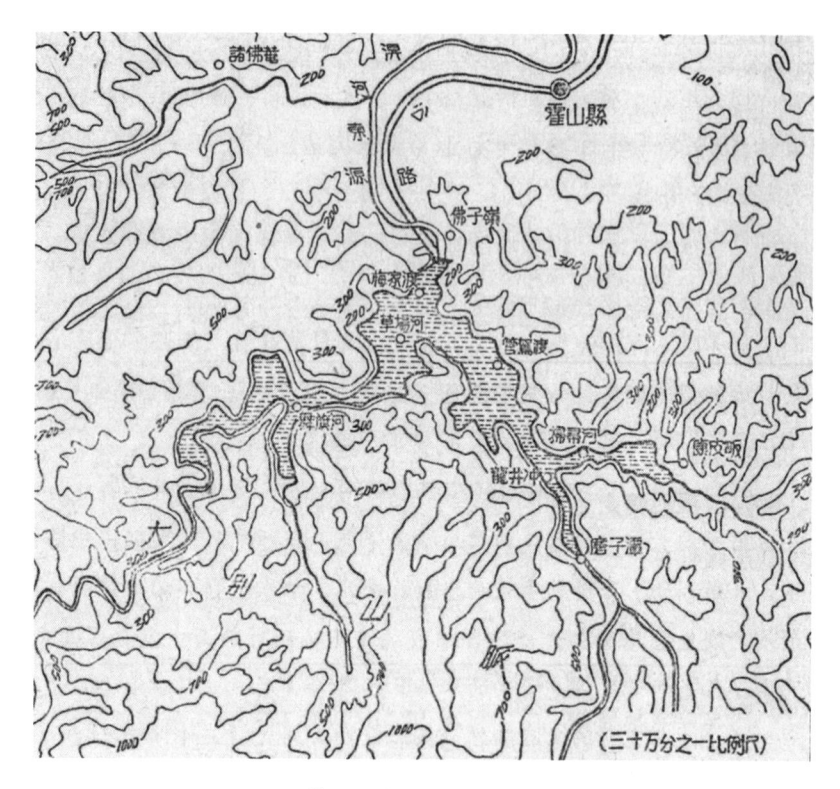

佛子岭水库淹没范围图

岭坝址五百分之一比例尺地形图。①

淠河测量

淠河河道位置和横断面测量，先后进行过三次。

第一次，1919年冬季，江淮水利局曾经测量过淠河干流和麻埠以下的西源（响洪甸水库所在的是西淠河）。

第二次，1947年9月，淮河水利工程总局测量了六安以下的淠河干流。

第三次，1951年3月至7月，治淮委员会工程部又补测了六安以上的淠河干流和东西二源（即东、西淠河），上游到水库蓄水影响所及的地方为止。②

---

① 佛子岭水库工程指挥部：《佛子岭水库工程技术总结 第一分册 水库计划》，治淮委员会办公室，1954。
② 同上。

坝址三角测量

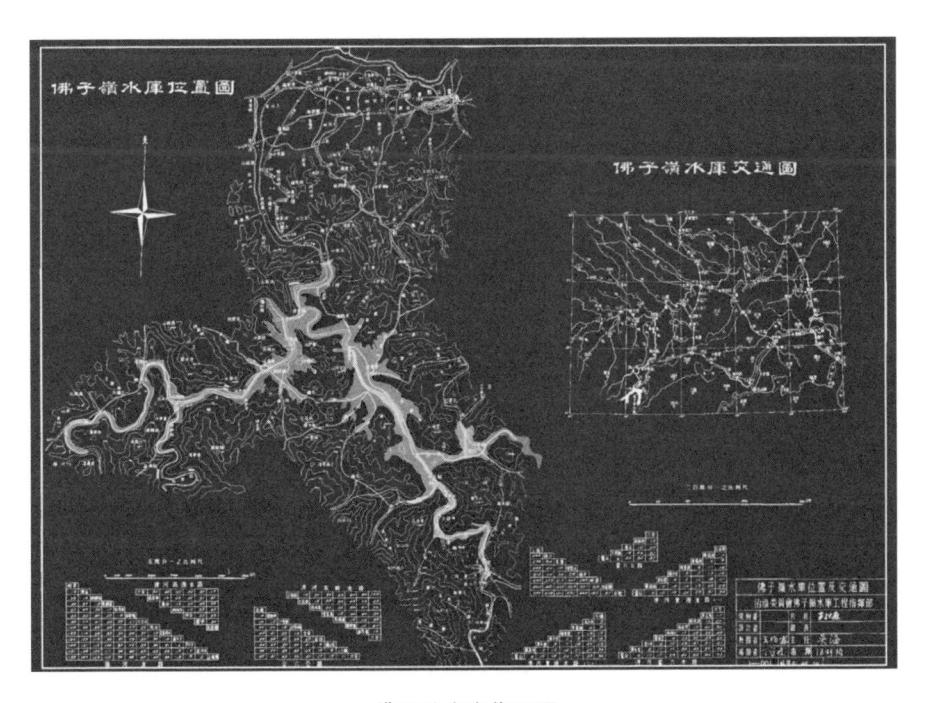

佛子岭水库位置图

第九章　勘查测绘　大爱无疆

地图测绘

建库前，淠河全流域的地形图只有五万分之一比例尺的军用图是较为完备的，但有部分图纸缺少等高线。

另外，下游灌区在1935年也曾经测量过部分五千分之一比例尺地形图。1951年8月起，治淮委员会工程部对淠河流域陆续进行了补测工作。①

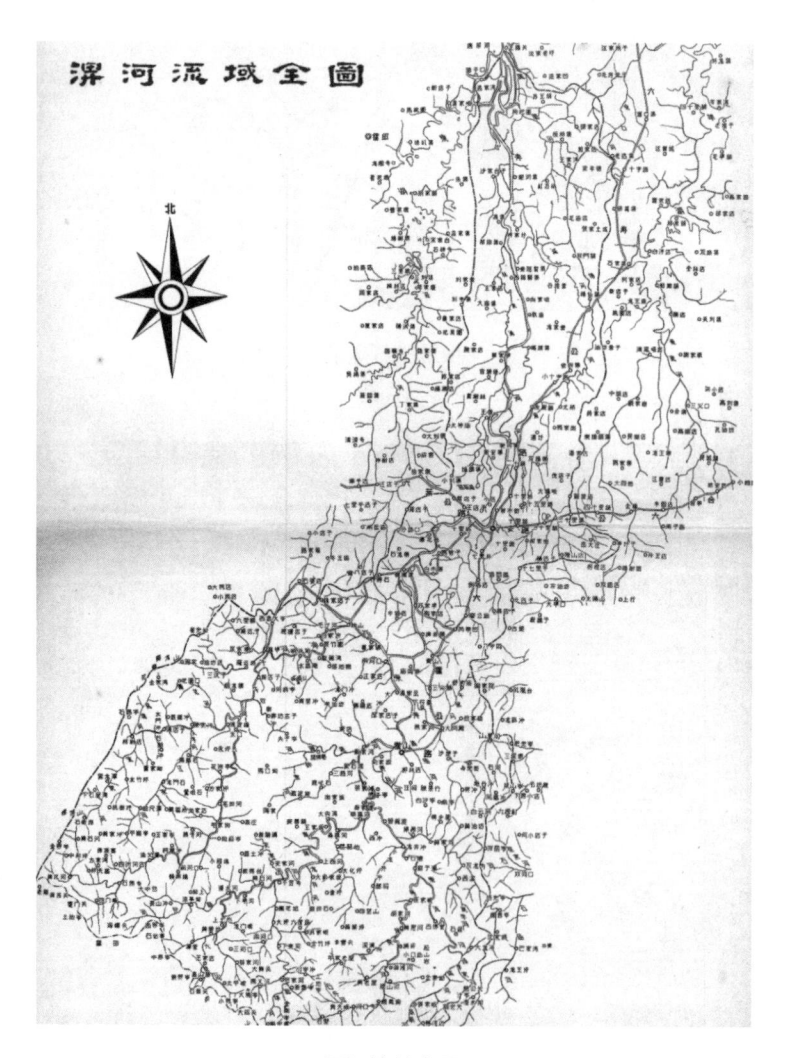

淠河流域全图

---

① 佛子岭水库工程指挥部：《佛子岭水库工程技术总结 第一分册 水库计划》，治淮委员会办公室，1954。

水文测量

1951年4月,治淮委员会工程部在淠河设立了六安水文站和东淠河佛子岭水文站;同年5月,又设立了西淠河百家冲水文站。

水位记录,正常情况下每天观测三次,涨退水时增加到每小时一次。

流量测量,主要使用流速仪,间或也用浮标,视流量变化决定测流次数。同时测量河流的含泥量,不做推移质测量。

降水观测,1951年4月,佛子岭水库以上流域设立了佛子岭、磨子潭、阔滩河、包家河、上土寺、千笠寺等6个雨量观测站;同年5月,又在响洪甸水库以上流域设立了百家冲、庆云桥、流波䃥、汤店子、黑龙潭、泗洲河、燕子河等七个雨量观测站。

为水库设计,另外又收集了淠河流域内和附近的雨量资料:

霍山站,为1934年至1937年,断续不全;

六安站,为1931年至1938年,1951年4月重建后记录比较详细;

正阳关站,从1921年起,有断续15年以上的记录;

金寨站,为1940至1945年;

商城站,为1922年至1923年,1935年至1937年。

其他水系内记录有:

1931年汛期,暴雨中心潢川站和其他各站;

1950年汛期,暴雨中心新蔡站和其他各站。[①]

土壤试验

1951年1月至7月,在已选定的土坝或堆石坝坝基取出原状土样和筑坝选用的心墙、坝壳材料土样,送中央水利部南京水利实验处土工试验室进行土料比重、饱和、快剪、坚实度、颗粒组成、孔隙比与渗透系数关系等试验,并写成《佛子岭水库工程土坝土样试验报告》。[②]

[①] 佛子岭水库工程指挥部:《佛子岭水库工程技术总结 第一分册 水库计划》,治淮委员会办公室,1954。

[②] 同上。

混凝土试验

1951年10月至1952年3月，在坝址附近采取砂子和卵石，应用栖霞山和龙潭生产的水泥，由南京大学混凝土试验室做砂石级配，混凝土率，3天、7天、28天的强度和其他试验，确定合适的水灰比和坍落度。①

地震资料收集

佛子岭水库工程指挥部曾两次派专人到中国科学院地球物理研究所了解关于霍山附近的地震资料。据报告，霍山地震烈度应按九级计算。

其后，在从许多地方志中查得，大别山区三十多个县，从公元46年至1951年，共有地震记载130次。其中属于霍山的有5次，最强烈的为1652年和1917年，经地球物理研究所研究推定，前者为八级，后者为九级。

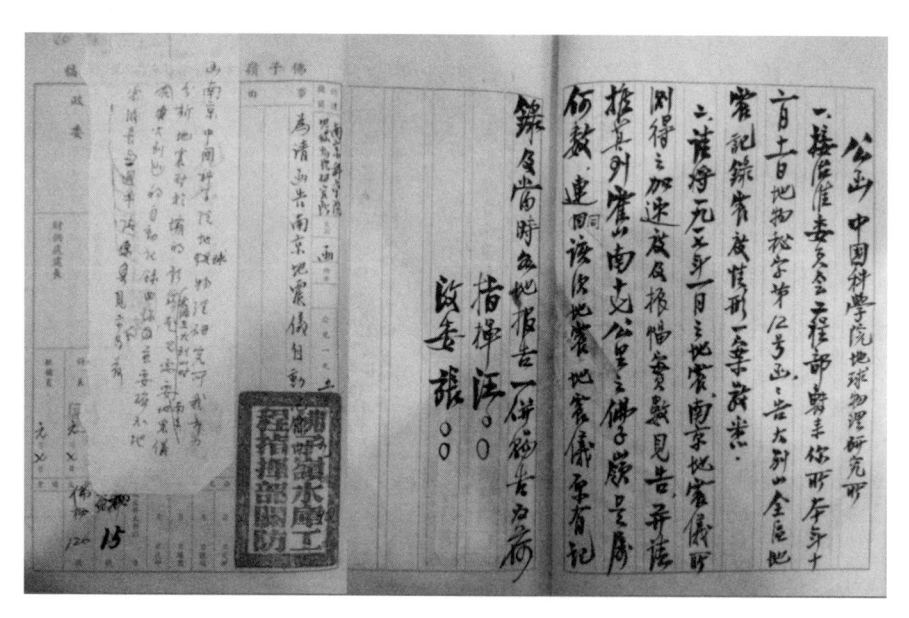

致中科院地球物理研究所地震记录及各地报告函（安徽省佛子岭水库管理处提供）

汪胡桢对佛子岭水库的地形测量工作也曾有细节描述：

---

① 佛子岭水库工程指挥部：《佛子岭水库工程技术总结 第一分册 水库计划》，治淮委员会办公室，1954。

佛子岭等水库的地形测量是由淮委工程部组成两个地形测量队进行的，由范学斌、王绍廉同志领导，对水库库区用三角及导线做了小比例尺的地形图，对坝址用导线测量做了大比例尺的地形图。在库区测量时又作了淹没损失的调查。①

汪胡桢先生有颗大爱之心，对自然生态和野生动物特别关注，他在《沸腾的佛子岭——佛子岭水库建设的回忆》一文中，有三处讲到了豹子的故事，并且描述非常细腻、生动：

> 那时大别山区树木茂盛而人烟稀少，豹子和野猪常昼伏夜出。一天，测量队穿过丛林时，见有一对黄色毛茸茸的小动物正在追逐嬉戏。一位年轻的队员喊道："看，好一对小猫咪。"队长看到了便说"把它们捉回家去"。两人就上前把这对"小猫咪"捉了起来，放在各人的挎包里。这对"小猫"在宿营地里长得很快，特别喜欢绕在队员的腿下打转。有一天，一个队员正蹲在地上洗衣服，一只"小猫"为了讨好他，用身子擦着他的后臀，因用力过大，使这位队员跌进洗衣盆里。从此，队里的人都怀疑这对"小猫"是一对小豹子，还看到"小猫"毛皮里已发现白色斑点，更使人深信它们是金钱豹，养着当有后患，因为又不宜把它们放回山里去，只得把它们送往合肥逍遥津公园去饲养。②

在纪录片《一定要把淮河修好 蓄水筑坝》中，汪胡桢先生女儿汪胡炜说，不管工地怎么繁忙，父亲依然每周给她寄一封信，他告诉我佛子岭有野狼，其他关于工地的事，什么也不告诉我。

其实，爱的种子早早地在孩童时代就已在汪胡桢心里萌芽，并由他的子女传承了下来。

在汪胡炜的文章《深深怀念父亲》中，有一段文字写到了汪胡桢15岁时的一段故事：

---

① 汪胡桢：《沸腾的佛子岭——佛子岭水库建设的回忆》，载水电部治淮委员会《治淮回忆录》，《治淮》杂志编辑部，1985。

② 同上。

汪胡炜接受采访

父亲对双亲至孝。我祖父是上海一家颜料店的店员，不幸患病回乡休养，那时还年少的父亲割下手臂上的一块肌肉熬汤，侍奉祖父，但祖父病情沉重，未能挽救而逝世。小时候我曾好奇地看着这块大伤疤，父亲告诉我这是种牛痘的疤。稍长，我觉得种牛痘不应该种在手臂的内侧，后在母亲那里得知详情。这在我幼小的心灵中种下了一颗爱的种子。①

1990年，《治淮》杂志第 5 期刊登了一篇文章——《披荆斩棘锁蛟龙——访原佛子岭水库工程指挥部政委张云峰》。在这篇文章中，据张云峰讲述，工地的创业者生活在山间竹子的世界里，吃竹（笋）、睡竹（床）、住竹（棚）、看竹（子），竹子的茂密生长给山间的野兽提供了生息的空间，那些凶猛的豹子、粗大的野猪常到工地宿营地骚扰。一次，一个工区的炊事员为加班的同志准备好了夜餐，自己也去工地参加劳动，等到任务完成，大家空着肚子来到伙棚，发现夜餐已被野兽扫荡得一干二净。②

---

① 汪胡炜：《深深怀念父亲》，载嘉兴市政协文史资料委员会编《一代水工汪胡桢》，当代中国出版社，1997。

② 郑绍基、李勇：《披荆斩棘锁蛟龙——访原佛子岭水库工程指挥部政委张云峰》，《治淮》1995 年第 5 期。

当年的大别山里，野生动物很多，而佛子岭水库坝址已经伸入到大别山深处的原始山脉之中，这里原本就是这些动物的栖息地，野生动物时不时出没在工地周围，实属正常。

这既说明建库前库区的生态环境原始自然，同时也说明了施工环境还是相对恶劣严峻的。其后，随着开工建设，野生动物越来越少，特别是大型野生动物基本消失。

至1988年，第七届全国人民代表大会常务委员会第四次会议通过《中华人民共和国野生动物保护法》后，大别山区开始禁猎禁捕野生动物，野生动物的野外分布区域、种群、数量、结构和生态状况才持续趋于好转。

现在，库区周边的山里，生态已得到恢复，天上常有老鹰盘旋，地下偶有野猪出没，至于豹子和野狼等其他大型野生动物，暂时还没听说有所发现。

在这里，再介绍一则汪胡桢在黄山避难的故事。

前面说过，抗战时期，汪胡桢正躲在上海法租界编纂《中国工程师手册》之时，汉奸殷汝耕突然上门，欲请汪胡桢出山整治大运河。汉奸之事，如何做得？

汪胡桢急中生智，弃家带女，匆忙避难，路途艰难，危险重重，经人指点，沿新安江而上，来到屯溪，准备在黄山候机，再往重庆。

汪胡桢到达黄山后，先住在中国旅行社内。旅行社设在黄山的温泉街附近。在这条街上，有一家名为"云都文物社"的商店，店里也收藏有汪胡桢所著的书籍，汪胡桢于是就与店主攀谈起来，交谈之后，彼此仰慕。

店主姚文采先生是中国科学社社员，曾留学美国，因世乱兵荒，故奉父母之命，在此隐居。姚先生好客，自制一些酒菜，请汪胡桢一家赴宴，一同出席的还有黄山警察局长等人。

这位警察局长告诉汪胡桢，去往重庆的飞机越来越少，恐怕要在黄山等候，黄山有多处富家别墅，这些别墅原本是主人避暑之用，现在战时，别墅的主人大多迁往重庆，别墅久无人居，一般由警察局代为照管。别墅里家具及生活用品都是一应齐全，汪胡桢可以考虑暂时入住。

汪胡桢一听，十分惊喜，欣然允诺。

次日，由几名警察把位于中国旅行社后面山坡上的一幢两层小洋房打扫干净，让汪胡桢迁入，一家人很是满意。

因房屋空置多年，野蜜蜂从门窗缝隙中飞入屋内，连绵不断。汪胡桢仔细查看，发现它们都由大衣柜隙缝中飞出飞进，他把大衣柜门打开一看，只见衣柜里悬挂着一个大的蜜蜂巢，于是赶紧把柜门照旧关好。他想着，到此暂住，犯不着惊动这群蜜蜂。忙叫家人切勿再开启柜门，以便与蜜蜂和平共处。

可见，汪胡桢对自然生态有独到的理解，对自然界中的动物表达关爱，尽量保持着互不相扰、和平相处的自然和谐关系。

所以，在许多追忆汪胡桢的文章中，人们普遍认为汪胡桢学识深厚、品德卓越，具有宽厚仁慈、忠诚孝顺、博爱无私的高尚品质，他待人谦逊和蔼，工作认真细致，无私奉献，不畏艰难。

第十章
水库设计　坝型选择

Chapter 10　Reservoir Design, Selecting of Dam Types

依据测量结果，获得了佛子岭水库淹没面积、库容以及淹没损失等精确数据，并绘制了坝址的精确平面图及纵断面图。水库数据中，规划水库总容量为4.737亿立方米，其中防洪库容为62%，即蓄洪库容2.931亿立方米；兴利库容为30%，即兴利库容为1.424亿立方米，其余为死库容。规划蓄洪水位为128.7米，正常蓄水位为112.2米，死水位为97.0米。洪水期可能淹没面积为23平方公里，正常蓄水位淹没面积为16平方公里，淹没区比较大的集镇有管家渡、龙井冲、石槽、草场河、舞旗河等，淹没影响人口9900人。[①]

那个时候，治淮委员会工程部已派设计人员到佛子岭工地开展工作。中央水利部计划室主任须恺工程师负责制定堆石坝、土坝、重力坝的初步设计方案。

同时，汪胡桢与青年技术员朱起凤在淮委工程部共同完成了连拱坝和平板坝的初步设计方案。

针对每一种坝型都计算出了相应的工程量。同时，戴祁工程师带领一部分技术人员，利用当时仅有的一些水文资料，确定了坝顶的高程为海拔130

---

① 佛子岭水库工程指挥部：《佛子岭水库工程技术总结 第一分册 水库计划》，治淮委员会办公室，1954。

米，并据此计算出各种坝型相应的防洪和兴利库容。

坝址选择

东淠河在地形上分为截然不同的两段，以梁家滩为起分点。

下段为丘陵区，河谷宽广，河床平缓。

上段，河道在坚硬的岩石中穿行，到处是悬崖陡壁。从梁家滩上溯 7 公里到梅家渡，是东淠河主要支流的汇合点，河谷宽不过 200 米左右。就地形而言，坝址应当在梁家滩到梅家渡段的佛子岭一带选择。

综合地形、地质和坝型等条件分析，经过初查和复勘，先后拟定了四处坝址，即 A—A、B—B、C—C、D—D 四条坝址轴线。

A—A 线坝址，在初查和第二次查勘后选定。但其地形不够雄伟，全部岩层较弱，构造比较复杂。

B—B 线坝址，是在发现 A—A 线坝址的缺点后，在第三次查勘时拟定。坝址适宜做土坝或堆石坝，但不够做混凝土坝的条件。

C—C 线坝址，是在第三次查勘和第二次地质调查时拟定。地形甚佳，全部岩层坚强，构造适宜，有阻透水的天然屏障，如建混凝土坝，所需砂石可以就地取材，坝轴可放在花岗岩上。

D—D 线坝址，是在佛子岭工程指挥部召集专家会议时拟定。河谷底部较窄，惟东岸伸出山嘴稍狭，地层西岸尚佳，构造适宜，东岸还需槽探查勘花岗岩范围。坝址适宜做土坝或堆石坝，要在沿坝身钻探后，才可以查证是否适宜做混凝土坝。

最后，经比选，结果为：C—C 线最优；B—B 线和 D—D 线互有优劣；A—A 线最差，可不考虑。

经比对分析，专家们一致同意采用 C—C 线坝址，即打鱼冲南与响水沟间的地带，作为连拱坝坝址。

坝型、坝址的比选过程，汪胡桢先生在回忆录中，有详细的描述。

针对佛子岭水库拦河坝的坝型，进行了连拱坝、平板坝、重力坝、堆石坝、土坝共五种坝型的规划设计和比较分析。

佛子岭水库选址图

连拱坝

连拱坝，坝址位于打鱼冲上游的 C—C 坝轴线上，基础主要有花岗岩和石英岩两种。

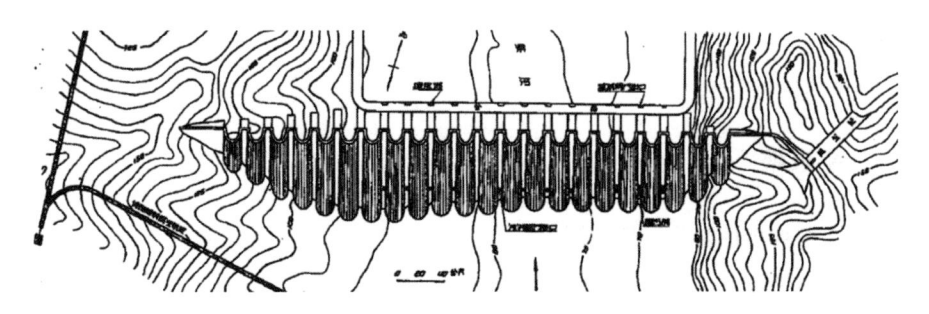

连拱坝设计平面布置图

连拱坝，规划设计有 21 个坝垛和 22 个坝拱，两端与重力坝相接，全长 516.2 米，坝顶高程 130.0 米，设计洪水位 128.7 米，坝顶路面宽 1.8 米，坝垛一般高 65 米，由两片垛墙组成并由隔墙相连接，宽 6.5 米，间距 20 米，拱的内半径为 6.75 米，外半径随阻塞拱的厚度不同而变化，坝垛上游坡度为

1∶1，下游坡度为1∶0.36。

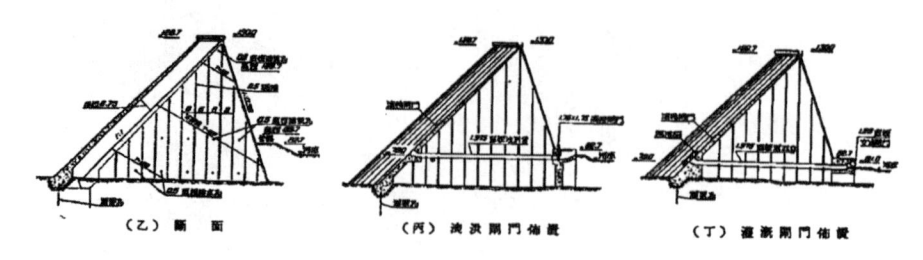

连拱坝设计横断面图

在7、8、9、10、12、13、14、15号八个坝垛中，各设直径为1.975米的泄洪钢管一道，中心高程为79.0米，用作宣泄洪水之用，在坝后面设一道1.75米×1.75米的高压闸门来控制泄量，闸门出口用扩散器使水向上喷射，利用空气消能，以避免冲刷下游河床。

在17、18、19号三个垛墙中，各安设灌溉管，管的直径与高程与泄洪钢管相同，在后面设一个1.25米直径的空注阀门用来调节流量，提供下游灌溉和航运用水。在灌溉管进口处，设直径为3.4米的半圆形拦污栅，灌溉管末端向上弯曲使水喷向空中，亦利用空气消能。

在泄洪管和灌溉管的进口坝垛的上游面，共有三道滚轮闸门，可将进口关闭，以利于管道检查、维护和保养。

在东岸重力坝东侧，设有一道宽12.5米的溢洪道，以排泄非常洪水，保证坝体安全，溢洪道进口高程为124.7米，用两扇5.5米×4.5米的弧形闸门控制泄量。①

平板坝

平板坝坝址与连拱坝相同。

平板坝设有76个挡水面板、75个垛墙，两端与重力坝相接。共长516.2米，坝顶高程130.0米，设计洪水位128.7米，坝顶路面宽6.0米，坝高65米，坝垛间距6米，垛与垛之间有0.4米×0.6米的混凝土支撑联系，支撑间距上下左右均为6米。坝上游坡度为1∶1，下游坡度为1∶0.25。

---

① 佛子岭水库工程指挥部：《佛子岭水库工程技术总结 第一分册 水库计划》，治淮委员会办公室，1954。

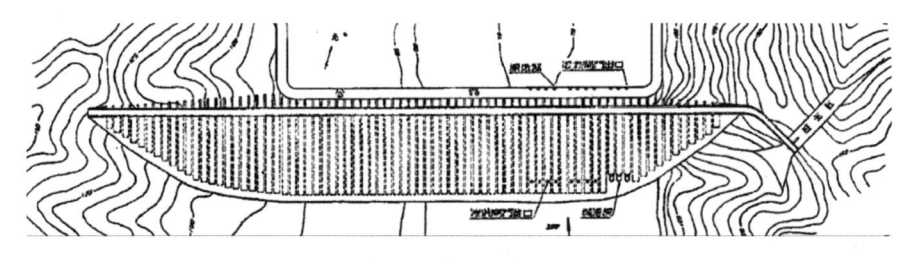

平板坝设计平面布置图

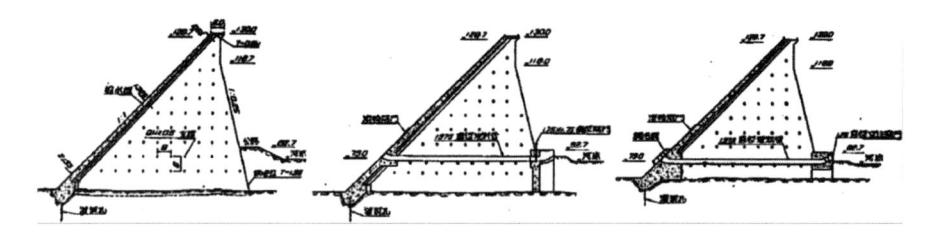

平板坝设计横断面

在平板坝中，有穿过挡水面板的八个泄洪管和三个灌溉管。东岸的溢洪道和坝后公路与连拱坝相同。[①]

重力坝

重力坝坝址也设在C—C坝轴线上。全长516.2米，坝顶高程130.0米，设计洪水位128.7米，坝顶宽度6.0米，坝高65米。坝上游坡度为1∶0.15，下游坡度为1∶0.75。

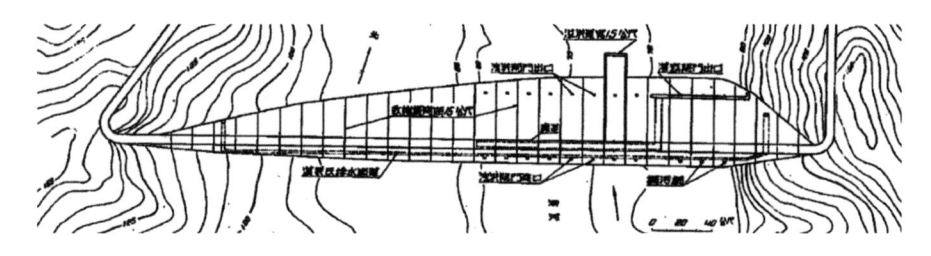

重力坝设计平面布置图

---

① 佛子岭水库工程指挥部：《佛子岭水库工程技术总结 第一分册 水库计划》，治淮委员会办公室，1954。

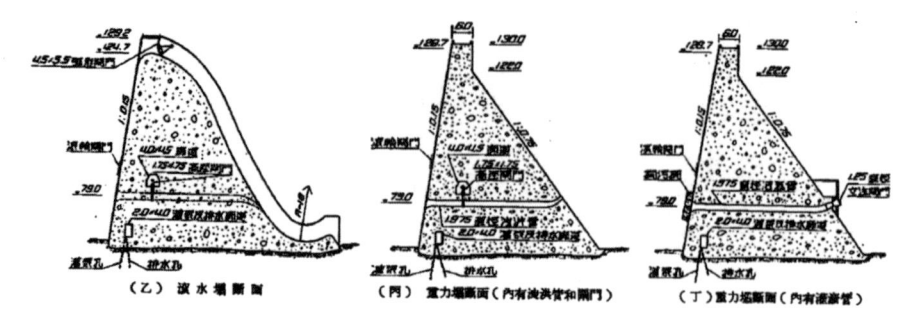

重力坝设计横断面

沿坝轴线方向每隔15米做一道垂直的不透水收缩缝。坝身中设八个泄洪管和三个灌溉管。高压闸门设在距上游9米处的4.0米×4.5米的廊道内。在河道的主流处设12.5米宽的溢洪堰，堰顶高程为124.7米，用两扇5.5米×4.5米的弧形闸门控制泄量。在靠近坝的上游基础处，设有一道2.0米×4.0米的长方形廊道，用于帷幕灌浆和排水。[①]

堆石坝

堆石坝，对基础要求较混凝土坝低，故坝址拟采用在打鱼冲下游的B—B坝轴线。

堆石坝坝长约500米，坝顶高程132.7米，设计洪水位128.7米，坝顶宽度13.0米，坝高64米。上游坡度为1∶1.6～1∶1.85，下游坡度为1∶1.6。坝壳材料是花岗岩；坝心材料为砂壤土或砂土，坝心顶宽6.0米，上游坡度为1∶0.6，下游坡度为1∶（−0.2），坝心底部中心设混凝土止水墙一道，高出岩石4米，嵌入岩层不小于1米，在坝壳和心墙间设反滤层。

东岸设溢洪道，进口高程为124.7米，闸门设置与混凝土坝一致，溢洪道出口处设消力池。

西岸设输水隧洞，进口中心高程92.4米，进口为5.5米×8.0米长方形，渐变成直径7.0米的圆形隧洞，洞身长500米，进口设拦污栅和滚轮闸门，出口另设1.75米×1.75米高压闸门控制流量。隧洞在施工期兼作为施

---

① 佛子岭水库工程指挥部：《佛子岭水库工程技术总结 第一分册 水库计划》，治淮委员会办公室，1954。

工导流。①

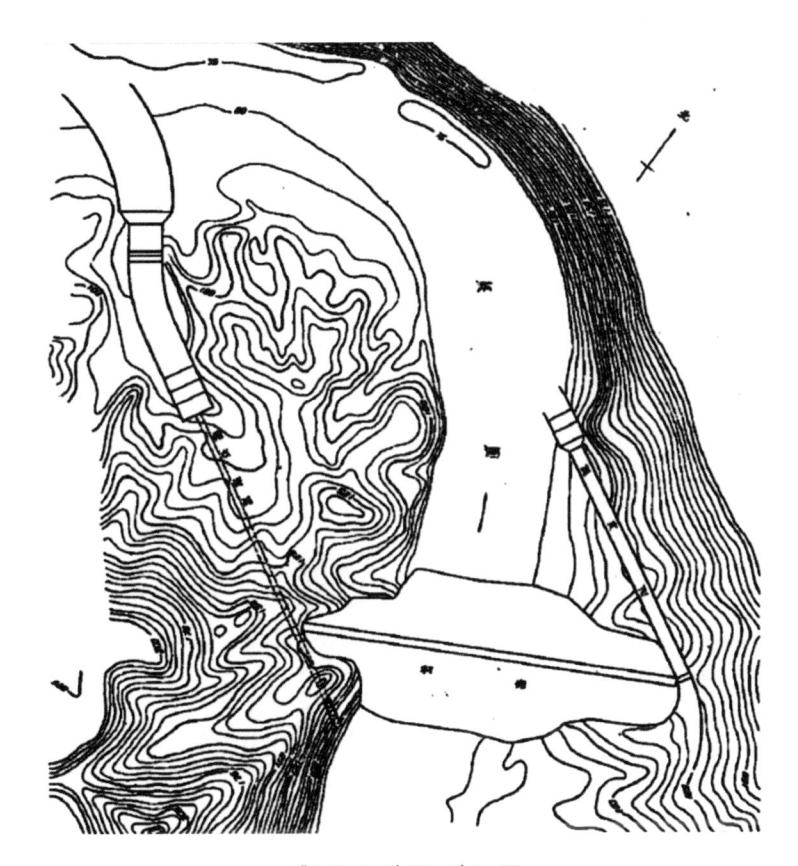

堆石坝设计平面布置图

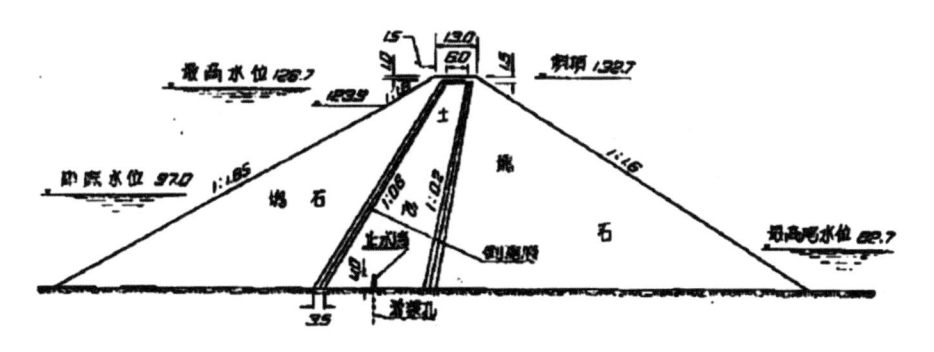

堆石坝设计横断面

---

① 佛子岭水库工程指挥部：《佛子岭水库工程技术总结 第一分册 水库计划》，治淮委员会办公室，1954。

土坝

土坝坝址和溢洪道布置与堆石坝相同。

因土坝上游坡度较缓，故输水洞进口需要上移。坝长约500米，坝顶高程132.7米，设计洪水位128.7米，坝顶宽度12.0米，坝高64米。上游坡度为1∶2.75渐变至1∶4，下游坡度为1∶2.25渐变至1∶5。坝面部分由块石堆成；坝心材料为砂壤土或砂土，坝心高程130.7米，顶宽6.0米，上游坡度为1∶0.5，下游坡度为1∶0.1；坝面与坝心之间是砂卵石坝壳，坝壳顶高程130.7米，顶宽12.0米，上游坡度为1∶2.5，下游坡度为1∶1.2；坝身中坝心部分须填筑在岩石或不透水基础上，坝身上下游坡脚可以先用块石筑成，作为临时施工围堰。[1]

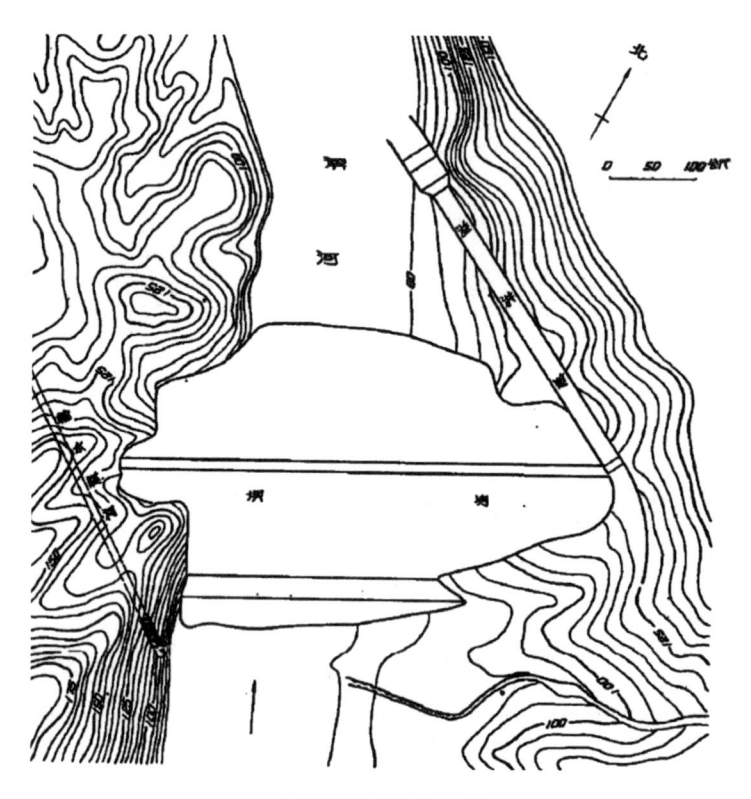

土坝设计平面布置图

---

[1] 佛子岭水库工程指挥部：《佛子岭水库工程技术总结 第一分册 水库计划》，治淮委员会办公室，1954。

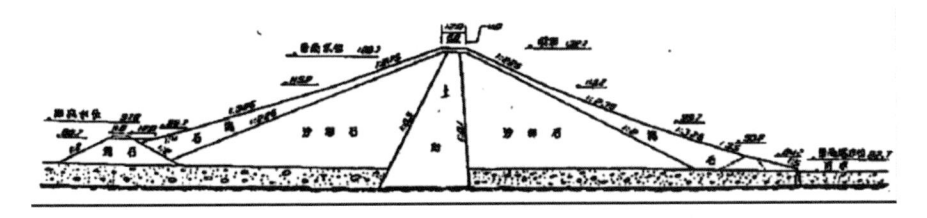

土坝设计横断面

水库设计

佛子岭水库建设为多目标开发,首先是防洪,其次为灌溉、发电、航运。

水库总容量为 4.737 亿立方米(在特殊运用条件下为 5 亿立方米),其中 62% 为防洪库容;另外 30% 为兴利库容;其余 8% 为死库容。[1]

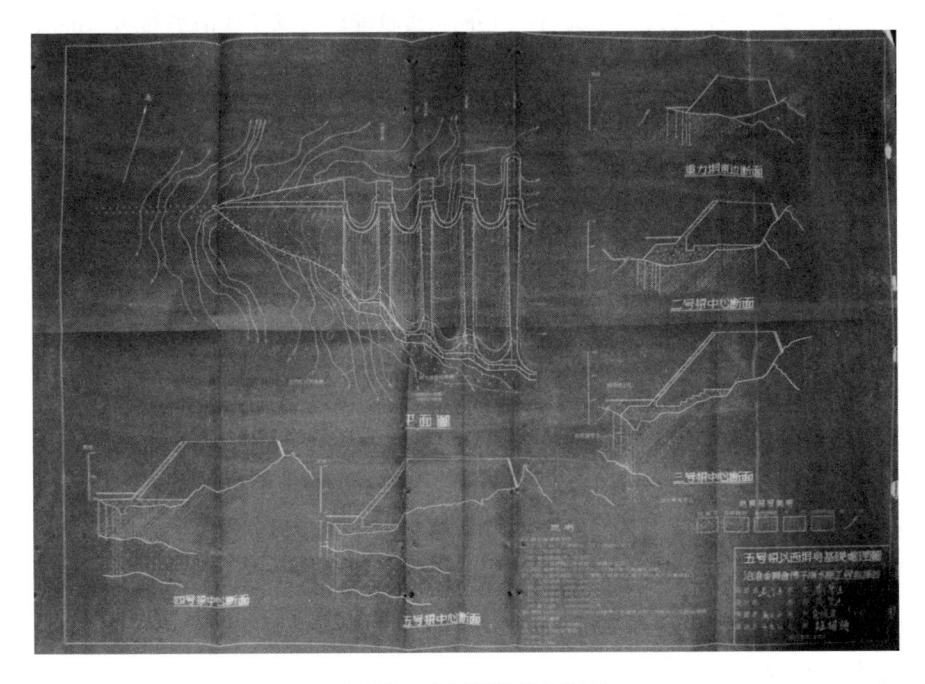

五号垛以西坝身基础处理图

水库拦河坝,坝顶高程为江淮零点以上 130 米,设计洪水位为 128.7 米,

---

[1] 佛子岭水库工程指挥部:《佛子岭水库工程技术总结 第一分册 水库计划》,治淮委员会办公室,1954。

正常蓄水位为109.2米，非常洪水位（校核洪水位）为129.6米，库底水位（死水位）为97.0米。

水库设计指标为方便对照略有重复（规划与设计的部分数值有所不同）。在这里还有必要补充一些关于江淮零点的相关基本信息：

1912年（民国元年）11月11日下午5时，江淮水利测量局以废黄河口的潮水位为零点作为起算高程，亦称为"废黄河口零点高程"，其高程系为废黄河高程系，目前淮河的主要防洪体系仍然采用废黄河高程系。

后来，江淮水利测量局又用多年潮位观测的平均潮水位确定新零点，其后的大多数高程测量均以新零点起算。

"废黄河口零点"高程系的原点，民国末年之前已湮没无存，原点处新旧零点的高差和换用时间尚无资料查考。

在"废黄河口零点"系统内，江淮水利局曾经增设"江淮水利局惠济闸留点"和"蒋坝船坞西江淮水利局水准标"，并列引据水准点，民国末年的测量一般均从这两个水准点引测校测。

其高程系间的换算关系为：

废黄河零点高程＝吴淞高程基准－1.763（米）

废黄河零点高程＝1956年黄海高程＋0.161（米）

废黄河零点高程＝1985国家高程基准＋0.19（米）

再说佛子岭水库工程的设计，其主要建筑物包括拦河坝、输水道、溢洪道和水力发电厂。

大坝采用了混凝土连拱坝形式，全部由钢筋混凝土构成。设计最大坝高74.4米，坝顶全长510米，其中413.5米为连拱坝，包括20个空心垛，每个宽6.5米，21个半圆形的拱，每个内径13.5米；两端为重力坝，东端长30.1米，西端长66.4米，在施工过程中因设计改善，将西端长45.0米的一段改为平板坝。

输水道包括泄洪钢管8道，分别安装在第7、8、9、10、11、12、13、14、15号8个垛内；灌溉、发电钢管3道，分别安装在第17、18、19号3个垛内。

溢洪道1座，开辟在坝东端的山凹内，进口高程为120米，总宽26.4米，上设弧形闸门两扇，开放时最大泄量为1200立方米每秒。

水力发电厂设在第 18、19 号拱后面，基本发电量为 3200 千瓦，设计最高发电量为 9500 千瓦。

设计主要工程量：钢筋混凝土 23.95 万立方米，清基土石方 64.36 万立方米，开挖石方 8.32 万立方米，灌浆 5800 米，安装闸门 16 扇，并附设发电厂。[1]

设计预算经费 552307.95 百万元。其中，1952 年度投资总额 229461.5 百万元。

新中国成立初期，受民国金融通货膨胀的影响，曾经有段时间使用旧币，货币面值大，而币值只有以元为单位。随着第一个五年计划（1953—1957 年）的顺利推行，经济情况和政府财政状况也大有改观。1955 年人民币币值改革，第二套人民币发行以后，以 1∶10000 的比率收回旧币，一元新币相当于原来的旧币一万元。故佛子岭水库建设预算经费相当于第二套人民币的 5523 万元。

水库建成以后，淠河东源的流量受到控制，可以将 2330 立方米每秒以上的非常洪水的洪峰流量降到 580 立方米每秒以下。淠河西源的响洪甸水库建成后，可以把淠河下游的最大洪峰流量从 4000 立方米每秒左右减小到 1500 立方米每秒以下，保证淠河流域不受洪水灾害的威胁。

此外，在淮河遭遇大洪峰流量时，可以控制水库拦洪错峰，降低淠河东源最大洪峰，减轻淠河中下游灾害，减少淠河从正阳关流入淮河的水量，从而大大降低淮河干流的流量。

另外，利用佛子岭水库所蓄的水量，可以灌溉淠河中下游 68 万亩农田；利用水库蓄水发电，每年可供给附近城市乡村用电 5700 万度（1 度为 1 千瓦时）；其次，设计可使淠河通航 50 吨木船。[2]

佛子岭水库建设工程，1951 年冬开始筹备，1952 年正式施工，计划工期至 1954 年汛前完成。

工程开工后，在清理坝基时发现断层，后拟将原设计坝轴线向下游平移 20 米，对工程施工进度造成一定影响。

---

[1] 佛子岭水库工程指挥部：《佛子岭水库工程技术总结》，治淮委员会办公室，1954。
[2] 《佛子岭水库工程总结》，载治淮委员会编《治淮汇刊 第四辑》，治淮委员会，1954。

佛子岭水库建成后上游的水上运输

1952年11月17日，经中央水利部批准，决定将佛子岭大坝C—C线（坝轴线）下移12米，拱的坡度改为18度（1∶0.9）。

坝体设计

重力坝和堆石坝，主要是依靠自重来抵抗外来的荷载。

连拱坝则尽量利用材料的强度来抵抗外来荷载所引起的应力。

在确定大坝结构型式后，就可以利用力学原理分析其构成部分的应力，进而合理地分配需要的材料。

连拱坝主要由两个部分组成，一是挡水的坝面，二是支持坝面的坝垛。佛子岭水库连拱坝共有20个坝垛和21个坝拱，两端与重力坝相连。坝长510.4米，最高坝垛为74.4米。东侧坝垛高度约为57米，西侧坝垛高度在50米以内。

佛子岭水库的大坝坝体设计了三个标准断面，高度分别为70米、60米、50米。

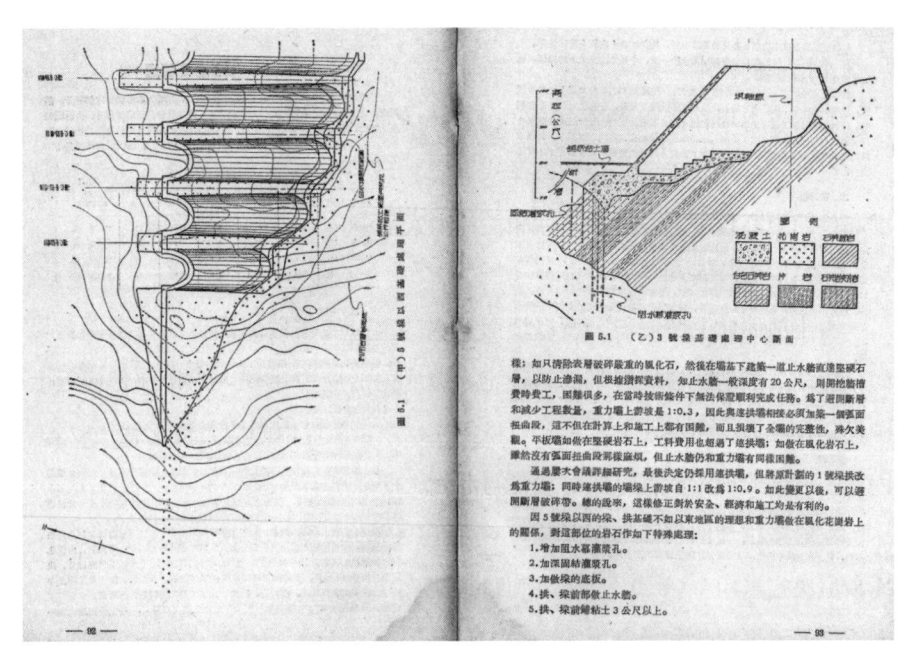

佛子岭水库大坝施工图纸

拱

一般结构是利用拱的作用来承担大跨度内的荷载。因为各种建筑物承受荷载的不同，拱的形式亦不相同。

坝面的作用主要是承担水的压力，而水压力方向又与坝面成正交，即拱面受到的水荷载大致是一个均匀分布的向心荷载。从结构上讲，采用圆弧形拱最为合适。

佛子岭连拱坝采用了半圆形拱，即中心角为 $180°$。拱的内径一律选定为 6.75 米。

在垂直于上游面坡度方向的同一平面内，拱的厚度是一样的。

垛

垛，是由两片三角形直立的垛墙由隔墙相连而成。上游迎水面称为上游面板，下游面称为下游面板。

垛墙，为垛的最主要部分。水荷载和坝面重量主要是经过垛墙送达地面。

由于结构的需要，垛墙下部厚上部薄，在同一水平面内近上游厚而下游薄。

连拱坝的两端为重力坝。其上游坡度必须与垛相同，以便与拱相连接。

西岸重力坝在高程117.50米以上改为平板坝。

设计，首先要确定坝身的基本尺寸，如垛的间距、垛的宽度、上游面坡度和拱的中心角等。与这些尺寸相关的因素很多，主要有三个方面。

一是应力分布和稳定程度。

由于坝面向上游倾斜，所以坝面上水的重量能够增加坝体的稳定。对垛的分析结果显示，坡度越平缓越稳定，但垛内的应力比较大，特别是接近上游面的拉应力；相反，坡度越陡，稳定性越差，但垛内的应力情况就比较好。因此，坡度的确定和基础的好坏都与混凝土的强度有关系。

一般连拱坝的坝面坡度采用1∶1和1∶0.9，经过多次比较，佛水岭水库最后决定采用1∶0.9为上游坝面的坡度。

二是温度变化和地震影响。

一般情况下，温度变化大的地区，应当采用中心角较大的拱。地震时，拱的两座会产生相对位移，亦以采用中心角大的情况较好。同时，一般坝高超过60米，以采用180°的拱最经济。

由于综合考虑温差、地震和坝高三个因素，佛子岭水库采用了180°半圆拱。鉴于水库位于地震带，其结构必须满足特定的横向稳定性和刚度要求，因此，垛的宽度采用了6.5米。

三是经济比较。

在确保结构应力和稳定性的情况下，可以采用不同的跨度、坡度和宽度，最终的决定因素主要基于经济性比较，不仅包括坝身混凝土和钢筋的用量，还应涵盖模板使用、基础开挖和施工便利性等方面。

一般采用较小的跨度，则模板和基础开挖比较多；采用较大跨度时，全部垛的材料用量将可减少，但坝（拱）面的材料用量却要增加。要达到最为经济的目标，必须经过详细计算和比较才能确定。

当时，因时间紧迫，故参考了国外现成的拱坝尺寸，采用20米为垛间距。①

---

① 佛子岭水库工程指挥部：《佛子岭水库工程技术总结 第二分册 坝身设计》，治淮委员会办公室，1954。

后来，经过多次计算比较，这个垛间距还是比较经济的。

经过对拱与垛的受力计算，确定了拱与垛的尺寸。但关键是如何更直观、清晰地向相关领导汇报清楚连拱坝的受力机制及其安全稳定性。同时，也需要解释连拱坝的外形结构究竟是怎样的。

于是，汪胡桢想到了一个办法。据汪胡桢先生后来回忆：

> 那时我国水利工程师大都熟悉治河工程学，而对各种拦河坝型都很生疏，幸亏工程部里雇有木匠雷宗保，可把各种坝型做成模型。他早年在河海工程专门学校，由李仪祉先生指导做过各种水工模型（包括拦河坝在内），并建成陈列室，供教学之用，大家都称他"小木匠"或"样子雷"。我便请他用木料、石膏、铁皮及油漆的材料，把每种坝型做了一个相同比例尺的整体模型及横剖面模型。这批模型果然起了很大的作用，使大家对水库与拦河坝有直观的认识。我曾借助这些模型，向淮委领导同志作过汇报。1951年11月12日于佛子岭工地召开专家会议时，这些模型很受各专家的赞赏。[1]

这段故事在原淮委设计院总工朱起凤所著的《峡谷书声 桃李芬芳》一文中也有记录。朱起凤说：

> 关于佛子岭水库大坝的坝型，曾有过几种设想，经过讨论对比，认为采用连拱坝，优点较多，也比较适合佛子岭的情况。为了取得领导的肯定与支持，1951年冬（也可能是1952年春），汪胡老同我一起去上海向华东军政委员会主任（兼淮委主任）曾山同志汇报。考虑到汇报内容涉及许多工程图形和技术术语，口头上难以作形象具体的表达，汪胡老特地请木模师傅按照一定比例做了一个工程模型，汇报时照着模型进行讲解。曾山主任听了汇报后，决定佛子岭水库大坝采用连拱坝型，并说："我像支持钱正英同志搞润河集工程一样，支持你搞佛子岭工程。"汪胡

---

[1] 汪胡桢：《沸腾的佛子岭——佛子岭水库建设的回忆》，载水电部治淮委员会《治淮回忆录》，《治淮》杂志编辑部，1985。

老听到领导的肯定意见，如同得到了战斗命令，旋即开展了一系列的工作。

利用来沪汇报的机会，汪胡老邀请了一批专家，就佛子岭水库大坝的施工方法和施工设备问题进行座谈。①

在上海，汪胡桢主持召开了一场座谈会，有10多人参与，其中包括一位丹麦洋行经理。朱起凤先向参加座谈的人士介绍了佛子岭水库工程概况和施工方案。由于与会者普遍缺乏大型水利工程的施工经验，他们基于介绍的内容，普遍认为该方案可行，但并未提出具体的意见。

然而，那位丹麦洋行经理却当即表示可以承包工程施工任务，但不能向中国出售施工设备。汪胡桢听到丹麦经理的提议后，立即明确表态：我们新中国自己的工程，一定要由我们自己建造，工程决不会外包。

当时正是新中国成立之初，我们面临帝国主义国家的全面封锁和禁运，导致我们建造大坝混凝土建筑所需的拌和机、振捣器、升降机等机械设备均无法从国外进口。

面对这一严峻的形势，汪胡桢不畏强权，坚定地走自力更生的道路。在佛子岭水库建设过程中，在汪胡桢的指导下，依靠群众的智慧和创造力，自行改造了国产的拌和机，并成功试验了自制振捣器，利用一台30千瓦的矿山卷扬机，把拌和的混凝土提升到50多米的高度，最终完成了佛子岭水库大坝的浇筑任务。

而且，这些自制设备还推广到了淮河流域和全国的其他大型水利工程中。

在佛子岭水库建设中曾协助汪胡桢的曹楚生在他所写的《难忘的佛子岭》中也谈到了汪胡桢对建设混凝土连拱坝的思考缘由。曹楚生院士说：

汪胡老提出在佛子岭修建连拱坝的意见不是偶然的。若从现在我国的经济技术水平和机械化施工程度而论，可能选择重力坝的坝型比较合

---

① 朱起凤：《峡谷书声 桃李芬芳》，载嘉兴市政协文史资料委员会编《一代水工汪胡桢》，当代中国出版社，1997。

理。而在当时，由于我国经济技术落后，水泥、钢材等建筑材料奇缺，资金不足，技术力量薄弱，大体积混凝土的施工机械和施工经验不足，如果采用重力坝坝型，将会有更多的困难，有的甚至是不可克服的困难。即使欧美等工业发达国家，在19世纪末到20世纪30年代，也都是流行连拱坝等轻型坝，后来随着机械化程度的提高，修建重力坝和土石坝才渐渐地占了上风。汪胡老根据我国当时的经济技术水平和当地的具体情况，从工程量、造价、技术人员和施工设备状况各方面综合考虑，坚持选择连拱坝型是符合事物发展规律的，是实事求是的，实践证明也是正确的。①

其实，佛子岭水库选择连拱坝的原因，汪胡桢1988年在《回忆我从事水利事业的一生》中，也简明扼要地讲到了与曹楚生院士相类似的说法。从当时的经济条件、从淠河的水文特征、从技术和环境条件等因素考虑，在进行充分认证和综合分析后，定下连拱坝这一坝型，确实是高瞻远瞩。汪胡桢在文章中记述到：

> 其一，大别山区交通不便，如建混凝土重力坝，则需要大量水泥，不仅华东地区的水泥厂无法供应，而且运输也十分困难。采用连拱坝，水泥用量仅及重力坝的2/10，水泥供应及运输都不成问题。其二，洪水量主要是依据潢川水文站的一次暴雨记录，用单位过程线计算而得的，增大库容仍难免有没坝的危险。在这一点上，连拱坝比土坝安全。其三，连拱坝可较平板坝，少用水泥与钢筋。其四，水力发电机组可设在坝垛之内，如采用其他3种坝型，都需另建厂房。②

对佛子岭水库的设计方案进行评估时，从经济和技术两个方面都进行了分析比较，并提出了一个推荐方案。但是，为了最终确定具体方案，还需要

---

① 曹楚生：《难忘的佛子岭》，载嘉兴市政协文史资料委员会编《一代水工汪胡桢》，当代中国出版社，1997。

② 汪胡桢：《回忆我从事水利事业的一生》，载嘉兴市政协文史资料委员会编《一代水工汪胡桢》，当代中国出版社，1997。

专家进一步的技术认证以及上级领导的正式批准。

毕竟，推荐的方案是混凝土连拱坝。在当时，全世界所建连拱坝不多，相关经验并不成熟，我国境内尚无先例，许多技术人员不说见过，连听过的也为数不多。因此，这一方案既无经验可寻，也无现成技术可供参考，一切都必须从零开始。

能不能建，怎么样建，技术是否可靠，施工上有无能力，力学分析是否到位等等一系列问题，要请国内有关方面的顶级专家来帮助研讨，对技术方案的可行性进一步验证。

这样一来，召开专家会议，势在必行。

第十一章
专家会议　推荐拱坝

Chapter 11　Meeting of Experts and Recommendation of Multi-Arch Dams

佛子岭水库的勘测工作已告一段落。汪胡桢马上整理出了《佛子岭水库计划书》，并在其中极力推崇连拱坝的设计方案。汪胡桢为什么要主推连拱坝型水库呢？

前文已提到，当时我国经济技术落后，建筑材料奇缺，资金严重不足，技术力量薄弱，大体积混凝土的施工机械和施工经验不足，如果采用重力坝坝型，将会面临更多更大的困难，甚至有不可克服的困难。汪胡桢从佛子岭水库的具体情况出发，从工程量、造价、技术人员、机械设备等多方面综合考虑，坚持选择连拱坝型是符合事物发展规律的，是实事求是的，实践证明也是正确的。

汪胡桢自己也列举五例，指出建设连拱坝型水库的独特优势：一是解决山区的交通问题，二是解决水泥的用量问题，三是解决水库的扩容问题，四是解决建材的节约问题，五是解决发电机的厂房问题。选择连拱坝型，这些问题统统可以迎刃而解。

只是，汪胡桢唯独没有讲水库建设的技术难度和建造工艺问题，他把这个最难啃的问题，留给了自己。

因为他坚信自己的能力，也对参与水库建设的干部、工人和技术人员充满信任。只要群策群力，集思广益，凝聚大家的智慧和力量，任何困难都将迎刃而解，问题也将得到妥善解决。

汪胡桢提出的这一材料最少、经济最优、功能最全、结构最为合理的连拱坝方案也得到了治淮委员会主任曾山同志的支持。

连拱坝方案，在技术上到底可不可行、质量上可不可靠，汪胡桢自己心里是有数的。该方案在理论上、技术上、数据上都经过反复严格的计算和验证，证明是合理可靠的。但是毕竟所有建设者，包括汪胡桢自己在内，都缺乏实际建设的经验，而且绝大多技术干部甚至还是第一次听说连拱坝，谁又敢表态说它好呢？

在陈登科的小说《移山记》里，似以汪胡桢为原型塑造的主人公所遇到的困难远不止这些，更多的还有人际间相互牵制的问题。若不是他的学术超群、理论过硬、技术出色、能力超强，并严控施工质量，否则结果也很难想象。

在佛子岭连拱坝型方案的论证过程中，汪胡桢曾提到并参考过巴特雷脱（Bartlett）连拱坝。据南信大陈昌春教授帮助查找并提供的资料显示，巴特雷脱连拱坝，也译为巴特利特，位于凤凰城东北部的维德河上，是美国垦务局建造的第一座连拱坝。

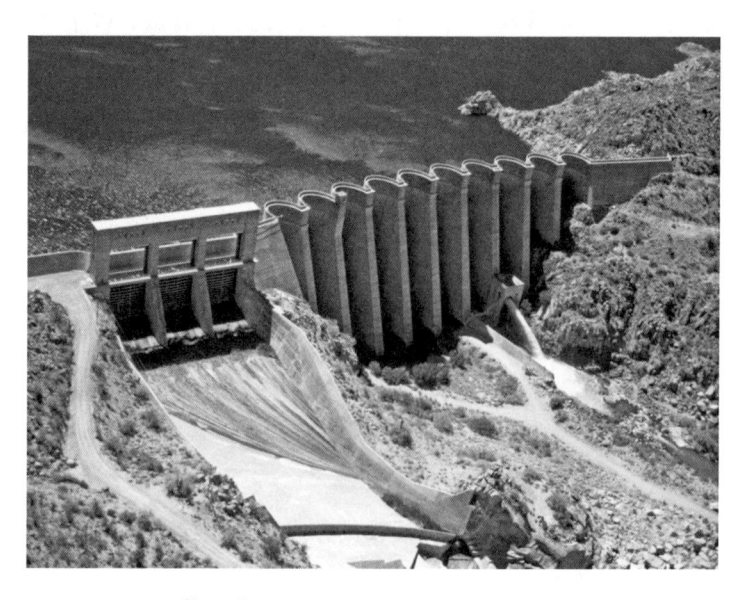

巴特雷脱（Bartlett）连拱坝（陈昌春提供）

巴特雷脱连拱坝建于1935年，于1939年5月竣工，坝高87.33米，坝长243.84米，有10个拱、9个垛，是世界上最高的连拱坝。

汪胡桢也说过："那时，世界上连拱坝还出世不久，仅美国及非洲法属阿尔及利亚殖民地各有一个成例"。其实，在《沸腾的佛子岭——佛子岭水库建设的回忆》中，汪胡桢还提到过哥伦比亚河连拱坝。

2009年，美国《工程史与遗产》杂志上一篇题为《结构艺术，约翰·S. 伊斯特伍德与连拱坝》的文章，称约翰·S. 伊斯特伍德（John S. Eastwood）先生为美国连拱坝的开创者，自1912—1924年间在美洲建有多处连拱坝。其中，伊斯特伍德所建的伊特勒洛克（Littlerock）连拱坝与佛子岭连拱坝很相似。

伊特勒洛克连拱坝位于加利福尼亚州南部安吉利斯国家森林，建成于1924年，拱高53米，坝长210米，28个拱，约用混凝土1.91万立方米，拱弧度中心角为100度。

伊特勒洛克（Littlerock）连拱坝（陈昌春提供）

另外，汪胡桢提到过的哥伦比亚河连拱坝则位于加拿大不列颠哥伦比亚省，也是由伊斯特伍德所建，名为阿尼奥克斯坝（Anyox）连拱坝，曾被称为世界上最美的大坝，有"蕾丝幕墙大坝"之称。1923建成，1935年与铜矿和冶炼厂一起废弃，坝高44米，坝长207米，拱圈21个。

阿尼奥克斯（Anyox）连拱坝（陈昌春提供）

阿尔及利亚的贝尼巴德尔（Beni-Bahdel）连拱坝，很可能是汪胡桢所指的阿尔及利亚案例，与佛子岭连拱坝也较为相似。1934年开建，1944年蓄水，坝高57米，坝长220米，拱圈21个，内径17.2米，厚度0.7～1.3米。

贝尼巴德尔（Beni-Bahdel）连拱坝（陈昌春提供）

在回忆录中，汪胡桢接着写道：

> 淮委及华东水利部的技术人员对连拱坝都不敢发表意见，仅何家濂同志曾去美国见过这种坝型，对我的计划表示非常赞成。淮委秘书长吴

觉同志对我说:"佛子岭水库采取连拱坝型,各级领导同志都无法表态,应由淮委在佛子岭召集一次专家会议,听听国内专家们的意见,让各级领导同志,心中有数,好下决心,最后可请中央水利部批准你的规划。"我当时就和吴觉秘书长拟定参加专家会议的专家名单,由他发电邀请,在名单中包括茅以升、钱令希、黄文熙、黄万里、张光斗、须恺、谷德振。

专家会议于一九五一年十一月十二日,在佛子岭工地的一所草屋里召开了,因为有图纸与模型及工程量估算表、优缺点比较表等为助,专家们都很容易明瞭(了)连拱坝在好、快、省方面占有突出的优势。在三天的讨论后,大家几乎一致主张采用连拱坝的坝型。仅有二位同志提出了意见:如遇横向地震,坝体稳定必须完全保证。因地震计算需要时间,故当时钱令希与黄文熙两位专家都表示回去后对坝垛的侧向地震作详细力学分析。后来这两位同志都把分析研究结果写成论文送给我。根据分析结果,他们都肯定计划中的坝体在九级地震时稳定方面没有问题。那时苏联葛里兴教授著的《水工建筑物》初版刚寄到我国,张光斗同志从北京南来佛子岭时,便在列车上择要阅读过。因他看到葛里兴书中对重力坝廊道上游坝面间的距离与水头的比率有明确的规定,认为连拱坝设计中的面板必须加厚,否则难免渗漏。但我查看美国及法属阿尔及利亚两个连拱坝的资料后,发觉这个比率都较小,完成后不渗水,故知葛里兴的规定偏于安全。后来佛子岭水库建成蓄水后,面板中果然没有发生渗漏现象,证明设计的混凝土面板厚度是能足够防止渗漏的。

在专家会议上,黄万里教授对几种坝型做了一个形象化的比喻。他走到会议桌旁立定,把两臂交叉于前胸,蹲在地上作坐马步势,说:"土坝、堆石坝及混凝土重力坝都是这样的形象,把全身重量团聚起来,靠坝底发生的摩擦力,使水库的水压力不能推动它们,在原则上利用的仅仅是坝体材料的重量,而不是材料的强度,仅重力坝靠致密的混凝土来阻止渗漏,土坝靠致密的心墙或斜墙来阻止渗漏,堆石坝靠致密的上游面板来阻止渗漏,防渗方法是各不相同的,但原则没有区别。"

他又改变姿势,两臂前伸,两手张开,右腿后伸,左腿前屈,说:"连拱坝与平板坝就是这样的形象,它们都有坚强的支垛和我的右腿一样撑在坝基上。"他又挥动手掌表示连拱坝与平板坝的坝面板，说："靠它托住水压力，它们主要利用的是钢筋混凝土的强度，又能利用水库高水位时，压在倾斜形坝面上的水体重量帮助坝的稳定。"他又说连拱坝用连拱作坝面，比平板坝的平板更能尽量发挥抵抗水压力的作用，比平板坝可减少垛的数目。因此，建连拱坝比平板坝更为经济。

他最后提出结论性的意见，认为佛子岭水库应建连拱坝为拦河坝。他的生动发言，博得专家及列席旁听者的鼓掌。

专家会议时，技术室及工务处的青年技术人员都来列席旁听。曹楚生同志已对侧向地震的影响做过初步分析，故在讨论地震问题时发了言。钱正英同志也出席，她详细地谛听了各人的发言，记录在笔记本上。

会后，我们推举钱正英同志到蚌埠向淮委，到上海向华东水利部汇报会议的情况，也向曾山同志作汇报，并请他对佛子岭的坝型作最后的决定。[①]

除了专家会议认证外，佛子岭水库指挥部对选定方案的比选还做了充分的评价和认证。

由于佛子岭水库位于大别山区，其建设过程交通运输非常困难，运输单价很高，坝址附近又缺少土料，如果建筑堆石坝或者土坝，所需的土壤也必须从10公里以外取土运输。山区工地狭窄，周转和交通运输难度太大。

另一方面，1951年的治淮高潮已经掀起，淮河治理的目的就是要加快兴建防洪工程，提高淮河防御洪水标准，要求淮河支流淠河上的佛子岭水库能够早日建成，早日发挥拦洪、蓄洪、削减洪峰的作用，减轻淮河两岸洪水威胁。

佛子岭水库的坝型，根据查勘后拟选的不同坝址位置和地质情况，共进行了五种坝型的水库设计。指挥部对不同坝型的设计方案同时进行了25项一般性评价指标的比对。这25项评价内容分别有工程量及运输条件、水泥钢筋等主要工程耗材、设计技术要求、施工难度、基础应力与基础要求、养护费

[①] 汪胡桢：《沸腾的佛子岭——佛子岭水库建设的回忆》，载水电部治淮委员会《治淮回忆录》，《治淮》杂志编辑部，1985。

用、木材需求、技术力量配备、清基工程量、耐久性考虑、导流问题、坝顶溢水、施工工期、渗水问题、地震设计、出水高度、施工场地、温度控制、坝体散热、坝身管道、工人数量、导流标准、溢洪道泄洪、分期施工和季节性施工影响等，分别评价同等条件下的不同影响和优劣比较。同时充分考虑到时间紧、任务重等诸多因素。

经过对各坝型进行经济比较后，得出结果：如果连拱坝的指数为1.0，那么平板坝为1.25，重力坝为1.29，堆石坝为1.58，土坝为1.27。

比较结果即佛子岭水库采用连拱坝的坝型设计最为合理：一是连拱坝经济上比较节约；二是施工工期较短，可以争取提早完成；三是坝址地质和两岸地形适宜建混凝土坝；四是可以节省大量的水泥。

虽然在佛子岭召开的国内专家会议上，有专家提出横向地震对垛坝的稳定和共振影响等问题，但是后来的事实证明，这些问题在设计和施工中，是可以加以改进和克服的。

专家会之后，钱令希和黄文熙两位专家专门进行了侧向地震的影响研究，并写出论文交给汪胡桢。根据分析结果，设计中的坝体在九级地震时，在稳定方面没有问题。

钱令希，江苏无锡人，工程力学家，中国计算力学工程结构优化设计的开拓者。长期从事力学的教学与科学研究工作，在结构力学、板壳理论、极限分析、变分原理、结构优化设计等方面有深入研究和重要成果。1955年当选中国科学院技术科学学部委员（院士），1998年被选聘为中国科学院资深院士。

黄文熙，江苏吴江人，中国土力学与岩土工程学科的主要奠基人之一。在水利水电工程、结构工程和岩土工程几个领域中都取得了杰出的成就。1955年选聘为中国科学院技术科学学部委员（院士）。

汪胡桢先生在回忆佛子岭水库建设过程时，认为其工程设计和施工质量是卓越的。他说：

> 建国前，我国已经建成的水库及拦河坝只有两处，一为国民党资源委员会在四川长寿建的水电站，一为东北小丰满水电站。前者，在建设中造就了许多水电专家，很著功绩。后者，是东北沦陷时，日本侵略者

强迫人民所建的，工程十分草率，这时燃料工业部正派许多专家前往重修。此外，正在设计中的除佛子岭水库外，还有永定河上的官厅水库。官厅水库，中国专家原已设计了混凝土拱坝。苏联专家以拱坝设计与施工艰难，苏联还未敢建筑拱坝为由，故主张改为土坝。佛子岭拟建的连拱坝，苏联专家也不以为然。钱正英同志向曾山同志作专家会议结果的汇报时，也述及苏联专家的意见。曾山同志非常仔细地听了钱正英同志的汇报，最后果断地说："既然中国专家对提出的连拱坝方案认为有道理、有把握，就应当相信中国专家，决定采用。"当曾山同志的决定由无线电传到佛子岭时，在工地的技术人员欣喜若狂。[1]

在邓六金著《我与曾山》一书中，同样有相同内容的记录：

> 曾山详细听了各种意见之后，果断地说："既然中国专家提出的方案有道理、有把握，又节约、又快，就应当相信中国的专家。"曾山拍板支持。我国第一座混凝土连拱坝水库在佛子岭建成了。多年的运行证明，设计和施工的质量是好的，发挥了很好的经济效益。几十年来，这个坝经过了多次洪水及洪水溢坝的考验，均安然无恙。华东财经委员会秘书长李人俊同志前几年曾经去看过，回来后对我说，佛子岭水坝到现在还像花岗岩一样坚硬。[2]

汪胡桢先生虽然轻描淡写地提及苏联专家对佛子岭拟建连拱坝的不以为然，但实际并非如此。在2020年中央电视台CCTV 4播出的纪录片《一定要把淮河修好 蓄水筑坝》中，指出苏联专家是明确反对佛子岭水库采用连拱坝方案的。

在那个年代，苏联专家在大型水利工程建设中占据主导地位，这足以说明汪胡桢当年背负了巨大的压力。若不是他水工设计技术功底深厚，恐怕难以承受这样的压力，更何况苏联专家的意见往往对领导层的决策产生重大

---

[1] 汪胡桢：《沸腾的佛子岭——佛子岭水库建设的回忆》，载水电部治淮委员会《治淮回忆录》，《治淮》杂志编辑部，1985。

[2] 邓六金：《我与曾山》，新华出版社，1999。

影响。

资料显示，在佛子岭连拱坝建设期间，苏联专家布可夫除1952年5月6日陪同中央水利部傅作义部长和1953年9月11日与水利部规划司王雅波司长一起，有两次到佛子岭的记录外，很少出现在佛子岭工地，反倒是汪胡桢在1953年2月5日写信给布可夫，征求混凝土模壳的改进意见。对布可夫建议的在泄洪管口加一扩散槽，汪胡桢非常重视，马上在南京水利实验室做了模型试验，模型消能作用很大，汪胡桢立即对泄洪管口设计图纸进行了修改。可见他对苏联专家的意见是十分尊重的。汪胡桢的水工技术能力，也让苏联专家心生敬意。

在治淮委员会工程部《1951年度治淮工程工作报告》中，提到佛子岭水库的建设前准备情况，以及坝型比选和最大坝高等问题：

为重点启动1952年治淮工程规划起见，在中游水库方面，从1950年冬即开始淠河佛子岭水库初勘复勘，1951年3月组织设计工作队，继续进行测量地形、测验水文、地质调查、钻探、试验、研究设计等工作，至9月间查勘设计等工作初步完成。

坝址选定佛子岭打鱼冲之峡谷中，地层为花岗岩与变质岩，其坚固可资利用，坝型决定选做连拱坝。

从1951年4月开始，由工程部指定一部分技术人员，根据已有的资料，加以规划设计。开始时规划佛子岭的最大坝高为52米，坝式采用土坝。经过反复研究，设计五种坝式，互相比较，又经数次修改，后来坝高改为65米，并采用钢筋混凝土连拱坝。其后，在具体坝身设计中，最高坝高修订为74.4米。[①]

混凝土连拱坝的建造，是我国水工建筑领域的一次勇敢尝试，当时在国际上产生了深远的影响。

佛子岭水库坝址选定在哪里，要建什么样的坝型，建多大规模，这些根本性的技术问题，一个一个被攻克，一件一件有了着落。

接下来，就是考虑连拱坝怎么建的具体问题了。

---

① 治淮委员会工程部：《1951年度治淮工程工作报告》，载治淮委员会编《治淮汇刊 第一辑》，治淮委员会，1951。

第十二章
工场布置　都市崛起

Chapter 12　Arranging the Workshop, Promoting City Formation

佛子岭水库的建设方案，汪胡桢在心中已经构思过多次，从水库建设的前期安排，坝址钻探，坝基灌浆，临时道路铺设，进场布设，工厂位置选择，过河桥梁建设，到人员何时进场，临时建筑如何安置，家属区怎样生活，水、电、路等后勤措施如何保障安排，他都考虑得面面俱到。对于这些方面，汪胡桢先生也将自己的感受和体会记录下来：

当水库开展勘测与规划时期，到佛子岭的工作人员人数不多。他们就借住在打鱼冲、汪家冲、孟家湾等地的农民家里，并借用农民的厨灶做饭。等到拦河坝型决定为钢筋混凝土连拱坝后，我们估计将有大批人员及器材来到佛子岭，很有事前规划工地平面布置的必要。

取来了上起梅家滩下到梁家滩，淠河两岸长七公里的地图，及打鱼冲与汪家冲的蓝晒图，我和张云峰、吴溢、李泰安及几位技术员在会议室里做长时间的研究工作，对各种施工设施的位置都用白粉笔在蓝底白线的地形图上标出，如认为位置不当，则擦掉重绘，最后由绘图员绘成工场布置图，为今后布置工场的依据。

在工场布置中，最先确定的为器材仓库及拌和场的位置。因为器材大都是从公路用汽车运来的，故仓库门前应临靠一条能通汽车的道路，必要时应能使汽车驶进仓库大门。仓库占地面积视储备的器材数量而定，但也不能宽打窄用，浪费土地面积。我们在汪家冲与打鱼冲间的主要基地上，布置了水泥、钢筋、机械、木材、油料等仓库及拌和场位置，后又在仓库范围内布置了水泥、钢筋加工场所和木工厂、锯木厂，并在各仓库间见缝插针地布置了施工单位及职工宿舍，然后把各条道路连成道路网，分划成许多街区。临靠渭河东岸的大路划为商业区，在此布设

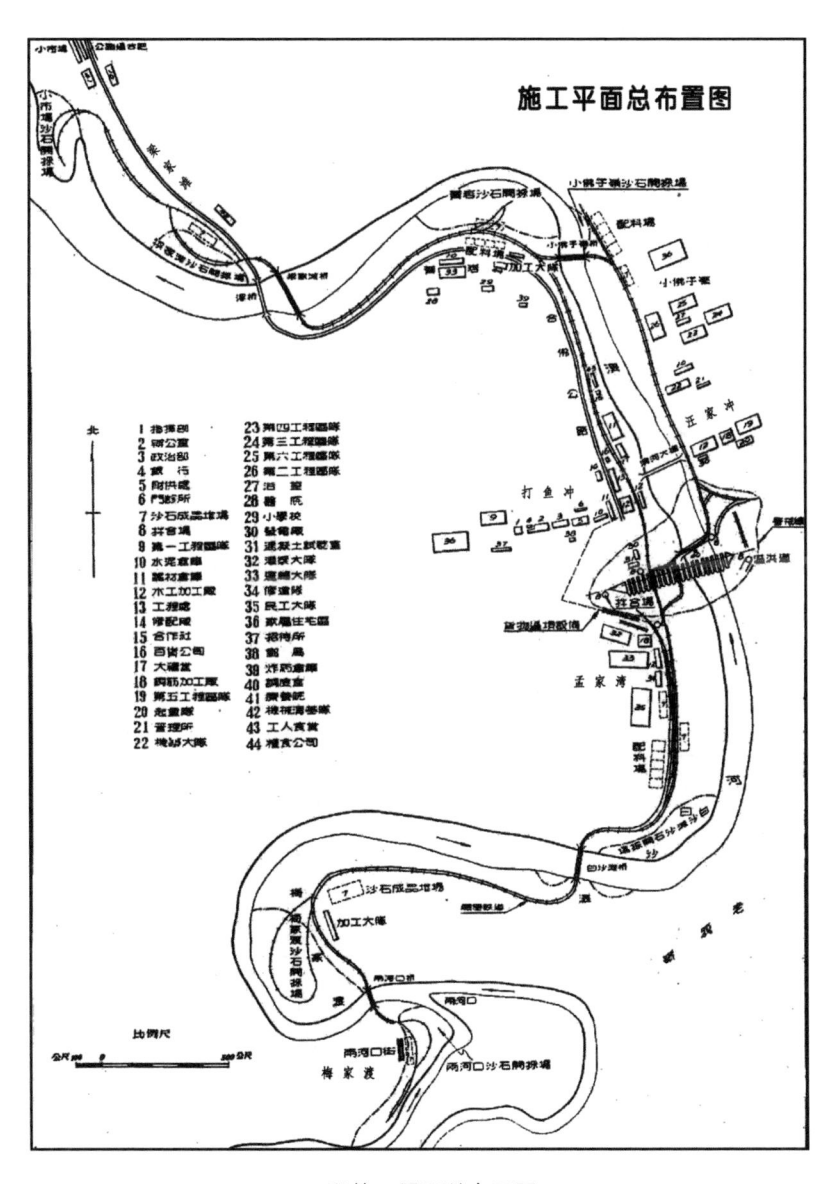

工程施工平面总布置图

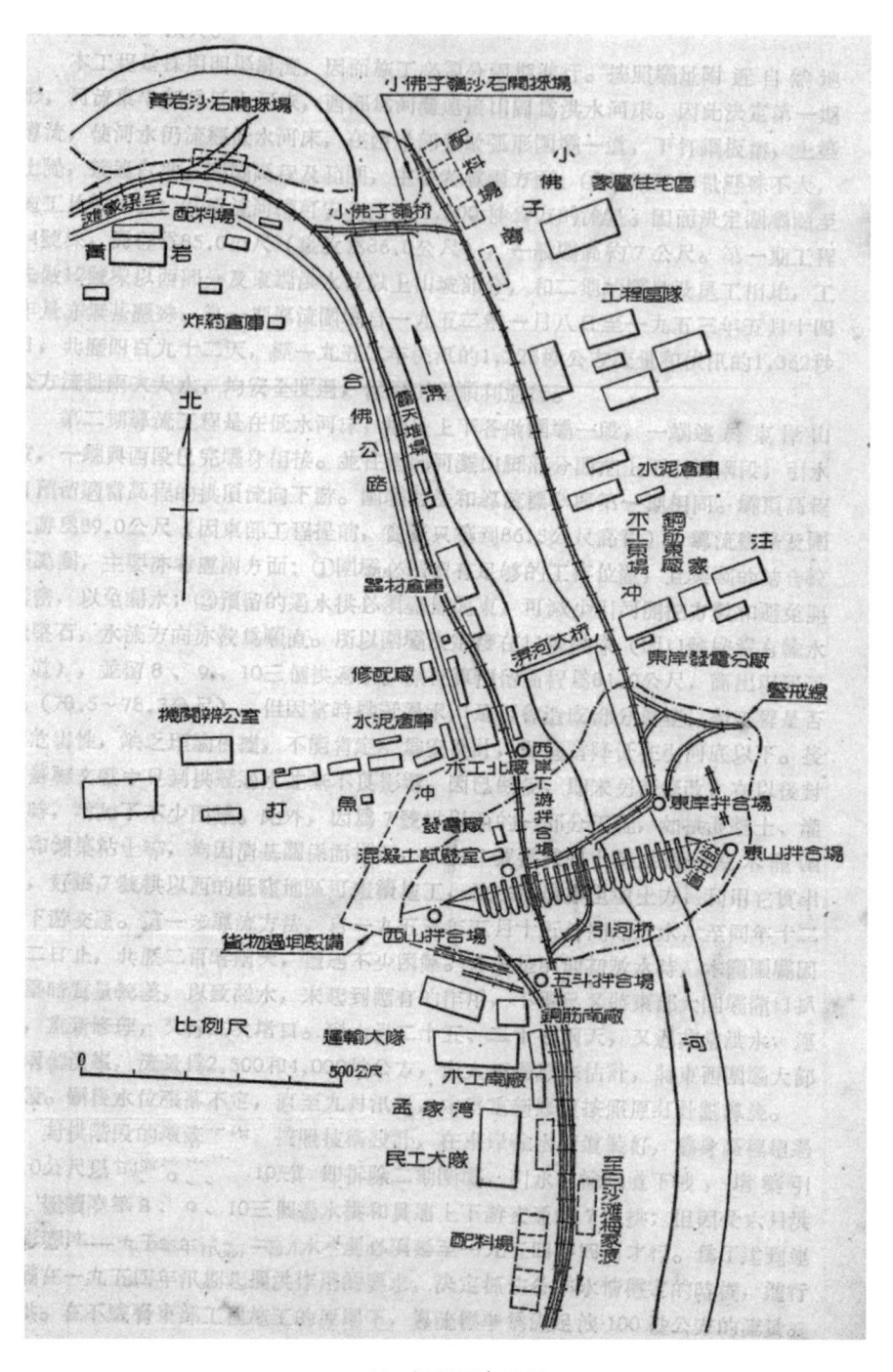

工程工场平面布置图

银行、邮局、新华书店及饮食店等。划打鱼冲为机关区，于此设指挥部及各职能单位，招待所与医院也设在那里。汪家冲水源地是个风景区，留做家属宿舍、小学及门诊所区域。设柴油发电机厂及水泵站于渭河旁，于此分布出水管与电线到各街区。

因为预计这个工程需时不过三四年，而且大别山中盛产毛竹与松杉，故决定利用这些材料建成草屋，供临时居住用。当时所建草屋都用毛竹为屋架，上铺稻草，用涂泥的竹笆为墙，内嵌木门与玻璃窗，以三和土为地坪。作为办公室及宿舍的房屋，每间宽3.3米，深6.6米，使用面积约20平（方）米，可供干部四人居住，家具也用竹木制成的，每一干部有一竹床、竹制面盆架、衣箱架及一竹椅。每间办公室都设有四个两抽桌。作厂房用的草屋，尺寸随需要而定，并在屋顶加气楼，以利通风。

工程人员在工程指挥部草屋门前空地开会（黄国华提供）

等到征收工区土地工作完成后，我们就把渭河东岸的汪家冲与和它成为犄角的打鱼冲，用渭河大桥连成一片，成为主要施工基地。渭河大桥是用浆砌块石建成桥墩，以木桁架作为桥梁，在横铺的枕木上加砂面路基。这个大桥是由吴溢和技术人员设计与指挥施工的。

两河口木便桥

梁家滩浮桥

黄岩木便桥（小佛子岭桥）

打鱼冲人行桥

梅家渡木便桥（白沙渡桥）

不到一个月，公路建成通车。当时最大的美军用十轮载重汽车从公路驶过。施工时，赶上渭河水落，故能在砂卵石滩上设木工场与铁匠铺。农民们，沿河捡取大漂石，码放在桥旁滩地上。因为按量给值，故那时

运送物资的车队

农村中的壮丁及妇女老幼都出动为大桥采集石块，很快就把所需石料备齐，他们先在浅水中抛填漂石，出水后即在其上建浆砌石桥墩与桥塊，每建成一个桥墩或桥塊，就按方量给值，故农民都高高兴兴地把桥塊与桥墩建成了。建桥所需松杉木料，都是在上游林场中现购现伐的。先由采购员在林场里选定合格的树木，当场按习惯的计价法确定价值付现，由农民把木伐倒，送到水边，由筏工繋成木排，顺流放下，直达桥旁。木工是由六安雇来的，都自带工具，就地制作，也按劳给值。造桥所需铁件，都由霍山铁匠铺的铁匠来工地锻制，也计件发给工资。当时工地有两台美制Northwest牌轮胎起重机，我们就用来把安装好的桁架吊到桥上。原来，我们规定每天工作一班为八小时。但因所有构件都是按劳计酬的，故木工及铁匠都自动增加人数在工场工作，并自动增加夜班。工人都自带材料在河滩上盖窝棚，办宿食。

渭河两岸有大桥接通后，由李泰安同志派出工地上的五台美制推土机，把工地推成向渭河泻水的平地；由测量队协助，根据原定计划图，划出道路；又在道路两旁划出街区，其上建筑草屋。

工程人员用美制推土机平整场地

为了建草屋，李泰安同志先派人到渭河上游各农村，召集农民说明工地所需毛竹及松杉木的规格与数量，以及送到工地的价格，又到霍山六安乡间，同样说明工地需要稻草的数量，送到工地按斤给价。因为解放前的岁月里安徽省一带时有战争，土匪又蜂起，故大别山区的农产品多年没有外销，人民手中没有钞票。一见治淮需要物资，淠河上游的农民纷纷把毛竹与松杉木料按规格结筏子，成群地送到佛子岭工地，霍山与六安的农村，也把新割的稻草，新编的芦席，用牛马大车拉到工地。一时间，淠河两岸沙滩上，毛竹、松、杉及稻草芦席堆积如山。李泰安同志又与六安的工会订立协议，由工会派出竹木工匠到佛子岭日夜不停地包建草屋，一经验收，即付清工资。因此，不到一个月，一座由草屋组成的新都市在佛子岭建成了。有了这许多草屋，水库建设大军，包括干部、工人、大学毕业生及少数职工家属，一到工地都有了住所。同时，在这都市里有国家设立了银行、新华书店、邮局，乡镇个体商民也来租房，开设饮食店及杂货铺。因为工地有柴油发电机，夜间街上有电灯照明，故还有夜市，至到深夜才散。但是后来，霍山县派来的公安局认为工地群众来自四面八方，情况复杂，怕出事故，故决定把全部个体营业的商店迁往梁家滩另组商场。

由于新都市地面略向淠河倾斜，故排水没有困难，但开始时没有准备给水设备，用水者只得到淠河里用水桶挑水，深感不便。李泰安同志马上兴建电动水泵站及给水管道，使各街区都能用到河水。地质人员又在淠河东山发现一股裂隙水，流量虽不大，但很清冽，故即于山坡筑了个储水池，把水储蓄起来，用水管引到各街区补充给水。①

1953年5月18日，《安徽日报》转引新华社一篇《佛子岭水库工地市场繁荣》的文章，文章列举了佛子岭水库梁家滩生活区的热闹场景：

> 佛子岭水库工地去年新开辟了一个临时市场，在这个工地市场上，有百货商店、粮食公司、邮电局、合作社、工人食堂和私营店铺。从去年底到目前止，百货业已从9家增加到24家，杂货业从32家增加到54家，缝纫业从11家增加到30家，理发业也从3家增加到9家。

---

① 汪胡桢：《沸腾的佛子岭——佛子岭水库建设的回忆》，载水电部治淮委员会《治淮回忆录》，《治淮》杂志编辑部，1985。

山坡筑上的储水池

修水库的工人们从这个市场上可以买到各种鱼、肉、油及各种生活用品。市场上每天销售的各种新鲜蔬菜达1万多斤，蛋类2千斤以上。各个百货商店四月份共售出各种布疋①6百多疋。

从全国各地赶来参加修建水库的工人和技术人员，本来以为到偏僻的大别山区，生活一定很不方便，可是当他们到了工地之后，完全出于意料之外。国营商业和合作社经常从各地调运大批物资，满足他们的需要。工人们可以买到各地出产的美丽布疋，可以吃到金华火腿和南京板鸭。水果丰盛的季节连山东烟台的苹果，浙江、福建等地的大蜜橘都可以吃到。

现在夏天就要到了，工人们正在添置夏衣，百货店已从上海等地运来了大量的布疋、毛巾、草帽等夏令用品。营造出如此火热的生活市场，离不开汪胡桢精心布局的生活场区和配套布置。如果没有一个好的场区布置，很难发育出繁荣的市场。②

水库建设刚刚开始之时，职工家属都杂居于各街区。后来，指挥部决定

---

① 疋，同匹，音 pǐ。
② 《佛子岭水库工地市场繁荣》，《安徽日报》1953年5月18日。

在汪家冲后面的小佛子岭风景区（现仍是佛子岭水库的家属区）专门建设一个职工家属住宅区，把各职工的家属们全部迁到家属区内。住宅区树木茂盛，有小溪流过，竹篱茅舍，风景天成，很受家属的欢迎。同时，托儿所及小学校也由梁家滩街区迁移到这里。

现在的小佛子岭家属区

指挥部决定，在打鱼冲（现佛子岭水库的办公区）的一个山坳里盖草屋，建立工地医院。为此，由蚌埠淮委医院调来医师与护士。医院设手术室，房屋内部墙上都钉有竹席，地上铺了芦席，故显得特别整洁光亮。据汪胡桢回忆，捷克参观团对工地医院赞不绝口，回国后还特地寄来一套外科手术医疗器械作为礼物。

后来，因为医院位于山坳里，无法发展扩建，才在黄岩的公路边重新盖房建了新的医院。

第十三章
礼堂轶闻　文化保护

Chapter 13　Anecdotes of the Auditorium, Cultural Preservation

佛子岭工程开工后，许多文艺团体前来访问，并举行了慰问演出。

佛子岭是全国性的重大水利工程，在毛主席题词"一定要把淮河修好"的号召下，全国上下对治淮建设的关注与热情空前高涨。因此，工地接待了众多文化访问团。起初，在库区工场的布局规划中没有考虑到这一情况，因此并未专门设计搭建剧场。慰问团一来演出，只好在沙滩上临时搭建舞台，观众们也都自带竹椅坐在台前，像看露天电影一样。如遇大雨，只能延期。放映电影也是如此，冬天呼啸的西北风一刮，只好停止。

为此，汪胡桢非常重视，在指挥部召集过一次专题联合办公会议，决定在佛子岭建造一座能容纳一千人的大礼堂。为了节约经费，大礼堂的结构以毛竹为架，屋顶铺油毛毡，地面铺三合土，墙壁用芦席，并用工地的短木料做成排椅。在办公会议作出决策后，汪胡桢把建筑设计的任务交给了技术室。

由于这个礼堂的平面尺寸为 70 英尺×150 英尺（1 英尺约 0.305 米），高达 52 英尺。因此，构建这样一个大跨度的毛竹结构对技术室的同志与竹工师傅来说都是一个难题。

技术室有同志说，我们在学校里只学过钢木和钢筋混凝土结构，却从未学过竹结构，不知从何下手。竹工师傅说，我们只搞过小型的竹接房屋，只需用水浸篾后捆绑扎结，对这样规模的建筑没有经验。汪胡桢却对他们说，没有学过就开始学，没有经验就闯闯试试，有科学原理作后盾，他坚信大礼堂是一定可以搞出来。这个故事也同样揭示了汪胡桢敢于挑战建筑混凝土连拱坝这一工艺特别复杂的水工建筑物的原因了。

经过汪胡桢的动员和鼓动，技术室的同志很快完成了力学分析，并画出了以竹架与竹竿相结合的竹屋架设计图纸。他们确信，这种结构不仅可以代替习惯上使用的竹篾，甚至可以建造任何高度的竹屋架。

在《佛子岭水库工程技术总结》第九分册工程图样中，包含大礼堂的图纸样稿。大礼堂，在图纸上标为大会堂。

大礼堂作为水库工程建设的一个临时性建筑物，受到汪胡桢指挥的如此重视，是十分罕见的。它不仅有专门的设计图纸，且图纸也是由主要负责人汪胡桢指挥亲自签批。即便是现在，大型水利工程建设中的生活性临时建筑也鲜少出现如此受重视的情况。

为何汪胡桢先生对此事特别关注呢？表面上这是为了丰富工地人员的文化生活，保障群众生活娱乐需求。然而，实际上，这体现了汪胡桢先生作为一位具有博爱精神的知识分子，对职工和群众福祉的深切关怀与细致入微的体贴。同时，这也展现了他在工程施工中营造和谐环境的努力。

曹楚生在《难忘的佛子岭》中，谈到了汪胡桢想建大礼堂的想法：

> 我和部分同学被分配到技术室工作，这里距离汪胡老住的地方比较近，他几乎每天都到我们办公室来，一边指导工作，一边商谈问题。有一次，汪胡老拿着一张自己绘制的草图对我们说，他想建造一座用毛竹作骨架，双层拱桁，可以容纳千人的大礼堂，征求我们的意见。这是我们从来没有接触过的一项设计，感到没有把握。汪胡老说，抗战时期，日本人曾要他出来工作，他断然回绝。但那时候，他曾看到过日本人用毛竹造了一些跨度很大的车库和飞机库，说明这种大型的毛竹架是牢固的。我提出，拱型竹桁架的毛竹接头恐怕不好办。他说，他已经和竹工师傅研究过了，要我们去找竹工师傅商量。我找了几位同学，按超静定结构分析方法，计算了毛竹应力，结果均能满足设计要求。不久，大礼堂建成了。工地的大型会议和文艺演出都在这座用毛竹作骨架的大礼堂进行。从现在的技术条件看，用毛竹作骨架建造那样一座大跨度的礼堂

也非易事，而早在50年代初期，汪胡老就提出这种大型竹屋架的设计，确实很了不起。①

在佛子岭水库工程的设计文件中，记载着大礼堂的设计技术参数：

大礼堂（图纸中称为"大会堂"），全长45.8米，宽21.35米，净空（柱间距）15.25米，最高13.4米，两侧立柱用圆杉木，屋架全部用毛竹结构，墙壁为竹笆泥墙。设计容纳观众标准为1000人，总面积688平方米，其中舞台面积150平方米。

设计座位共33排，每排28人，共可容纳980人。贮藏室，亦可以充当舞台，并设有化妆室、布幕。同时考虑到了自然地面坡度等。虽然作为临时性建筑，但其设计基本是按照标准礼堂进行考虑的。

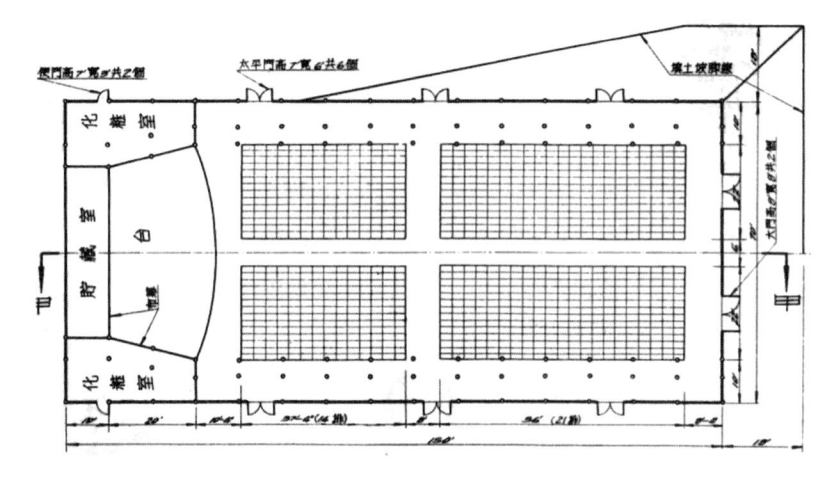

大礼堂平面图

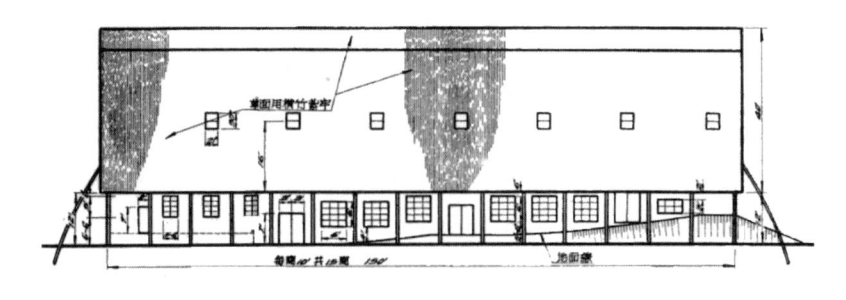

大礼堂立面图

---

① 曹楚生：《难忘的佛子岭》，载嘉兴市政协文史资料委员会编《一代水工汪胡桢》，当代中国出版社，1997。

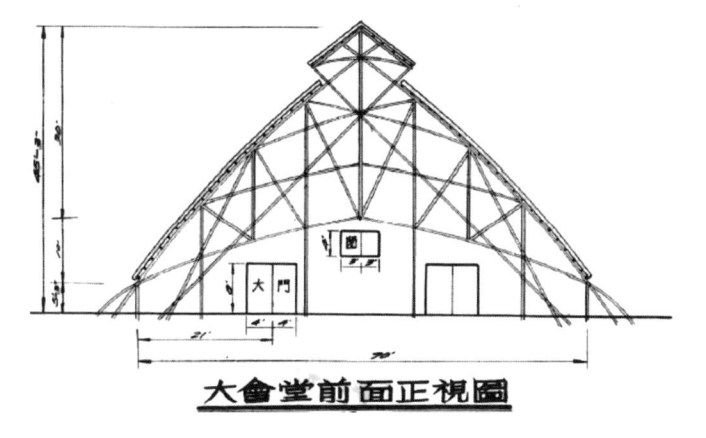

大礼堂前面正视图

大礼堂临时性建筑的图纸，由汪胡桢指挥正式签批并实施。

大礼堂结构布置图相关责任人签名

搭建中的大礼堂

大礼堂设计还充分考虑了临时建筑的防风防雨要求，采用自然通风系统，并精确计算了屋顶坡度，还对结构进行了专业的力学分析计算。

对于施工要求，提出立柱坑要夯实垫石，撑腿要做两道，以及扎弯弓、扎纵梁、扎斜撑、扎八字梁、扎桁梁、扎檐口梁的道数和方法，对竹篾事先要用盐水煮，入土毛竹须涂热沥青，拆除脚手架只拆横挡不锯立柱等等，事无巨细。

在大礼堂建成后的一年多时间里，其使用情况一直非常良好，获得了大家的一致好评。其间，大礼堂还成功经受住了几次大雪的考验，没有发生倾斜、压损等情况。

可是，遗憾的事情还是发生了，对此汪胡桢非常痛心，也成了他在佛子岭水库建设中难以抹去的一段遗憾。汪胡桢说：

> 这所大礼堂在工地上很受群众的欢迎，以后成为群众娱乐的中心。但这所大礼堂很不幸运，只用了一年多时间就给大火烧掉了。因在它的旁边又盖了一所草屋做澡堂用，历时一久烟囱里面积了一层煤烟，煤烟燃着后喷出火星，把柴草做的屋面燃着了，很快延烧到大礼堂及邻近的草屋。那天我正在午睡，李伯康秘书来唤我起床，走到火场，见大火熊熊，正在吞噬我心爱的大礼堂。因大礼堂较高，灭火器无能为力，我乃下命令，叫前来救火的群众，把火场外围的草屋拆掉，使大火不能蔓延。李秘书帮我大喊大叫，传达我的命令，群众马上行动起来，火势才逐渐减杀，但被焚草屋已为数不少。事后，有人向指挥部提出合理化建议：凡盖新草屋，所用稻草应用水玻璃溶液泡过，使它矽[①]化，以免焚烧过快，已盖房屋应用石灰烂泥，在稻草面上铺一薄层。指挥部采纳了这个建议，在工地所剩草屋上普遍刷上烂泥。
>
> 因为连拱坝的紧张施工，我们腾不出人手来建造永久性房屋。直到1953年第二期围堰封闭后，我们才请清华大学吴良镛教授绘制宾馆图样。宾馆设在汪家冲一个小山的前面，是一排向东的两层楼房，上下两层都作为来宾住屋，北（东）端设一大厅，作为餐厅，但如需要也可改

---

① 矽，硅的旧称。

成会议室。这个大厅内部装饰是由美术家严敦勋精心设计的,他把四壁顶部及天花板都镶饰石膏制品,乍看起来很像一座大理石的房屋。①

佛子岭宾馆

佛子岭宾馆的结构是吴良镛在北京设计的,吴良镛先生没有来过佛子岭。佛子岭宾馆的内部装饰由美术家严敦勋设计。宾馆东高西低,东侧是大餐厅和会议室,西侧为客房。走廊的柱子,原来是木质圆柱,1984年因木柱朽损,改为混凝土方柱。

宾馆餐厅彩色石膏装饰

---

① 汪胡桢:《沸腾的佛子岭——佛子岭水库建设的回忆》,载水电部治淮委员会《治淮回忆录》,《治淮》杂志编辑部,1985。

可见，汪胡桢在细节处理上既讲究大方美观，请国内名流设计方案，以彰显建筑物的精神面貌和文化底蕴，又处处精打细算，厉行节俭节约。

宾馆落成后，汪胡桢又请郭沫若先生题写了"佛子岭宾馆"五个大字匾额。

郭沫若题写的"佛子岭宾馆"匾额

郭沫若先生在佛子岭一共留下了15个字，另外还有两处墨宝，一是"佛子岭水库"，二是"佛子岭文艺"。

三处墨宝的原迹在哪儿保存，现不得而知，可能在哪个档案馆，也可能被个人收藏着。但是字迹尚存，亦需要加以保护。

佛子岭宾馆接待门厅

佛子岭宾馆大门

郭沫若题写刊名的《佛子岭文艺》杂志（佛子岭水库管理处提供）

"佛子岭文艺"是郭沫若为《佛子岭文艺》杂志题写的刊名。《佛子岭文艺》的早期刊物如今已经难以寻得，可能当年发行量有限，我们难以追溯其创刊的具体时间。虽然该杂志中间停刊多次，但霍山县文联至今仍在持续出版。

郭沫若题写的"佛子岭水库"又有怎样的故事呢？

在 1994 年编写的《佛子岭水电站志》中，收藏着一张照片资料，题为佛子岭纪念门，背景是一片草丛。

佛子岭纪念门

佛子岭纪念门是佛子岭水库刚建成时的大门。门头上有郭沫若所题写的"佛子岭水库"五个大字。

据《佛子岭水电站志》中所述：

> 为庆贺我国第一座钢筋混凝土连拱坝诞生，治淮委员会决定在通向水库大坝的交通要道黄岩，建一座永久性的纪念标志——佛子岭水库纪念门。这座有15米高的仿古式牌楼，建筑宏伟，由治淮委员会工程设计处仿照北京颐和园昆明湖畔上的牌楼设计兴建，钢筋混凝土结构。中间大门可通大型汽车，大门两旁有姐妹门陪衬，上盖绿色琉璃瓦，灰白色墙柱，飞檐翘角凌空上举，在青山峻岭之下，显得格外庄严肃穆。正门的上方镌刻着郭沫若手书"佛子岭水库"金色大字，落款为1954年秋。牌楼气势磅礴，古色古香，造型别致，独具一格。

2012年，佛子岭纪念门所在的原本属于佛子岭水库的管理用地，因霍山县与水库协商置换，已转为迎驾集团所有。当年，迎驾酒厂方面有人提出要拆除"佛子岭纪念门"，而水库方面也有人提议将纪念门移迁至纪念碑亭处。

在签订协议时，时任佛子岭水库管理处的李君廷副主任提出了一个条件，就是要求迎驾酒厂出资修缮"佛子岭纪念门"，必须是修旧如旧，并确保其得到妥善保护。直至酒厂同意，李副主任才肯签署协议。

由此，"佛子岭纪念门"得以完好保存下来。

2013年，迎驾集团对"佛子岭纪念门"进行了修缮保护。迄今为止，该纪念门的总体保护状况良好，基本上维持了其原有的风貌，与过去杂草丛生的环境相比，已经有了显著的改善。然而，作为佛子岭文化的一个重要组成部分，它似乎在整体协调性方面仍有待提升。

如今的佛子岭纪念门

有人认为，企业经济状况好，其保护措施也会更加到位，我们相信。也有人指出，企业往往趋利，为了发展需要，说不定哪天将这些历史遗迹拆除也未可知。这正为我们所担忧，毕竟目前尚未见到文物保护公告。

对历经70年历史的"佛子岭纪念门"及其他水库老旧建筑，不能仅靠民间来自发保护，政府文物部门也要加以重视，建立健全文物保护前置机制，若符合列入文物保护要求，应该早定文物保护等级，以法律形式进行保障，相关责任人也就有了法定意义上的保护义务。

拿佛子岭水库举例，汪胡桢先生曾提到"在大坝四周的警戒线上，还设有古典式的岗亭"。

但据说，在水库坝址左岸上游不到200米的一处岗亭，因老化失修，又不属于水库管理范围，多年前在不知不觉中不见了，其他亭子也因为近现代这样或那样的原因，没了痕迹。这一关键原因是缺少及时有效的法律保护。

在霍山县迎宾大道与迎佛路交叉口（黑石渡桥）广场上，有一尊汉武帝狩猎雕塑，讲述汉武帝南巡霍山的故事，气势威武。

据查光绪三十一年《霍山县志》卷一《古迹》有关汉武帝的记录，还真有不少。

如，拜郊台，在南门内，旧传汉武帝南巡至此祭告，今废（旧志）。

如，辇街，即南门十字街，旧传汉武帝辇道（旧志）。

如，凌霄树、碧桃花，皆在南岳山顶，传为汉武帝手植。明吴仪部作《南岳记》犹及见之，今无（旧志）。

如，复览山，在城东二十五里，穹窿突兀，如异兽蹲踞。相传汉武南巡回銮，登此复览，南岳故名，上有圣泉三，清馨异常。

如，指封山，旧在县境东三十里，一峰耸秀摩空，横若麟游，侧如凤鬐。旧传汉武登封，见此山特异，指为岳之副，复览南有寨名七星。①

《霍山县志》卷一《古迹》中有关汉武帝南巡霍山的记录

---

① 光绪《霍山县志》卷一《古迹》。

黄岩洞（下洞）

又如黄岩洞，其与佛子岭水库建设也有一点关联。

在黄岩洞（下洞）旁，有"黄岩洞记"石碑，上有当年探查黄岩洞的记录。

"黄岩洞记"碑，立碑时间为 2014 年秋，作者姓名未载。记曰：

> 据《霍山县志》载：光绪三十一年，知县秦达章文称，黄岩洞位距县城西南二十余里，洞嵌临河壁之腹，上下无径可达。明山民避兵于此，由山顶垂绳而下。今门扉栏盾犹有存者，隔河依稀可见之。旧时传，每年桃花春汛之际，淠河下游有一对黄鲣（俗称"杆鱼"）游来朝拜，山民投食喂之，一时蔚为大观。有诗为证，白石门前听虎啸，黄岩洞下观鱼游。
>
> 黄岩洞位于佛子卧佛左下方五百米陡壁弯道处，与中国生态环境最美酒厂迎驾集团隔河相望。1952 年 5 月，参加兴修水库的水利一师第二六九团战士张大胆偕三人，各持手枪、电筒勇探此洞。返回时说：洞宽丈余，内有乱石高低不平，且有积水，深不可测。
>
> 翌年夏，连日暴雨，午时忽闻巨声，疑是霹雷，众人惊逃户外，眼见洞上巨石飞滚而下，溅起河水两丈余，岩洞轰然倒塌。
>
> 公元 2014 年，迎驾集团践行生态酿造，兴千吨洞藏储酒工程，上下通达，再现古洞神韵。
>
> 美哉！感佛子之神赐，叹天地之造化，山水聚气，青龙点睛，造福

一方百姓。甲午年金秋月为之记。

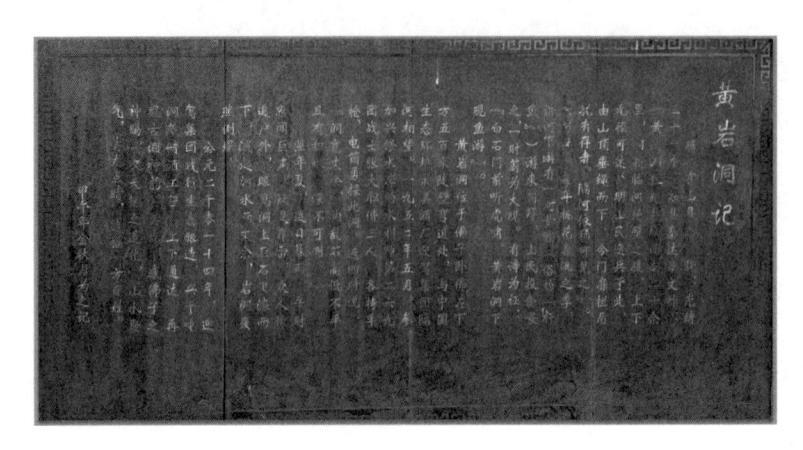

"黄岩洞记"碑

据光绪三十一年《霍山县志》卷一《古迹》记载：

黄岩洞，在县西南二十里，洞嵌临河，绝壁之腹，上下无径可达。

明季，村人避兵于此，由山顶绳缒而下。今门扉栏楯犹有存者，隔河依稀望见之（修旧志）。①

《霍山县志》卷一《古迹》中有关黄岩洞的记载

---

① 光绪《霍山县志》卷一《古迹》。

在陈登科创作的小说《移山记》中,也提到过黄岩洞,小说中称其为神仙洞。故事中有一位叫谭振祥的木工师傅,他业余就躲在洞中,琢磨出了坝垛浇筑的混凝土大型模板。虽然小说存在虚构,但是黄岩洞却在施工范围之内,曾是水库建设的一部分。水库建成后,神仙洞与佛子岭纪念门一样,逐渐被遗弃在路边,直至迎驾集团重新开发,神仙洞才得以成为窖藏美酒之地。

再如,佛子岭水库建设时的梁家滩生活区,现在为佛子岭镇所在地,本名梁家滩,在光绪三十一年的《霍山县志》中只有梁家滩本名,并未有别的称呼出现。在佛子岭修筑水库前,汪胡桢从霍山进山,过黑石渡,即进丛林,河岸悬崖,山径难行,匹马单骑,进山不易,何况古代。

古代的大别山,以山系为名,西有光山,中有潜山,东为霍山。秦汉以来,五岳四渎,五镇四海,多有祭祀。早期五岳之中,南岳衡山因交通不便,时有以霍山以代南岳,然霍山全国多处,是大别山之霍山,还是皖山之天柱,各有说证。汉武帝南巡祭祀,史上无从确指。至明朝时,霍山又被封为中镇,故事多多。

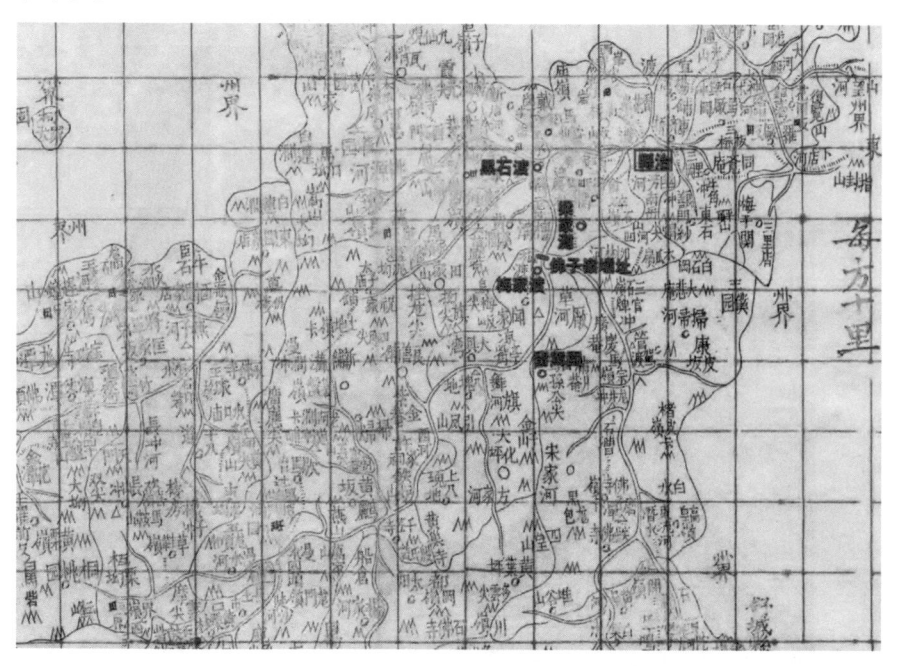

水库坝址在《霍山县志》疆域图(局部)中的位置示意

倒是霍山旧志所记，佛子岭上游历史上有管驾渡、留驾园，下游有迎驾厂等地名，以及在清末《霍山县志》中有多处提到与汉武帝有关的文字，值得进一步考察认证其来历，在加强霍山县的历史文化研究时可供借鉴。

对一些有价值的历史建筑、历史名称一定要尽力保护，加以传承，如若有毁，后悔晚矣。

小山顶上的两层楼房

旧办公用房

再说回到佛子岭宾馆。汪胡桢在他的《沸腾的佛子岭——佛子岭水库建设的回忆》中，专门提到水库建设后期建造的三栋建筑。一是大家熟知的佛子岭宾馆，二是因为宾馆里的房间有限，担心不敷大批参观者之用，指挥部在后面小山顶之上又盖了一栋两层楼房，这栋楼房鲜为人知。第三处，则是在打鱼冲（现水库办公处）盖的一座两层房屋，作为管理所办公用房，现刚修缮完好。

佛子岭建设期间的永久性建筑，仅此三所。

佛子岭建设期间的永久性建筑（近处为水库管理所，远处山上为两处宾馆）

汪胡桢在《沸腾的佛子岭——佛子岭水库建设的回忆》中还提到，指挥部又接受了淮委吴觉秘书长的建议，在公路进入工地处建一纪念亭，碑石请刘海粟先生题字，碑阴镌刻建设水库因公牺牲同志的姓名。

这处纪念亭，在坝址下游左岸850米处的山坡岸边高地，即水库勘址时D—D坝址左岸的黄岩南侧。亭中有一纪念碑，石碑正面为刘海粟先生所题的"佛子岭水库竣工纪念"，背面镌刻了"佛子岭水库落成记"。

1994年出版的《佛子岭水电站志》中对纪念碑亭亦有记载：1953年7月初，佛子岭工程指挥部遵照治淮委员会关于"要为建造我国第一座钢筋混凝土连拱坝的劳动者，树碑立传、流芳百世"的意见，请上海同济大学设计一座永久性纪念碑亭。

7月28日，同济大学派建筑系吴一清教授来水库察看碑亭位置。与吴一清同来的，还有同济大学的徐声祖、唐云祥、吴庐助教等，共同为纪念碑亭绘制图案。经现场察勘研究，在通往水库公路边名黄岩山坳弯道的地方，有一天然延伸至淠河西岸的峭壁，依山傍水，陡壁悬崖，隔河同绵延起伏、山峦叠翠的佛子岭（原名佛寺岭）群山相对，东南方是水库大坝，是个建亭树碑的理想位置。

纪念亭由钢筋混凝土浇筑，内壁顶盖分两层，石膏制成的花纹雕塑中，呈现8只和平鸽，群鸽簇拥一束"橄榄枝"，象征和平。四壁斗拱镶嵌着富有古老民族风格的艺术绘画，工艺精巧，比例匀称，结构奇特，亭内有宫灯悬吊，夜间通电，闪射奇光异彩。顶是绿色黄边的琉璃瓦覆盖，中央直立金星宝顶，四角凌空欲举。

纪念亭现状

亭周围丛林修竹密布，古柏参天（移栽），一对石狮（从淹没区的古庙广庆庵搬来）立于两旁。有一水泥道和台阶，游人拾级而上，可见亭内正中央竖有一高2.5米、宽1.4米、厚40厘米的褐色云南大理石碑，庄严肃穆。

石碑正面右上方，镌刻着由治淮委员会撰文、著名艺术大师刘海粟手书的《佛子岭水库落成记》。碑文详载水库建设经过和建设者的丰功伟绩。左下方刻"1954年11月5日"。

　　石碑背面镌刻"佛子岭水库纪念碑"8个醒目大字，落款"刘海粟书"。1954年4月24日，纪念碑亭落成。

纪念亭旧貌

刘海粟手书"佛子岭水库竣工纪念"

纪念碑是 1955 年夏请巢县散兵镇 3 位老石刻工艺师精心雕凿而成。佛子岭水库闻名中外，山清水秀、风景宜人，纪念亭是外地游客必到之地。

《佛子岭水库落成记》碑文如下：

佛子岭水库是治淮工程初期的一个水利建设，是我国采用钢筋混凝土连拱坝的第一座水库。拦河坝由二十个垛、二十一个拱、四十五公尺平板坝、五十二公尺重力坝所组成，全长五百一十公尺，坝高七十四点四公尺，可以拦蓄淠河洪水五亿立方公尺，可发电一万一千瓦，灌溉农田六十八万亩。工程开始于一九五二年一月，竣工于一九五四年十月。

佛子岭水库的设计，在技术上是极其复杂的，参加设计的有我国的教授、工程师和年轻的技术员，在苏联专家的技术指导下，克服重重困难，完成了设计任务。工程的施工也是极其复杂和艰巨的，数以万计的工人、军工、农民、技术人员、行政管理人员、政治工作人员，他们团结一致，发挥了创造性的劳动，学习和掌握了先进的施工经验——计划管理，使完成工程的进度加快了，使水库提早利用，为国家节约了建设投资。

佛子岭水库工程，为新中国日益发展的更大规模的水利工程培养了一批干部，其中包括设计干部和施工干部，各种工种的技术人员，参加水库建设的人民解放军指战员也很快学会和掌握了技术，大专学生大批地来工地实习，所有参加工地建设的技术人员、工人、人民解放军战士、实习的学生，都亲切地称工地为"佛子岭大学"。为我国的水利建设初步打下了基础。

水库的建成，对减除淠河水灾和减轻淮河洪水灾害都会起到一定的作用，将使淠河两岸的农田逐步得到灌溉用水，并为合肥等地的工业提供了一部分动力。

水库建设中殉职的烈士永垂不朽！

一九五四年十一月五日

1994 年，原纪念碑亭虽仍属水库管理区域，但为更好地保护纪念碑，水库管理处将原碑移至佛子岭水库宾馆大门南侧岸边的亭子里。在纪念佛子岭水库 40 周年之际，新建"志庆亭"以立放原碑，亭子仿佛子岭水库建设初期的岗亭形式所建。

在原纪念碑亭里，现立有一块复制石碑，正面有刻字"佛子岭水库竣工纪念"，背面无字。

刘海粟手书"佛子岭水库落成记"

原佛子岭水库纪念碑亭

关于纪念碑亭，也曾有人提议拆除移迁，但旧物当在原地保护为好，幸好未有移动。原纪念碑亭外的地面，现已填高成为平地，亭前成了开敞的停车场。

原纪念碑亭迎路一侧（亭西）原有的两头石兽曾有一段时间不知去向。幸运的是，后来被找到。这两头来自库区广庆庵古庙的石兽，目前保护尚好，现置于宾馆花园西侧的石桥路两侧。

两头石兽

建议政府文物部门加强对佛子岭水库相关文物的关注。若这些物件能够通过鉴定，成为正式的文物，应尽快进行登记注册，并依法予以保护。但愿这些珍贵的文化遗产都能够得到妥善的保存与传承。

2019年10月7日，国务院发出了《关于核定并公布第八批全国重点文物保护单位的通知》（国发〔2019〕22号），共核定全国重点文物保护单位（共计762处）。其中，在第五部分的近现代重要史迹及建筑（共234处）中，编号为8-0601-5-085的第601号文物保护单位是佛子岭水库连拱坝。

理论上，佛子岭水库连拱坝是一个广义的概念，应该包含与连拱坝相关的内容，包括当年遗留下来的一些辅助性建筑物，以及一些散落在大坝周围的零星建筑物或旧物件。那么，谁将负责调查这些遗迹？谁来研究它们的历史意义？谁来确定它们的价值？以及谁来负责保护它们？显然，这些责任应当由政府相关部门承担，并采取行动，而不是任其自生自灭。

国务院关于核定并公布
第八批全国重点文物保护单位的通知

国发〔2019〕22号

各省、自治区、直辖市人民政府，国务院各部委、各直属机构：

国务院核定文化和旅游部、国家文物局确定的第八批全国重点文物保护单位（共计762处）以及与现有全国重点文物保护单位合并的项目（共计50处），现予公布。

各地区、各部门要依照《中华人民共和国文物保护法》等法律法规和《国务院关于进一步加强文物工作的指导意见》（国发〔2016〕17号）的要求，进一步贯彻"保护为主、抢救第一、合理利用、加强管理"的工作方针，既要注重有效保护、夯实基础，又要注意合理利用、发挥效益，在保护利用中实现传承发展，认真做好全国重点文物保护单位的保护、管理和利用工作，确保文物安全特别是文物消防安全，努力开创文物工作新局面，走出一条符合国情的文物保护利用之路，为坚定文化自信、实现"两个一百年"奋斗目标和中华民族伟大复兴的中国梦作出更大贡献。

国务院
2019年10月7日

第八批全国重点文物保护单位名单
（共计762处，另有50处与现有全国重点文物保护单位合并）

五、近现代重要史迹及代表性建筑（共计234处）

600	8-0600-5-084	野寨抗日阵亡将士公墓	1943年	安徽省潜山市
601	8-0601-5-085	佛子岭水库连拱坝	1954年	安徽省霍山县

佛子岭水库连拱坝被列为全国重点文物保护单位

纪念碑亭望大坝

在1958年治淮委员会编印的一本叫《淮河》的画册中，刊载有一张少年儿童在原纪念碑亭远望大坝的照片。

关于佛子岭的少年儿童，另有一则故事。

1954年6月30日，佛子岭水库同时收到两封来自中央人民政府办公厅的信函。一封是写给佛子岭水库全体功臣、模范工作者同志的，另一封则是写给安徽省霍山县佛子岭水库职工子女小学全体同学的。

这两封来信，均收录在《佛子岭水电站志》中，让我们一起品读这两封珍贵的来信。

其一（中央人民政府委员会办公厅用笺）：

佛子岭水库全体功臣、模范工作者同志：

六月九日写给毛主席的信收到了，谢谢你们的盛意。

你们和全体职工一起，在佛子岭水库的建筑工程中，发挥了高度的积极性和创造性，克服了各种困难，胜利地将拱垛全部浇筑到顶，因而荣膺功臣和模范工作者的称号，将向你们致热烈祝贺。

希望你们继续和全体职工团结一致，再接再厉，学习和创造先进的工作经验，不断地提高技术水平，为实现你们所提出的保证而努力。

此致敬礼。

中央人民政府委员会办公厅
一九五四年六月三十日

其二（中央人民政府委员会办公厅用笺）：

安徽省霍山县佛子岭水库职工子女小学全体同学：

由安徽日报社转给毛主席的信和照片两张都收到了。谢谢你们。

希望你们努力学习，锻炼身体，以便将来很好地为祖国服务，为生产服务。兹寄去毛主席的照片一张，请你们留作纪念。

祝你们进步。

中央人民政府委员会办公厅
一九五四年六月三十日

中央人民政府办公厅的给佛子岭水库职工子女小学全体同学的回信
（佛子岭水库文化馆提供）

在纪念亭远处，大坝下游的桥梁历经几十年，从最初的施工漫水便桥，变成如今不受季节影响的交通大桥。

大桥位于坝下 500 米处，桥型结构为双曲拱桥，每拱长 115 米，两拱之间只设一桥墩，桥面宽 4.5 米，桥面设计高程为 83 米，按 1000 立方米每秒设计，桥不漫水。

双曲拱桥现状

1965年设计，1969年正式开工，却在当年的洪水中遭受损坏。

1970年再建，9月底正式通车，彻底解决了佛子岭水电站职工的交通、工作和生活困难。

再说说在大坝四周的警戒线上，建库初期设有的古典式岗亭。

除碑亭外，当年佛子岭水库建成后，到底建有几处岗亭，暂未找到相关记录。现在在佛子岭水库管理区域内，仍保留有一处岗亭，即在坝轴线左岸（西岸）的山头上，可以直接俯视大坝。

据《佛子岭水电站志》记载，还有一处岗亭在坝轴线右岸（东岸）的山头上，与西岸的山头上的岗亭相对称，因1983年溢洪道扩建时拆除。

在坝轴线左岸（西岸）的山头上的岗亭，保护得相当完好。

在《佛子岭水电站志》中，也有记录：

> 亭阁地堡，连拱坝把淠河东源拦腰截断，像一座钢铁长城，横跨淠河东、西两岸。在大坝两岸的山峰上，各建一座仿古式飞檐翘角琉璃瓦顶，四柱落地，全为木质料式斗拱梁，结构奇特的亭子。亭内顶盖上，横梁斗拱上画有花草和飞禽走兽，形态各异，整个布局富有民族特色。两座亭下，各有一座坚不可摧的军事工事暗堡垒。50年代初期，大别山区不时有敌特活动。1952年1月15日深夜，台湾当局派遣的10名武装特务空降在距大坝约20公里的霍山县千笠寺南乾塘附近，企图破坏正在建设中的佛子岭水库工程，扰乱社会秩序，被一网打尽。
>
> 大坝建成后，为保卫国家水利工程，上级派驻武装部队警卫大坝，并拟定对敌防范措施，决定建一个军事隐蔽工事。高耸在大坝东西两岸山顶上的凉亭，便按军事战略要求建成。在凉亭地坪下3米处筑暗堡，暗堡是浆砌块石，墙底部约80公分厚，内壁四个方向的正面及四个墙90度处有四个对外射击孔，用3公分厚的钢板为大门，面积约16平方米，踞高临下，地势险要。[①]

现存的位于西岸的这处岗亭，目前专程来此的游客不多，水库管理单位

[①] 仇一丁、孙玉华主编《佛子岭水电站志》，1994。

将它保护得很好。亭下为一暗堡设计，四面4个枪孔清晰可见，亭下厚厚的铁门尚在。

大坝西岸山顶凉亭

大坝西岸山顶凉亭（台阶右侧为暗堡）

纪念碑亭为16根柱子，双顶结构。岗亭为4柱，单顶结构。看得出，岗亭与碑亭虽然样式不同，但形式相近，可能为同济大学同一批设计，但未见记录。

现在，佛子岭水库还有二处凉亭，一为佛子岭宾馆前面的花园中的凉亭，为1994年所建；另一为大坝东岸山顶上的凉亭，旧亭在溢洪道扩建时被迫拆除，其后重建为观赏凉亭，别有风格。

佛子岭宾馆花园凉亭（安徽省佛子岭水库管理处提供）

佛子岭大坝东岸山顶凉亭（安徽省佛子岭水库管理处提供）

汪胡桢先生在《沸腾的佛子岭——佛子岭水库建设的回忆》中讲到岗亭后，结束了对佛子岭建成后各项设施的回忆，随后将话题转回了佛子岭水库建设时期。本文也将紧随汪胡桢先生的叙述脉络，继续为您讲述佛子岭水库的故事。

第十四章

大军云集　组织机构

Chapter 14　Assembling Project Team, Establishing Organization

关于佛子岭，很多人都只知佛子岭水库的存在，却不知其来历。

据光绪三十一年《霍山县志》疆域图显示，既有佛子岭，也有佛寺岭。佛寺岭有大岭、小岭之分。大岭在白莲崖水库到磨子潭水库之间，基本南北走向；小岭在佛子岭水库坝址正南约7公里处。有说现在黄岩洞所在的山岭也称佛寺岭，旧县志未见。还有一处叫佛寺岭卡的地名，在《霍山县志》疆域图中位置约在现今磨子潭村西2公里处，作为重要关卡，有显著标记。《佛子岭水电站志》也记载有佛寺岭卡：

> 佛寺岭，清光绪三十一年（公元1905年）《霍山县志》卷首记载：佛寺岭卡，距横排岭五里，碉楼一座，高二丈，围以石墙，厚数尺左右，袤三十八丈、高一丈五尺。是岭距城五十五里，欲守城，必南守三石岭，欲守三石岭，必先守此，故厚筑卡，备为南方屏障。
>
> 佛寺岭山上有庙宇5间，建于何年无资可证。解放前，村人常去庙中求神拜佛，因年久失修倒塌。佛子岭之名，即缘自佛寺岭演化而得。[1]

如果不查阅旧县志，现在很少有人知晓佛寺岭卡在什么地方，更无从知

---

[1] 仇一丁、孙玉华主编《佛子岭水电站志》，1994。

道佛寺岭庙宇的具体位置。

佛子岭，旧县志中只有一处，因为小佛寺岭正南约 2 公里处有一地名为佛子岭，因此建库之时佛寺岭名声要比佛子岭更大。

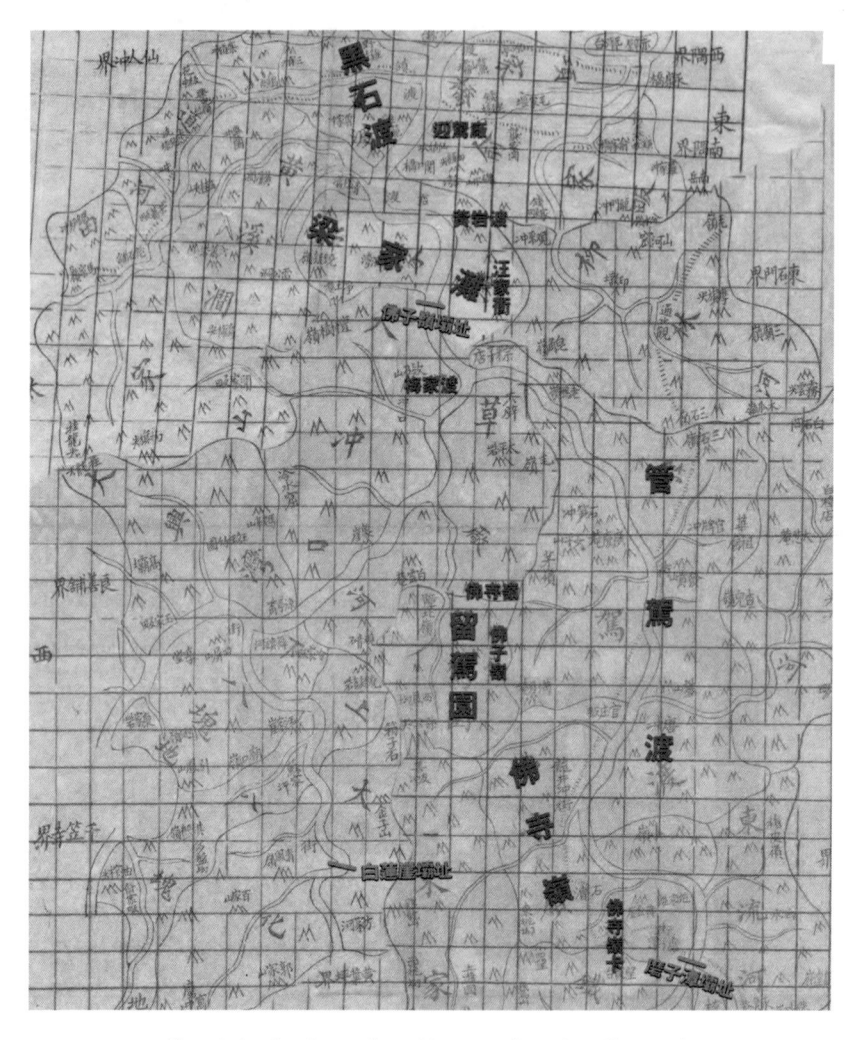

佛子岭在《霍山县志》疆域图（局部）中的位置示意

汪胡桢在他的《沸腾的佛子岭——佛子岭水库建设的回忆》中，对佛寺岭为什么叫佛子岭也有所描述：

> 佛子岭是坝址下游右岸的一道高岭，因山口有一佛寺，故原名叫佛寺岭。因安徽口音"寺"与"子"难分，故很久以来，即改称为佛子岭，

地图与文件中都用了这个名称。我初到佛子岭时,有一商业单位在招牌上写了佛寺岭,并要求我们也恢复旧称。我告以佛子岭的名称已是约定俗成的地名,不宜再改,而且"子"是男子的美称,如古代称孔子、孟子、老子、庄子,故称佛子岭是合理的。这个商业单位同意了我的解释,把招牌重做了。①

关于对佛子岭水库这一名称的正式确定,汪胡桢在处理佛子岭地名问题上,并不是简单解释了事,实际上他是非常认真,且正式履行了公文审批程序的,体现出中国科学家的严谨求实精神。

在前期的工程资料和文件中,该地都是以"佛子岭"的地名出现,但在当地实际仍有不少人称其为"佛寺岭"。为此,汪胡桢专门以佛子岭水库工程指挥部的名义,向治淮委员会请示,予以确定。1952年4月9日,经治淮委员会主任曾山同志批准,同意维持已经采用的"佛子岭"这一名称。

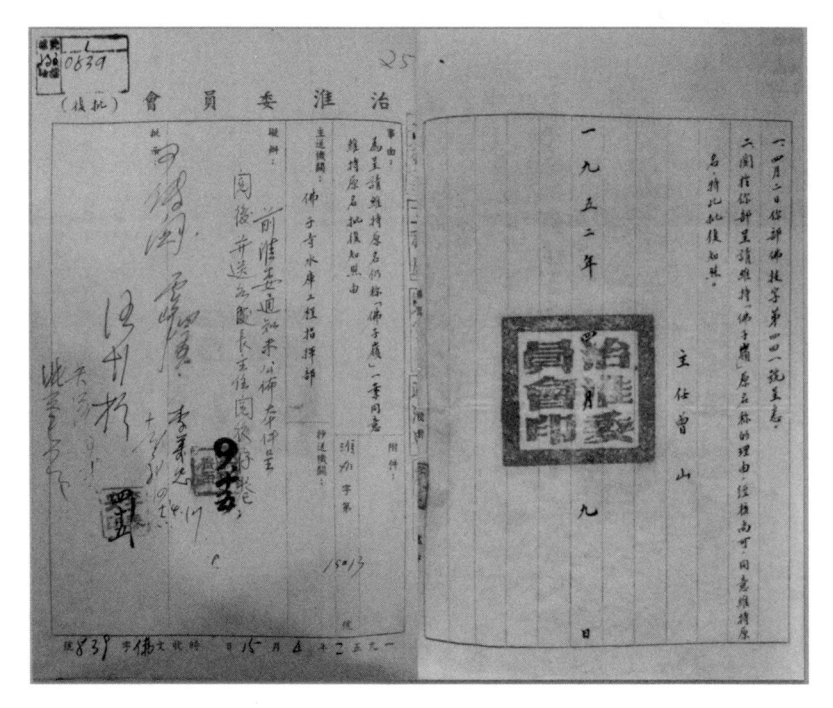

淮委维持"佛子岭"原名的批复(安徽省佛子岭水库管理处提供)

---

① 汪胡桢:《沸腾的佛子岭——佛子岭水库建设的回忆》,载水电部治淮委员会《治淮回忆录》,《治淮》杂志编辑部,1985。

从此以后，佛子岭这一地名，算是正式确定了下来。

对曾经的佛寺岭，如果不曾阅读汪胡桢的文章《沸腾的佛子岭——佛子岭水库建设的回忆》，或者不去查阅旧县志，现在恐怕连当地人也难以将其与佛子岭区分开。

说过了佛子岭的来历，再说说汪胡桢是怎样进山开始修建佛子岭水库的。据汪胡桢回忆：

佛子岭右岸山坡很陡，有一条傍崖小路通到梁家滩。淠河从梁家滩起，进入丘陵地带，直到霍山城始有宽展的沙滩与耕地相连，人烟也比较茂密。从霍山城起，始有一条公路，经六安、肥西直达合肥，与铁路干线相连接。这条公路，原是国民党为进攻大别山的中央鄂豫皖边区苏维埃政府而修建的。由于多年失修，已不能作为佛子岭运输施工器材的通道。建国初，安徽公路局重新建立，技术力量比较雄厚，故由淮委出资委托公路局把这条公路修复，沿线木桥也都改建成混凝土桥。从霍山到佛子岭一段，另辟新公路。

在公路开始兴修时，我便对这条路线视察过一次。我清楚地记得，那天清晨，我和秘书李伯康从合肥江淮旅社门口登上一辆小吉普车，当过赤卫队红小兵的新任保卫员带点稚气的裴大柱同志，身佩木壳手枪，腰束皮带，雄纠纠地立在车旁，喊了一声报告说："我们要去这条公路一带，清乡刚刚完毕，治安还没有完全保证，我的一位堂兄上月就在肥西作战牺牲了，故保卫科黄科长特派我随车负责两位首长的安全。照上级规定，请两位首长坐到汽车的后座去，我坐在前座可以更好地观察情况，相机应付。"

汽车在凸凹不平的旧公路上行进，我在车厢里跟着颠簸，头部屡次和车架相撞。刚到肥西县的独山，汽车突然停止，后座的人都摇晃了一下，裴大柱跳下汽车，一个箭步窜到路旁的丛林中放声大哭起来。我们也赶紧下车，未进丛林就看到有三个泥土新坟并立着，木牌上写着阵亡战士的姓名，其中一位是裴大华，当是裴大柱的堂兄。我们脱帽肃立鞠躬，对三位烈士致敬。

我沿途察看公路弯道及桥梁，走走停停，走了一天，傍晚才到霍山城，宿于招待所。次晨，县委派了干部及战士，带了三匹高头战马护送我们进山。过了霍山西门，在淠河沙滩骑在马上放辔而行，还觉舒畅。一过仙姑坟，就进入淠河旁的傍崖小路，越走地势越高，俯视河中竹筏，小如儿童玩具。在马背上，我开始感到紧张，背上沁出了汗珠。幸亏战马走得很稳，前又有战士领路，幸告无事。小径又渐渐的下降，沿河而行。最后，经梁家滩到淠河岸边的汪家冲，测量队的同志都来欢迎，骑马过河，到打鱼冲宿夜。

公路一通车，佛子岭的建设大军纷纷从四面八方荟集于工地。其中，有六安干部学校来的一百多名干部，从淮委及工程部调来的干部数十人，从上海交大、同济、复旦三校与杭州浙江大学、南京工学院来了许多应届毕业生。1952年5月，由解放军改编的第一水利师数千人，由马长炎师长，张雷平、徐速之政委带队来到工地。加上原在工地的职工、民工及竹木匠，逐渐使工地充满生气，到处可看到一群一群的人，把佛子岭工地变成了大别山中崛起的新都市。

张云峰同志在到佛子岭之前，已和淮委吴觉秘书长研究过佛子岭的机构组织，请示上级核定。一天，淮委果然来了一道命令，决定设立佛子岭水库工程指挥部，派我为指挥，吴溢为副指挥，张云峰为政治委员，张允贵为政治部主任，周华青为总务处处长，李泰安为财务供应处长，吴溢兼任工务处长，俞潋芳任技术室主任。由技术室负责完成连拱坝及水力发电站的工程设计及一切施工图纸，以迎接大工的开始。工务处及财务处负责为大工的开展作准备。

1951年10月10日，佛子岭水库工程指挥部在工地宣告成立了。那天，天朗气清，人们早在淠河沙滩上用毛竹、木板和芦席搭了一个讲台，上面插了许多彩色旗帜，中央挂了毛主席像，周围贴满了写着口号的标语，紧靠台前摆了一条长桌，用阴丹士林布做台布。沙滩上，用竹竿和草绳围成几个分区，作为总务、工程、财供、技术等单位及工人、民工等参加大会的座席。

当大喇叭里发出召开成立典礼的通知后，一批一批的人携着板凳或竹椅列队进入会场。刚刚坐定，一个分区中即有人起立，指挥本区同志唱了一支歌，接着就要求另一个分区的人唱歌。当时唱的是《义勇军进行曲》《我们工人有力量》等慷慨激昂的歌曲。每唱成一支歌，全场都鼓掌。此起彼伏，互相挑战，使沙滩上顿增热闹气氛。正在喧闹之际，会场外忽响起大爆竹与小鞭炮，讲台上张云峰等已在台上条桌后就座，大喇叭里由周华青宣布："佛子岭水库工程指挥部成立典礼现在开始。"张云峰坐在正中就对着话筒宣布指挥部正式成立，全场马上报以热烈的掌声。顿时，锣鼓齐鸣，又是一阵鞭炮声。到各种声音静止下来后，张云峰又宣布了淮委的任命状，被提到的人即起立，向左右群众举手行个军礼，群众都报以掌声。在会上由我对佛子岭水库工程的规划及施工前景作了一个比较详细的报告，淮委及地方单位的代表都发了言表示祝贺。最后，张云峰报告成立典礼结束，群众纷纷欢呼，把戴着的六角帽抛到空中。正在这时，讲台已改成戏台，从六安干部学校来的干部，为大家演出了他们排练已久的拿手好戏《白毛女》。①

1951年10月10日，佛子岭水库工程指挥部在工地宣告成立后，第一件事就是请示印信的启用。

当日，指挥部向治淮委员会呈报启用印信的公文。第二天，经治淮委员会曾山主任同意，准予备查，批复知照。

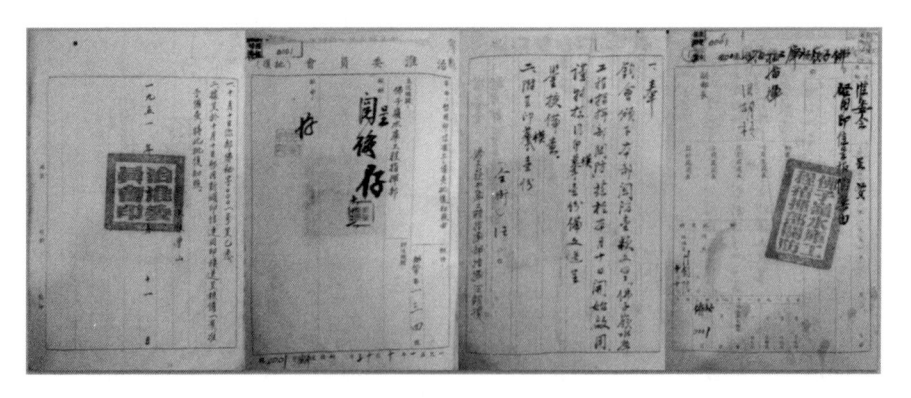

关于启用佛子岭水库工程指挥部印信的批复（安徽省佛子岭水库管理处提供）

1952年2月12日，《皖北日报 皖南日报》联合版刊登消息《佛子岭水库

---

① 汪胡桢：《沸腾的佛子岭——佛子岭水库建设的回忆》，载水电部治淮委员会《治淮回忆录》，《治淮》杂志编辑部，1985。

工程开工》："新华社蚌埠十一日电，修建淠河上游佛子岭水库的工程已经在二月上旬开工了……"

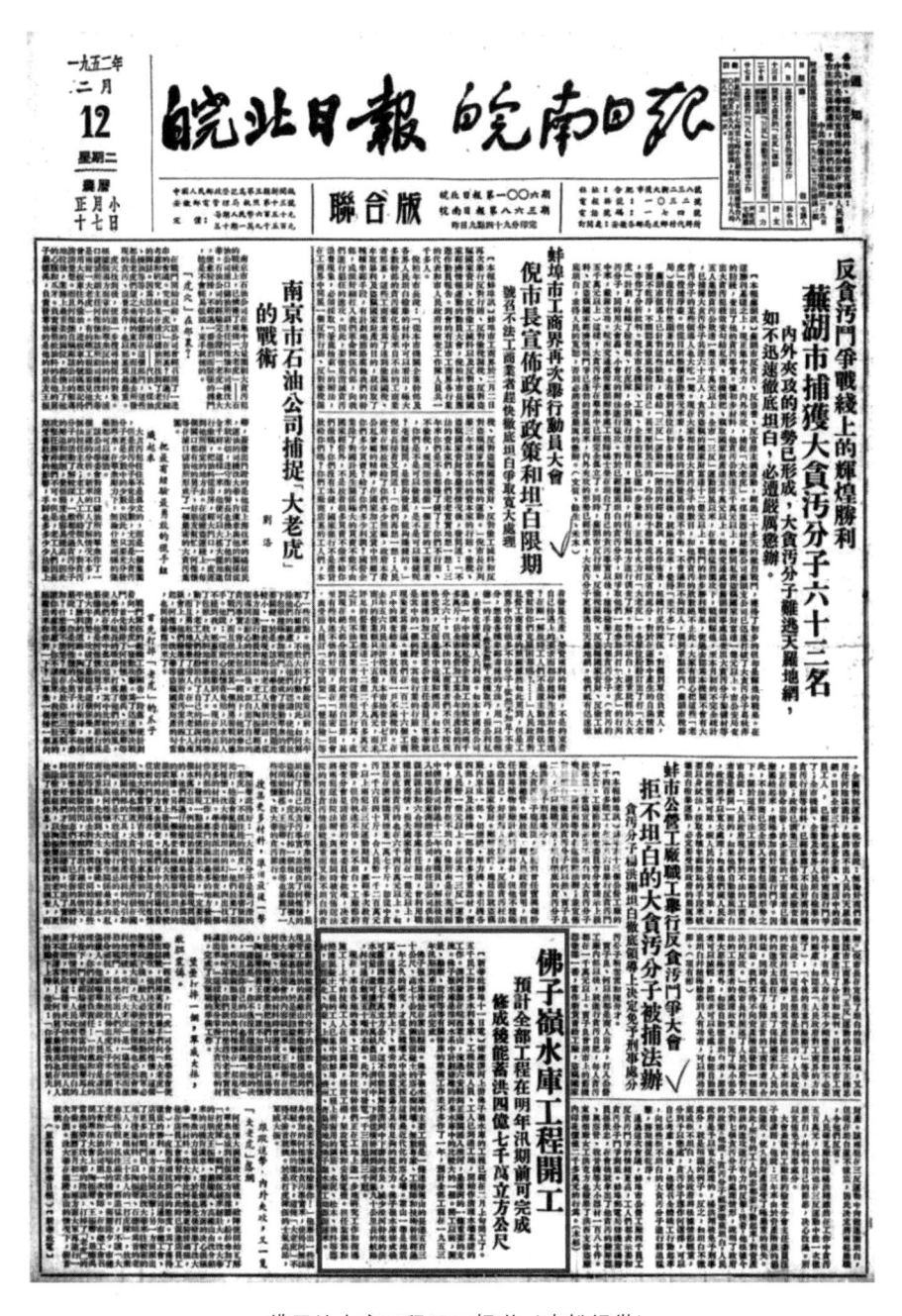

佛子岭水库工程开工报道（李松提供）

由中国人民解放军改编的第一水利师来佛子岭后，工程指挥部又增任师长马长炎任第一副指挥，二团长李毕云、三团长童振铎任副指挥，团政治委员吴涛任政治部副主任，团副政委祁策任办公室（那时总务处已改称办公室）副主任，师后勤部部长谭旭东任财供处长。

从《向佛子岭水库进军——忆佛子岭水库工地战斗生活的几个片段》文章中可以找到一些情景回顾：

1952年，抗美援朝战争取得决定性的胜利，我们中国人民解放军步兵第九十师在安徽省寿县刚刚欢送了中国人民志愿军归国代表团的英雄，又召开了剿匪战斗庆功大会，全师官兵斗志昂扬，准备参加抗美援朝斗争。5月中旬，接到中央军委命令，我师师长马长炎、副政委徐述之、参谋长张孟云等首长率全体官兵在寿县体育场参加誓师大会。安徽省军区首长专程赶来，宣读了中央军委毛泽东主席签署的命令，命令我师改编为中国人民解放军水利工程一师，参加伟大的治淮工程建设。号召全师指战员放下战斗武器，拿起生产武器，为人民在水利建设中再立新功。师长马长炎容光焕发地站在主席台上，面对着毛主席的巨幅画像，举起右臂，紧握拳头，带领全师官兵庄严宣誓。一万多名官兵的誓言，象（像）雄狮巨吼，划破长空，震撼着大地。指战员们高唱着："毛主席指引着我们，跨上了水利战线，为人民根治淮河，大海敢闯……"[1]

水利一师在寿县军政训练准备会合影（安徽省佛子岭水库管理处提供）

---

[1] 黄震、孙建东：《向佛子岭水库进军——忆佛子岭水库工地战斗生活的几个片段》，《治淮》1992年第7期。

1992年，在水利一师、二师参加治淮工程40周年之际，水利电力出版社出版的《淮河军魂》中，师长马长炎为《淮河军魂》题词："继续发扬人民军队优良传统，积极参加社会主义水利建设"，并写有《重大的转折，全新的使命》回忆文章：

> 会议室的东墙上，布幔敞开着，原来挂军用地图的地方，换上了一幅色彩鲜艳的淮河流域图。紧挨着毛主席像，挂着一幅醒目的标语：人民军队既是一支战斗队，又是一支工作队、生产队。
>
> 一次不寻常的师党委扩大会议将要在这里召开。参加师党委扩大会议的同志，一进门就被那幅新地图吸引过去，然后又惊奇地望望标语。几个敏感些的同志轻声嘀咕："看样子，抗美援朝我们是去不成了，仗也打不成啦！"
>
> 师政委张雷平同志说："谁说仗打不成啦？这可是一场硬仗哩！"我也接上去说："对，是一场硬仗，已经接到上级的指示，我们全师转业参加治淮。"
>
> 我指着淮河流域图说："从霍山以南的佛子岭到洪泽湖畔的三河闸，这就是我们初期作战的区域，而佛子岭就是我师的主阵地。"

水利一师向佛子岭进军誓师大会

根据治淮的总体方案，九十师改为水利一师，一团参加江苏省三河闸、邵伯闸和六垛闸的建设，二、三团及师直机关行政、后勤全部开往佛子岭，参加佛子岭水库连拱坝的建设，全师1万多名指战员迅速投入治理淮河的伟大战斗中，揭开了参加祖国建设的序幕！

水利一师来到佛子岭水库工地后，指挥部组成和工作又进行了一次重新调整和分工。

水利第一师师长马长炎（右一）在佛子岭水库工地慰问军工

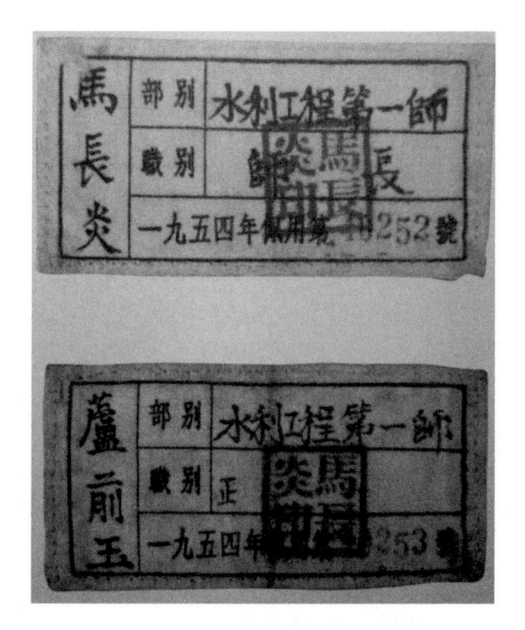

马长炎师长及夫人芦前玉佩戴的胸章

1952年6月30日，治淮委员会已拟定佛子岭水库工程指挥部成员调整的命令，并报请在上海工作的淮委主任曾山同意。

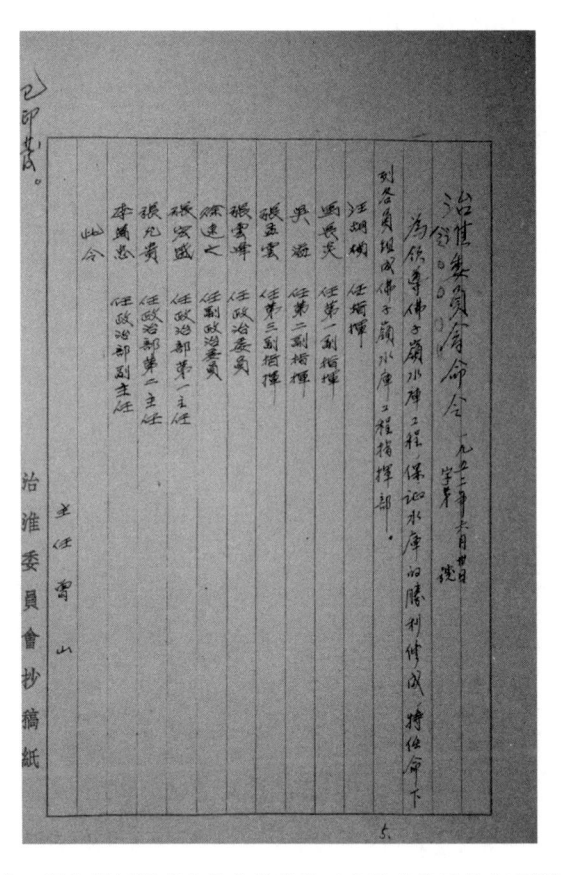

佛子岭水库工程指挥部组成人员名单草稿（安徽省佛子岭水库管理处提供）

1952年7月11日，治淮委员会主任曾山签发命令，对佛子岭水库工程指挥部成员进行较大规模的调整，任命汪胡桢、张云峰等组成佛子岭水库工程指挥部。其中：

汪胡桢，任指挥；

马长炎，任第一副指挥；

吴　溢，任第二副指挥；

张孟云，任第三副指挥；

张云峰，任政治委员；

徐速之，任副政治委员；

张宏盛，任政治部第一主任；

张允贵，任政治部第二主任；

李万忠，任政治部副主任。

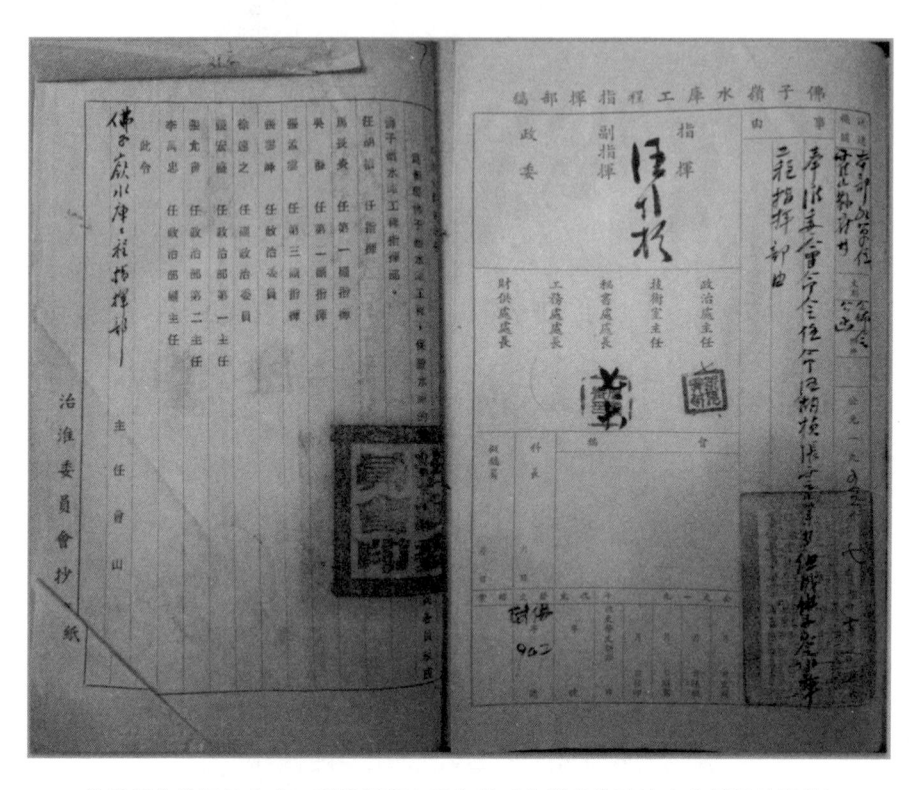

淮委任命佛子岭水库工程指挥部人员名单（安徽省佛子岭水库管理处提供）

随后，佛子岭水库工程指挥部对内设组织机构和人员也进行了调整与配备。在机构调整方面：

秘书处，改为办公室。原秘书处下属的会计科，并入办公室下属的行政科。

政治部，原下属的组织科改为人事科，原宣教科改为组教科。

工务处，与技术室合并，改为工程处。

财供处，原加工科取消，并入器材科，原采购科改为采运科，取消股一级单位。

工程大队，洋灰队合并，木工队合并，均下设分队。

办公室、政治部、工程处、财供处，各增设秘书科。

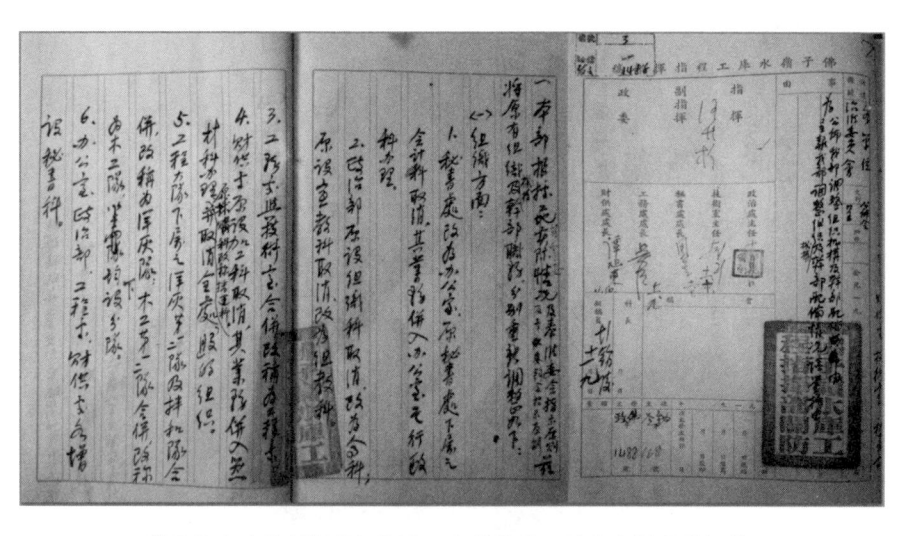

佛子岭水库指挥部组织调整（安徽省佛子岭水库管理处提供）

在干部配备方面：

办公室主任，周华青；

办公室秘书科代理副科长，徐桢祥；

办公室行政科副科长，张建中；

办公室卫生科副科长，彭明生；

政治部秘书科副科长，冯雨；

政治部人事科科长，李江；

政治部组教科科长，秦亚江；

政治部组教科副科长，孔桂芬；

政治部保卫科，暂由公安分局负责；

工程处处长，吴溢；

工程处第二处长，俞潄芳；

工程处副处长，戴祁；

工程处秘书科副科长，蔡敬荀；

工程处工务科科长，马良骥；

工程处工务科第二科长，梁兴炎；

工程处工务科副科长，王庆富；

工程处考工科科长，蒋仲埙；

工程处检验科科长，李守镇；

工程处检验科副科长，蔡敬荀（兼）；

工程处测量科副科长，范学斌；

工程处设计科副科长，盛楚杰；

工程处设计科第二副科长，陈善铭；

财供处秘书科副科长，张善芝；

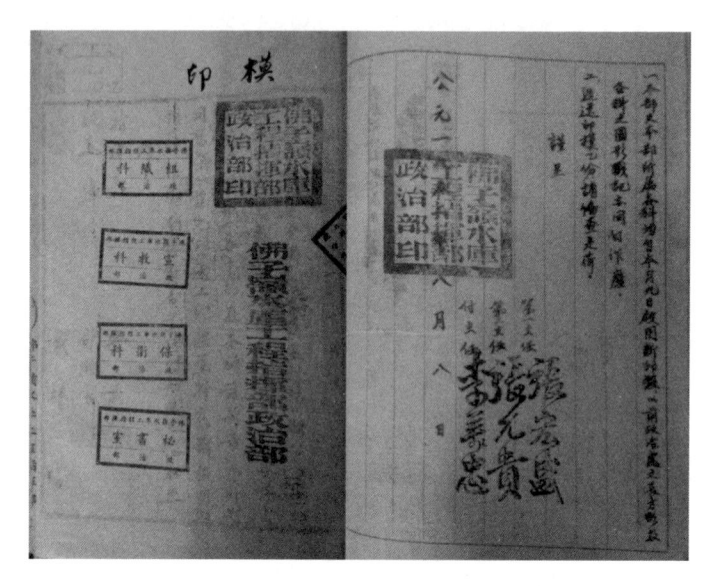

……

指挥部政治部印模（安徽省佛子岭水库管理处提供）

建设期间，指挥部的组织系统，多次随着人事变动而调整。

水利一师，在加入佛子岭工程建设后，对部队的干部工作岗位也重新进行了责任分工。

工程大队：大队长童振铧，副大队长王勤湧，政委祁策，副政委赵轩斋。

洋灰第一队：第一队长何燕荪，第二队长徐万国，副队长张诚正，副教导员陈树光。

洋灰第二队：第一队长吴营昉，第二队长路协，副队长徐必祥，教导员马广余。

木工第一队：第一队长赵源仁，第二队长闫长久，副队长高水土，教导员仲继亭。

指挥部组织系统

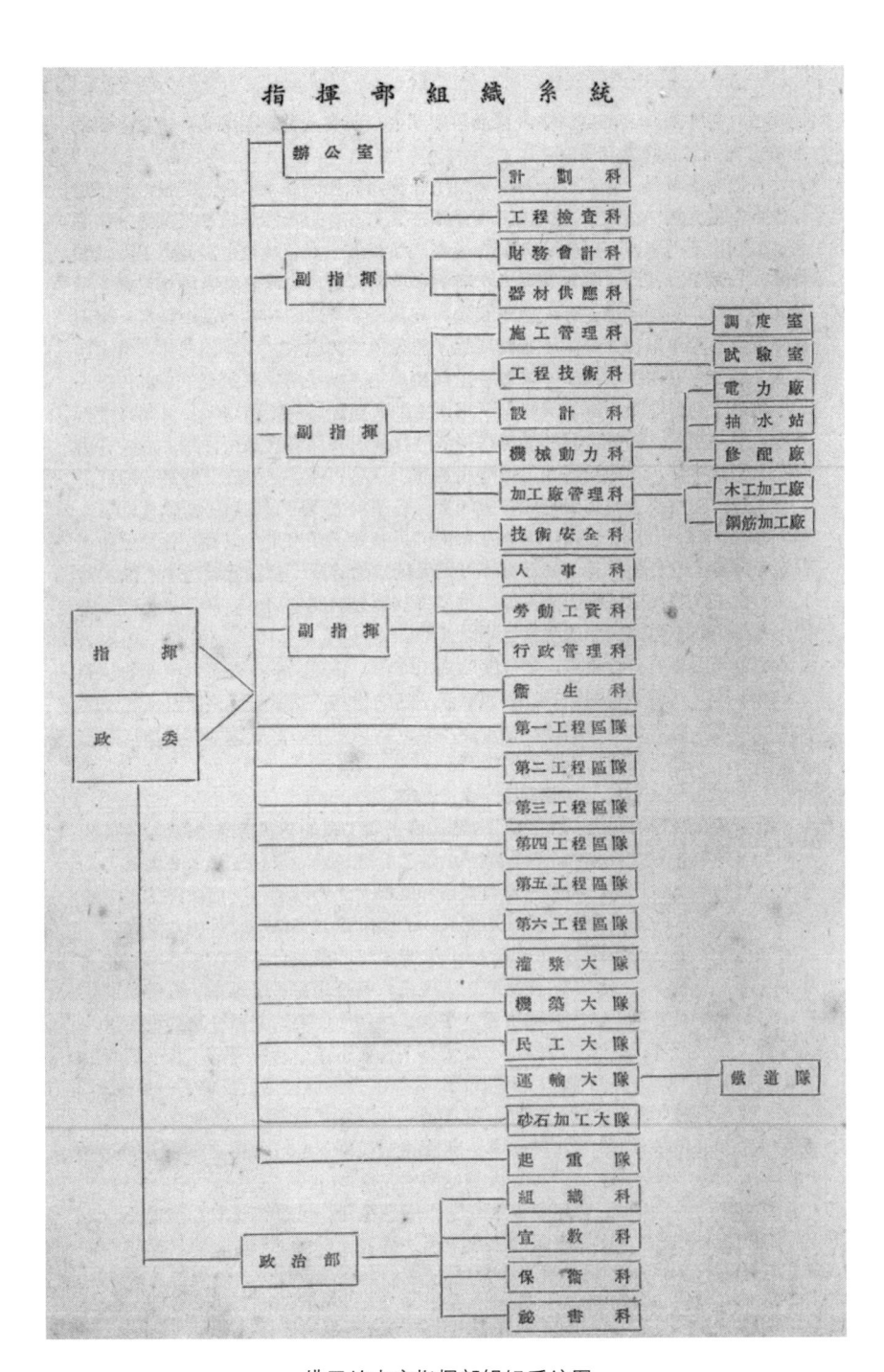

```
                    ┌── 办公室
                    │           ┌── 计划科
                    │           ├── 工程检查科
                    ├── 副指挥 ──┤
                    │           ├── 财务会计科
                    │           └── 器材供应科
                    │           ┌── 施工管理科 ──┬── 调度室
                    │           │              └── 试验室
                    │           ├── 工程技术科
                    │           │              ┌── 电力厂
                    ├── 副指挥 ──┤── 设计科    ├── 抽水站
                    │           │              └── 修配厂
                    │           ├── 机械动力科
                    │           │              ┌── 木工加工厂
                    │           ├── 加工厂管理科┤
                    │           │              └── 钢筋加工厂
                    │           └── 技术安全科
                    │           ┌── 人事科
指挥 │               │           ├── 劳动工资科
─────┤═══════════════┤── 副指挥 ─┤
政委 │               │           ├── 行政管理科
                    │           └── 卫生科
                    ├── 第一工程区队
                    ├── 第二工程区队
                    ├── 第三工程区队
                    ├── 第四工程区队
                    ├── 第五工程区队
                    ├── 第六工程区队
                    ├── 灌浆大队
                    ├── 机筑大队
                    ├── 民工大队
                    ├── 运输大队 ── 铁道队
                    ├── 砂石加工大队
                    ├── 起重队
                    │           ┌── 组织科
                    │           ├── 宣教科
                    └── 政治部 ──┤
                                ├── 保卫科
                                └── 秘书科
```

佛子岭水库指挥部组织系统图

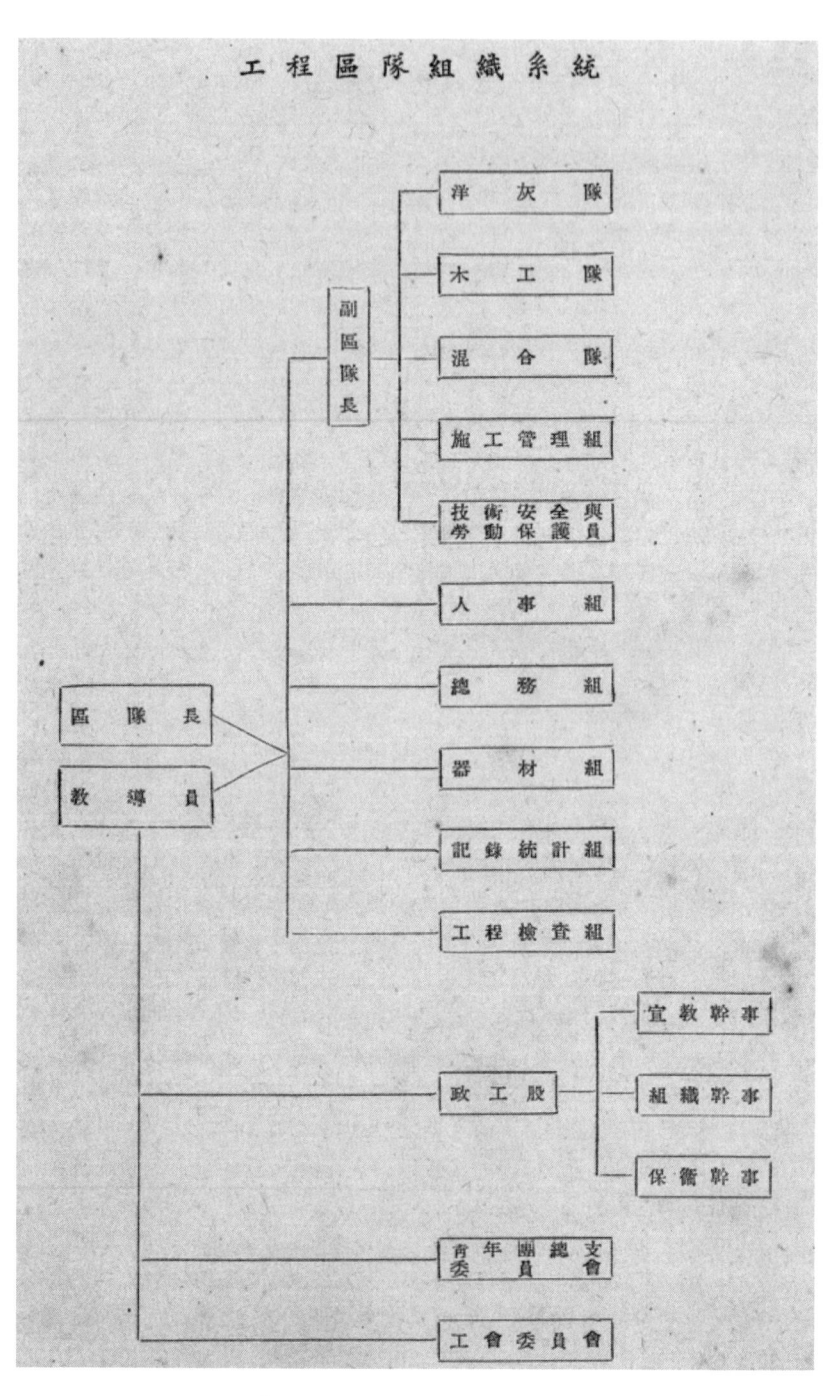

佛子岭水库工程区队组织系统图

木工第二队：第一队长程山（兼），第二队长干明，副队长林英伯，副教导员尹宝美。

扎铁队：第一队长蔡继武，第二队长姜继邦，副队长杜万安，教导员禹桢清。

起重队：第一队长王冲，第二队长赵德胜，副队长王昌迪，教导员韩吉中，副教导员薛新华。

灌浆大队：第一队长陈志厚，副大队长吴沈钏，第二队长段国振，副队长王昌迪，教导员孙点东。

钻探第一队：第一队长邵思禄，第二队长孙光华，指导员闫传胜，副指导员邵正才。

钻探第二队：第一队长刘文彬（代理），第二队长谢传银。

冲洗队：第一队长邵正，第二队长龚明祥，指导员孔凡树。

灌浆队：第一队长刘蔚起，第二队长郭志嘉，指导员崔贤清。

机筑大队：大队长桂恒章，教导员何家余，副教导员王学勤。

气机队：队长陶萍，副队长郑久洪。

扶钻队：第一副队长史芳庭，第二副队长刘义献。

石工一队：队长陈定湘，指导员刘庆爱，副指导员汪恒才。

石工二队：队长王才炎，副队长田家珊，指导员蒋朝焕，副指导员王孝。

机械大队：大队长张枫，副大队长戚殿莱，第一教导员徐桢祥，第二教导员傅彤，副教导员兼电力队指导员苗田洪。

电力队：第一队长邓阳和，第二队长陆淮成，副队长张麟德。

抽水队：队长梁传英，副队长李庆元，副指导员张义锦。

铁道队：队长林家财，副队长穆道华，指导员张保平。

修配队：队长陈宣才，副队长尚峰礼，指导员曹梦华。

拌和机队：队长阚乃新，副指导员胡衍林。

财供处科科长王文远，加工科科长严风亭。

就这样，参加佛子岭水库建设的大军组织起来了，轰轰烈烈的水库建设全面铺开。

为进一步加强佛子岭水库的组织领导，1953年8月17日，治淮委员会决定对佛子岭水库工程指挥部组成人员进行一次较大的人事调整。

吴溢，为第一副指挥；

童振铎，为第二副指挥；

李毕云，为第三副指挥；

祁策，为办公室主任；

戴祁，为办公室副主任；

俞漱芳，为工程处处长；

王勤源、赵轩斋，为工程处副处长；

张允贵，为政治部第一主任；

吴涛，为政治部第二主任；

陈欣南，为政治部副主任；

请历史记住，为佛子岭水库建设艰苦奋斗、做出贡献的建设者们。

1954年4月，佛子岭水库工程指挥部第一副指挥马长炎同志调任治淮委员会副秘书长。

1954年，汪胡桢在日记中记载了离别时的情感，并附有一张照片。汪胡桢写道："马长炎明日晋京，调军委工作，夜晚时，设酒志别，兴致颇高。临别之前，在指挥部门前合影留念。"

前排左起：汪胡桢、马长炎、张云峰
后排左起：周华青、李万忠、张允贵
汪胡桢与马长炎分别合影照片（黄国华提供）

1955年9月，马长炎同志升任治淮委员会秘书长。

在汪胡桢的文章《沸腾的佛子岭——佛子岭水库建设的回忆》的第五篇章，当写到建设大军云集佛子岭，让佛子岭沸腾起来时，他突然联想到自己在前面提到的豹子，本来昼伏夜出的豹子都遁走深山了吗？他说：

> 我还记得，豹子最后光临指挥部的情景。那是1953年冬天，连下了几场大雪，一只大豹只得在半夜风雪中下山觅食。它走到指挥部前的广场上，被保卫科的巡逻队长裴大柱所发现。那时我正宿在指挥部的东屋里，裴大柱恐枪弹伤人，即命队员隐蔽监视，不许放枪，这只豹子到我卧室外向玻璃窗探视一下即逡巡①而去。次晨陈公诚（服务员）、裴大柱都来报告。我到小广场一看，雪地里还有豹子来去时所留下的足迹。

---

① 逡巡：有所顾虑而徘徊、退避不前。

第十五章

工地大学　精神引领

Chapter 15　Organizing On-Site Education，Guiding spirit of Builders

佛子岭大学，作为佛子岭水库建设中的一大创举，堪称一个奇迹。它被誉为新中国第一所培养水利工程建设人才的摇篮，是一所特殊的大学，不发放毕业证的工地大学，"学生"在这里边学习、边实践、边讨论、边建设。从佛子岭大学走出的"学生"，分赴祖国各地的水利工地，都起着顶梁柱的作用。"学生"们把从佛子岭学到的好经验、好做法、新思路、新工艺带了出去，传播至全国。

所以，佛子岭大学是佛子岭精神的具体体现，值得用专门章节加以介绍。关于佛子岭大学，汪胡桢先生这样说：

建国初期的青年知识分子有特别旺盛的求知欲和工作上有闯劲，他们不懂就学，学懂了就闯出去干起来了。他们在佛子岭工作期间可说是日日夜夜都在学习与工作，没有休假日期，没有八小时内外的区别，甚至在被窝里还在念叨着钢筋混凝土。技术室全体同志和工务处部分同志自动组织学习班，每晚在空着的指挥部会议室里上课。他们开亮电灯，在墙上挂了一块小黑板，自己携来小板凳坐着听讲，膝上铺了一块木板写笔记，他们自称这个学习班为"佛子岭大学"。1952年12月下旬，《安徽日报》曾为"佛子岭大学"登了特写。

汪胡桢提到的这篇"特写",是 1952 年 12 月 26 日,《安徽日报》记者冒荠君、李人怡的一篇文章——《佛子岭大学——记佛子岭水库干部和工人的学习热潮》。

从此,"佛子岭大学"名扬全国,至今仍在传颂。

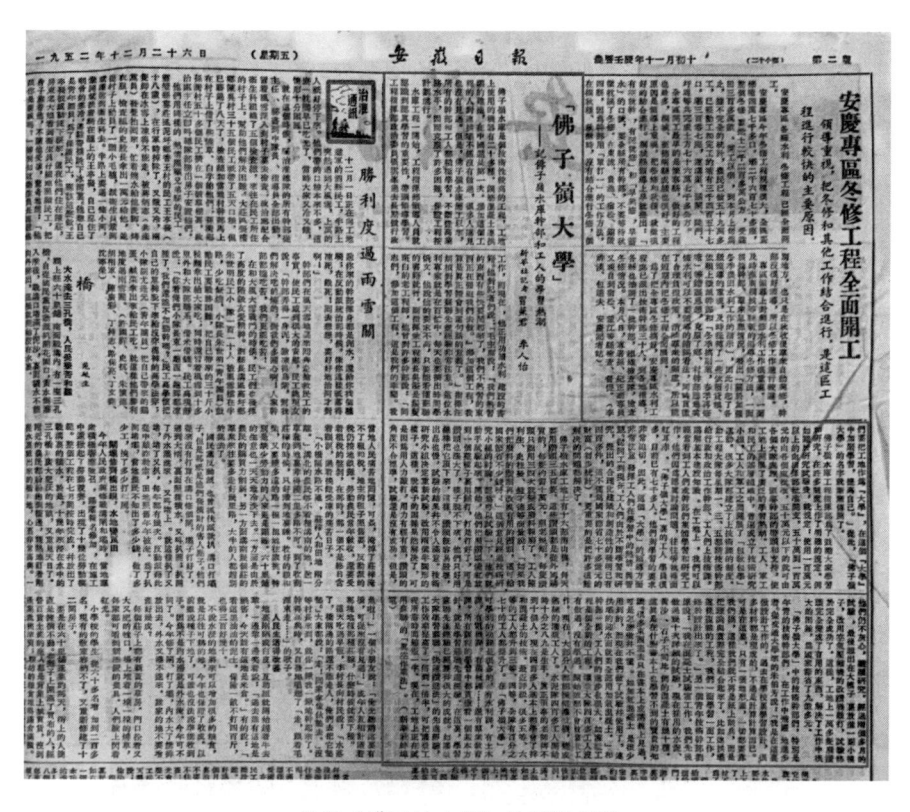

关于"佛子岭大学"的新闻报道

佛子岭水库刚一开工,水库工程指挥部领导就认识到学习的重要性,开始由领导干部带头学习。

指挥部指挥汪胡桢对学习先进的苏联经验非常在意,在百忙中每天都挤出时间学习俄文。汪胡桢说,要求不高,只要能看懂苏联的书籍就行。

指挥部政治委员张云峰,过去一直从事行政工作,到了佛子岭工地后也开始认真学习起水利建设的相关书籍。他对记者说:"毛主席在《论人民民主专政》书中说过,过去的工作,只不过是像万里长征走完了第一步,残余的敌人尚待我们扫灭,严重的经济建设任务摆在我们面前。我们熟习的东西,有些快要闲起来了，我们不熟习的东西，正在强迫我们去做。我参加这个工程，算是真正体会到这句话的意义了。"

指挥部副指挥、工程处长吴溢工程师头发也已斑白，他对许多干部说："同志们，能参加这个工程，这是我们的幸福。我们要把工地当作'大学'，在这个"大学"里加紧学习，提高自己。"

从此，"佛子岭大学"的名声逐渐传开。

2023年，安徽博物院淠史杭主题展览中展出的一张《佛子岭大学》的油画，画面很生动，表现的是佛子岭大学当年进行技术讨论的场景。

这张照片的原型，来自佛子岭水库文化馆的"佛子岭大学"雕塑群，黑板上的内容是一样的。

《佛子岭大学》油画

在回忆文章中，汪胡桢先生描述了佛子岭大学的许多细节，他说：

他们称我为"佛子岭大学"的校长，戴祁为教务长，因为学生互教互学，故学生也都是教师。曹楚生来工地前，已做过上海交大的助教，在"佛子岭大学"里讲课又最多，故大家尊称他为曹教授。戴祁把各人带来工地的技术书籍收集起来，编号入册，放在技术室的一个木柜里，成立了"图书馆"。我蓄书最多，还有许多美国田纳西流域总署和垦务局有关水工建筑物的资料，都成为大家争相借阅的热门书。戴祁有一次出

佛子岭大学雕塑群

差到北京，从外文书店买回来许多俄文的技术书，大家开卷一看，其中插图绘得都非常精细，看了都能看懂，就是书上的文字说明，工地上无人能阅读。恰巧，安徽省新华通讯分社来了一位记者会俄文，大家争着携书请他解释。这位同志很热心，成了义务教师。后来，经过指挥部和新华通讯社商定，使他成为工地常驻记者，正式成立俄语学习班。

"佛子岭大学"的课程，都是和佛子岭建设密切相关的，为当时各大学所没有的，事前由"教务长"和"教师"约定，准备了教材，油印出来，并把讲授日期用海报公布。届时，学生自动听课，上课时既不点名，也不计出席人数，但几乎没有一个人缺席。

当时我讲了"坝工设计通则"，先讲各种坝型，然后把主要设计原则归纳为三种：一要有足够的阻力或反抗力抵抗水库中水的推力，二要能阻止压力水的渗透，三要有足够的强度来抵抗应力。又讲了"佛子岭连拱坝的初步设计"，指出连拱坝的坝面上有很大水重量的存在，是节约坝体混凝土的主因。俞溦芳，曾在香港参加建筑事务所的工作，故讲了"建筑事务所的技术管理制度"。他说，在事务所里技术人员都不用办公桌，因为他们的产品是图纸，所以每人面前只放着一块绘图板，板上有丁字尺、三角板，一只抽斗里放的是计算尺、圆规、云形板（曲线板）、橡皮和削尖的铅笔。他做的是高楼的钢屋架设计，先做力学分析，画成总结构图，再对各部分结构决定型钢尺度，直到连接钢结构件所用钉（当时还不用焊接）都一一计算绘成图纸，图纸尺寸都有标准，可折叠成套。从此以后，佛子岭的图纸都整齐有序，技术室里只有成群的绘图桌了。其他不少同志也担任了讲课，讲的都是经验之谈，如吴溢讲了"建设润河集水闸时的民工管理"，戴祁讲的是"佛子岭水库的水文计算"，谷德振讲的是"佛子岭的地质钻探及评价"。①

谷德振，河南省密县人，地质学家，工程地质学家，中国科学院学部委员（院士），是我国工程地质和水文地质学界杰出的开拓者、奠基人。他1936年考入北京大学地质系，1939年辗转来到国立西南联合大学地质地理气象系复学，1942年毕业。1949年11月1日，中国科学院正式成立后，他受聘为中国科学院地质研究所助理研究员。

中科院地质地球所在《中国工程地质学的开拓者和奠基人——谷德振》一文中，介绍了这位中国工程地质学家，其中有一段讲到了谷德振的为人和他在中华人民共和国成立后治淮工程建设中的贡献。

1951年春，谷德振急国家所急，毅然投身于当时正在初创时期、力量尚为薄弱的工程地质研究中，担任中国地质工作指导委员会治淮地质队队长，进行相关的坝址工程地质勘查与测绘工作。1951至1953年间，谷德振带领治淮地质队完成了10个水库及其大坝的工程地质勘查，编写了11份勘查报告，发表了3篇科学论文，为坝区、坝址、坝线的设计选址和基础处理等都提供了可靠依据。

他们的工作深受治淮工程指挥部的领导和设计工程师们的肯定与支持。

当时与谷德振一同工作的夏其发先生说："谷先生对工作兢兢业业，一丝不苟，解决问题很果断。哪儿有地质问题，来龙去脉搞不清楚，淮委就找谷德振、戴广秀。谷先生很和气，平易近人，平时有说有笑。当时地质专业人员少，工作很紧，他对青年人更是和蔼可亲，在紧张工作之余，讲讲笑话，

---

① 汪胡桢：《沸腾的佛子岭——佛子岭水库建设的回忆》，载水电部治淮委员会《治淮回忆录》，《治淮》杂志编辑部，1985。

让他们开心。"

关于佛子岭的讲课，汪胡桢接着讲到：

> 盛楚杰讲了"钢管的设计"，陈善铭讲的是"溢洪道设计"，朱起凤讲的是"拱垛模板的设计"，刘国钧讲的是"弧形闸门及金属结构"，陈鲁、童慧生讲了"水工混凝土"。曹楚生讲的最起作用，使大家知道连拱坝与垛中的应力是怎样计算出来的，他并为大家学的材料力学与结构力学作了系统的复习。当时技术室的同志又作了一个规定，凡担任的设计任务告一段落时，应在学习班上作一报告，说明设计的原则与成果，并听取大家的批评意见。"佛子岭大学"活动频繁，直到施工后期，大部分同志转轨到梅山水库的设计工作，技术室与工程处合并时才停课。
>
> 我当时供应的书籍与资料是解放前由留美及国内的同行为我搜集的。其中，有唐振绪在美国为我搜集的田纳西流域总署所建各水库的完工报告，徐洽时为我用打字机复印的美国垦务局专题论文（内有巴特雷脱连拱坝的设计报告），须恺（淮委工程部工程师，参加过佛子岭工程建设）给我的阿尔及利亚连拱坝照片及法文说明书。我把参加过设计与施工的美国佐治亚州摩尔根水电站与大坝的图纸也贡献了出来。（编者注：摩尔根水电站大坝，也称摩根瀑布水坝，建成于1904年，长314.25米，高17米，1959年因抬高水位，坝顶加建16个闸门，全部可以过水泄洪。因摩根史密斯为主要投资者，亚特兰大水电公司董事会以他的名字命名了摩根瀑布大坝。）我给大家学习的还有丹尼尔米特教授著的《水力发电学》，周文德为我搜集来的《灌浆技术》（法文）和我编的《中国工程师手册》。这些资料对于佛子岭工程的设计和施工曾起到极大的作用。

谷德振在治淮工程中做野外调查
（安徽省佛子岭水库管理处提供）

摩根瀑布水坝（Morgan Falls Dam）（陈昌春提供）

　　佛子岭工地采取了边工作边学习及技术知识互相交流的方法，使大家得益很大，培养出许多知识比较全面的技术人员。佛子岭完工后，他们又参加梅山、响洪甸、磨子潭等水库的建设，最后分散到全国各地水利水电建设机构工作，均成为骨干技术人员。例如：曹楚生，在佛子岭等水库积累了丰富的实践经验，由水利部派到白龙江建设碧口水电站，又到滦河兴建大黑汀与潘家口水库，后任水电部天津勘测设计院的总工程师。

　　曹楚生，江苏无锡人，中国工程院院士，中国工程设计大师，水利部科技委委员，天津大学教授，水利部天津设计院专家委主任。1948年毕业于上海交通大学土木系结构组后，留校任钢筋混凝土和高等结构力学助教。

　　1951年秋，在新学期开学后不久，当时的华东水利部副部长钱正英来到上海交大，她慷慨陈词，动员有志青年响应毛主席"一定要把淮河修好"的伟大号召，投身于治淮的伟大事业。钱正英那极富感染力的报告，点燃了许多大学生的心田，也深深打动了这位年轻大学助教的心。

　　当时所有土木系和水利系的大学四年级学生都自愿报名参加治淮队伍。作为教师的曹楚生，本可以继续留在大学讲坛上，留在繁华的大上海。但他却义无反顾地和一大批尚未毕业的学生走出了大学校门，投入到火热的治淮工地——佛子岭。

在汪胡桢的领导和主持下，以曹楚生为首的坝工设计组对佛子岭连拱坝进行详细设计。那时，世界上连拱坝问世不久，国内没有搞过这种水坝。但是初出茅庐的曹楚生和他的青年伙伴们，以初生牛犊不怕虎的精神，勇敢地担负起了大坝的设计任务。

国内没有相关连拱坝的任何资料，他们就翻阅和研究仅有的外文资料，以资借鉴。在设计中遇到难题，他们一方面向书本学习，一方面向其他工程技术人员和工人师傅请教或共同切磋。为了弥补知识的不足，年轻的工程技术人员还自动组织起来，每晚在空着的工程指挥部会议室里上课。

曹楚生除担任佛子岭（连拱坝）坝工设计组长外，后来还担任了响洪甸（重力拱坝）和磨子潭（大头坝）工程设计负责人。

1955年曹楚生在佛子岭水库（安徽省佛子岭水库管理处提供）

汪胡桢在文中继续介绍说：

> 丹江口水库工程一上马，（曹宏勋）就被调往担任重要施工任务，后来担任葛洲坝工程的总工程师，指挥建设大军拦住了浩瀚的长江，建成了长江第一坝。朱起凤现任（指1984年，下同）淮委规划设计院总工程师，正在为南水北调东线工程的规划与设计大显身手。王观平远征黑龙江省，现正驰骋于三江平原，要把大片沮洳低地化成沃壤。蒋富生与左兆熙调往华东水电设计院后，参加了新安江、黄坛口、沙溪及飞云江四

个梯级水电站的规划与设计。陈善铭与裘允执调往安徽省水利勘测设计院后,已完成陈村、白莲江、龙河口等水库的规划与设计。陈善铭现任安徽省水利水电勘测设计院总工程师。朱伯芳与汪景琦调到水利水电科学研究院后都成绩卓著。朱伯芳已完成《温度应力》巨著,现致力于水工建筑物的优化设计。汪景琦已完成《拱坝的设计理论与计算》。蔡敬荀现任治淮委员会主任。郭旭升现任安徽省水利厅厅长。程山现任安康工程局局长。赵源仁现任江西省水电厅厅长。"佛子岭大学"培养的一大批人才,都能用"佛子岭精神"展其所长。①

朱伯芳,江西省余江县人,水工结构专家,中国工程院院士,中国水利水电科学研究院高级工程师。1950年,淮河发生了严重的洪灾,国家成立治淮委员会,抽调华东、中南两个大区所有大学土木、水利系的四年级学生参加治淮工程建设,朱伯芳也在其中。1951年毕业于上海交通大学。

1954年朱伯芳在佛子岭水库(安徽省佛子岭水库管理处提供)

在1951年上海交大四年级学生参加治淮的名单中,朱伯芳最初被分在"市镇组",后来他主动到安徽参加治淮。朱伯芳所在的实习学生小分队,被

---

① 汪胡桢:《沸腾的佛子岭——佛子岭水库建设的回忆》,载水电部治淮委员会《治淮回忆录》,《治淮》杂志编辑部,1985。

曹楚生助教带着参加了佛子岭水库连拱坝的设计。

在当时的治淮工地上，除了有留美经验的指挥汪胡桢外，参与建设的绝大多数人员，连混凝土坝长什么样，可能都未见过。为了鼓励全体干部工人的学习和研究，佛子岭水库工程指挥部在许多制度上有明确的规定。如：关于研究试验费，规定使用100万元（旧版币，下同）以上的由指挥部批准，50万～100万元的由各个处批准，50万元以下的可以由各个大队处理。

在各级领导干部的关心支持下，各工地上展开广泛而轰轰烈烈的学习。在工人中，在军工中，在民工中，在各基层组织中，普遍成立了技术研究小组。在工人和军工之间还开展了"包教包学"运动。许多大队都建立了专门上技术课的相关制度。

如：工程大队，每星期一、三、五都会请技术干部给行政和政治工作干部和工人们上技术课，讲解基本建设基础。在工地上经常可以看到工人们或是干部们在集体学习、研究工作，他们认真讨论着问题，往往还争执得面红耳赤。

在"佛子岭大学"里，工人学员多达7000多人，他们对学习的要求非常迫切，这个"大学"的领导特别注重如何激发工人们在学习中的热情与智慧。

从1952年1月水库开工到1952年底，工人们由于不断学习和研究，提出许多合理化的建议和创造性的发明，初步统计多达四百多件，不仅为国家节省70多亿元，更重要的是把很多难题给解决了。

佛子岭水库工地有16台开山机，每天要用钻头300至500个，每个钻头只能用三四次就报废了，而这些钻头都是从国外购买的，每个钻头大约要10万元。工人陈利生、史桂发、钟才德等商量，如果能把旧的钻头加以改造再利用，可以给国家节省不少钱，这个意见经过技术研究小组的讨论后认为可以试试。

起初，他们把废钻头烧红后放到模具里用铁锤锻打，打好了，钻头也涨大了，在模子里脱不下来，试验结果并不让人满意。重新再来，改作了两个半圆形的模子，这样脱模的问题解决了，但是因为是人工敲打，钻头的角度不符合标准，试验还是没有成功。试验小组仍不灰心，继续研究，经过两个月的试验，最后想出在大模子里套一副小模子，改用了空气压缩机的改钻机来敲打，精度提高了，试验终于取得了完全的成功。这样工地上的10000多个废旧钻头，完全变成了有用的东西，不仅解决了工作中很大的困难，也为国家节约了9亿多元。

在"佛子岭大学"中，技术干部，特别是年轻的技术干部，在工作中进步飞快。从交通大学来的朱伯芳说：我们在这里做设计工作，过去在学校里也学设计，很多材料都是现成的，不过是计算计算而已。可是在佛子岭工地，只有一张地形图，一切都要靠我们自己去搞，我们不能只是纸上谈兵，而是把理论与实践完全结合起来了。比如连拱坝这样复杂的工程，我们一边学习，一边工作，终于给设计出来啦。

另一个青年技术干部刘原说：我在混凝土试验室工作，我们先后做过十几个详细的试验。现在采用的水泥、黄沙、石子不同比例的混凝土有十几种，这是什么书上也学不到的宝贵知识。很多东西，过去只在书本上、讲义上见过，可是怎么做并不懂。如加气混凝土是很少用到的，而现在我们做了试验，也使用了，连拱坝的迎水面就要全部用上加气混凝土啦。

与干部们一样，工人们的进步也很大。如：灌浆工程是个全新的工作，灌浆大队有400多工人，没有做过灌浆，没有学过灌浆，开始谁都不会做，通过学习，大部分工人都会操纵灌浆机，变成了熟练的灌浆工人。如：水泥队也有400多工人，开始时十之八九都是生手，真正顶事的老师傅不到10个人，后来基本上全部工人都学会了混凝土拌和技术。经过评级，很多五等、六等的工人，都升到了三等、四等，全队百分之七十以上的工人技术都提升啦。

在"佛子岭大学"，可学到的功课是很多的，有水利课、有土木课、有电机课，还有群众教育课等。所有的课程学习，基本都贯彻一个方针，主要是学习苏联的最先进经验。如灌浆大队学习苏联"快速钻进法"，工作效率提高了一倍多，可以缩短一半工期。还有工地上学习试验苏联的"真空作业法"，等等。

1954年，在佛子岭水库工程即将建成之际，佛子岭水库工程政治部收集整编了一本《佛子岭大学》，由安徽人民出版社出版发行，以纪念难忘的佛子岭大学。

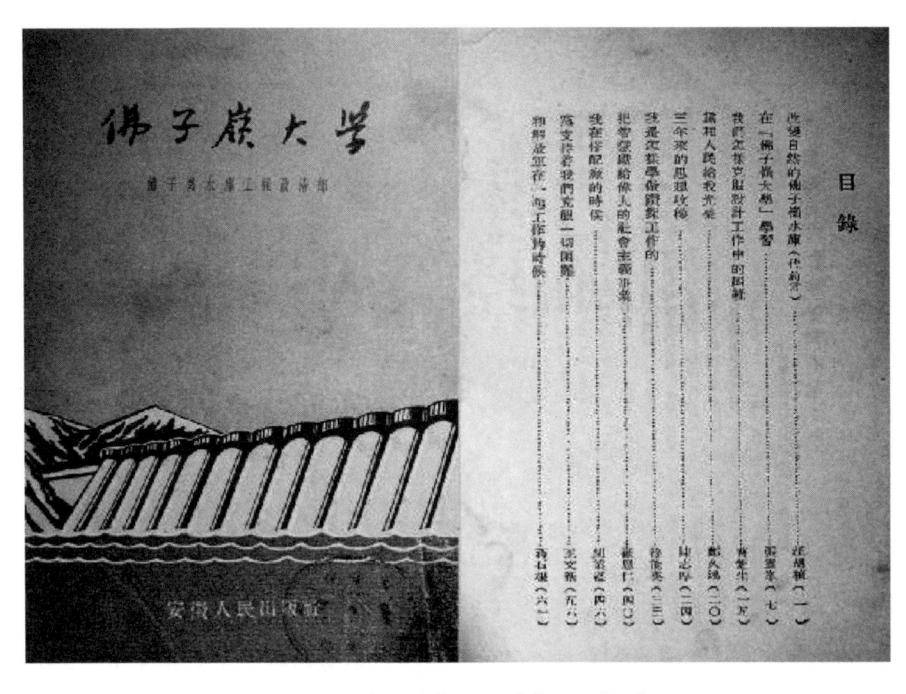

安徽人民出版社出版的《佛子岭大学》

第十六章
苏联经验　技术革新

Chapter 16　Learning From the Soviet Experience and Developing Innovations

汪胡桢在总结佛水岭水库工程经验之时，把成绩归功于党和人民，以及不忘苏联专家的技术支持与指导。他说：

佛子岭水库工程能够胜利完成，苏联专家布可夫与沃洛宁及一些青年技术人员的功绩不能不在此提出。在提出之前，应略述当时的环境。

佛子岭水库的建设标志着我国现代化水利水电工程的诞生。但极大多数的建设者们都未出过国门，从没有亲眼看到过先进国家所建水电站与拦河坝是怎样施工的。他们在学校所受的教育主要是水利科学的基础原理，很少听讲过这些原理怎样在实践中运用。唯一例外，国民党政府曾派了一批学者到美国垦务局去受过水利水电设计与施工技术的训练，但在佛子岭建设时这批学者已由中央燃料工业部接收，到别处去工作了，一个也没有到佛子岭。并且在建国初期，我国正在进行伟大的抗美援朝战争，我国的技术留学生被美国扣留不能回国，技术资料和施工机械统统被美国及其盟国所封锁与禁运，我们所能利用的只是1949年以前的东西。所幸那时还有几位苏联水工专家来到工地，做了多次学术报告，使我们稍开眼界。少数苏联水工专著也在我国翻译出版，给我们传播了新的知识。但那时我们建设佛子岭的工程设计已经完成，并且开始破土施工，有些知识已经用不上了。苏联专家布可夫，建议在泄洪管口加一扩散槽使水舌喷向空际，散如细珠。我们马上请黄文熙领导的南京水利实验室帮助，由陈椿庭做了模型试验，知道它的消能作用确乎很大，我们设计的泄洪管口图纸，跟着就修改了。我们原来安排的大坝施工进度表要在1954年汛后才封拱蓄水，沃洛宁专家建议我们设法把封拱蓄水日期提到6月底以前，在汛前完成。他说这样可使没有封闭的大坝不致受到大汛的威胁，好像手术台上破开肚子的病人，必须先行缝好才

南京水利实验室佛子岭泄洪模型试验（尹引提供）

新建泄洪管口的扩散槽

可离开一样。我们听了，也完全接受了他的建议。我那时闭门构思了好几天，把分段流水作业法加以改进，使坝体升高得更快些。我向党委及联合办公室提出，大家认为可行，就付诸实施。结果使大坝完成日期提早了六个月，远在汛期到来之前就封闭了过水拱。也有一位外国专家是专治水力学的，在工地作了头头是道的苏联水力学发展史的报告，但他后来说到我们大坝是建在光滑的基岩面的，有滑动的可能。据他说，必须把坝基挖深五六米，使垛墙嵌在岩基中才可避免滑动。当时工地上的技术同志都已明白，连拱坝是依靠坝底与基岩间的摩擦力来抵抗库水的推力，没有把坝基挖深的必要，如果把坝基挖深五六米，既耗时间又费投资，是不可取的。即使政工人员听了也不以为然。政治委员张云峰就不赞成他的建议，会后对我说，如果专家的建议是合理的，那么我们在今后的十年里可看一看它是否滑动，如果不滑动就证明我们胜利与他的失败。在我写此回忆录时，张云峰同志还在和我通信中提到这个轶事，说坝的完成已经过三十年了，我们都健在，坝没有滑动，在30年中，坝已久经洪水与地震的考验，而且在1969年汛期因为使用单位提高汛前水位，以致洪水漫坝，坝体仍绝不滑动，可见我们是胜利者。他又说："我曾把专家建议面告吴觉秘书长，吴觉说专家建议违背科学可不去理他。"

佛子岭工程能够胜利完成设计与施工任务，技术室及工务处一些同志的智慧与努力起了很大的作用。

由我提出的连拱坝初步设计，仅从计算上证明坝基摩擦力能抵抗水库盈满时水的推力，横向地震时每一垛墙都能抵抗九级地震力而有余。但我还来不及计算拱圈与垛墙中的应力，据以作出结构设计，证明应力能为结构强度所抵抗得住。以曹楚生为首，以朱伯芳、裘允执、盛正芳等青年同志为助手，费了很长时间去做理论分析与拉计算尺，才把各种荷载下的结构应力计算得一清二楚，证明这些应力能为结构材料的强度所胜任。由于有了这些证明，技术室才敢于发出施工图纸，工务处才敢发号令，在坝体里浇筑混凝土。

垛墙是个空心钢筋混凝土结构，浇筑时需要平板式模板。因为缺少实践经验，工务处第一次提出的模板设计是过宽过重的，安装时重心摇摆不定，模板就很不容易就位。木工朱文祥看出了这个模板的缺点，他就向我建议改用狭而高的预制竹筋混凝土模板，浇筑混凝土后预制模板留在垛墙上可以不必拆掉。我就派技术员陈盛源和他一起设计出了竹筋混凝土模板的图样。朱文祥赶紧做了几块样板，但在安装时仍发现它的重量过大，不易就位，竹筋混凝土在湿混凝土作用下变位很大。结果，大家认为不能采用，他又进一步制造了一种狭长的木模板在工地试用，结果大家很满意，唯安装木模板仍未得满意的结果。我叫技术室的王观平同志就支撑方法进行研究，他很快提出用悬臂梁式桁架梁来解决这个问题，试用后起重工及水泥工（即浇筑工）都认为可行。此后，便全坝推广，当时工地上称这种模板为朱板王梁。①

工程模板（中间为竹筋混凝土模板，两侧为松木模板）

这位研究出"朱板王梁"的木工师傅朱文祥，就是陈登科《移山记》里，在黄岩洞研究模板的虚构人物谭振祥的原型。

拱圈，是个为45度角斜倚在垛墙上的空间结构。

起初，工务处想用悬空的木模板来浇筑拱圈，他们召集技术工人与木工开了一个现场会，觉得垛墙越向上升高，现场建筑拱圈模板越加困难，工作

---

① 汪胡桢：《沸腾的佛子岭——佛子岭水库建设的回忆》，载水电部治淮委员会《治淮回忆录》，《治淮》杂志编辑部，1985。

吊装新型标准模板（朱板王梁）

时对工人造成的危险性也越大。

大家把这个问题向汪胡桢指挥做了汇报，问题提出后，汪胡桢便想到拱圈的模板应该采用钢板及型钢做成的结构，于是亲自画了一张又一张草图。最后决定这个模板的内部结构为三个跨距为13.5米、互相平行的三阶拱，拱面张以钢板，成为一个半圆鼓，名为钢模壳。

每边各用两个支点，支搁于垛墙的边缘上，上面用葫芦（即链条起重器），吊在三脚架上使它稳定，各支点的下面都放一沙箱，在混凝土凝固后，如把箱内的干沙从阀门里引出，整个钢模壳就可以下降十厘米，在凝固的拱圈下留出空隙，使钢模壳可升到高处，再次安装就位。

钢模板安装

汪胡桢说：

"我绘出最后一张草图后，就请技术员朱起凤来，对他讲了，他一听就懂得了我的设计意图。他回到技术室后，用不了几天工夫，就把三阶拱的型钢尺寸与钢板厚度以及支点与沙箱结构都通过计算一一确定，画成了制造图纸。我又请起重队和工务处的同志一道开了一个会，大家都认为可用。我马上就派陈盛源技术员和财供处的同志去上海交铁工厂制造。制成运到工地时，吴溢副指挥长提出在实地使用以前，应安装在一个坡度为45度的山坡上，使起重队实行练兵，并观察沙箱的作用。试验后吴溢同志深表满意，就用此法建成全坝二十一个拱圈。

在建佛子岭时，我国混凝土浇筑技术还很幼稚。当时还不知水灰比为何物，配合时都是简单的1:2:4或1:3:6方式，更不知坍落度及使用加氯剂或任何补加剂。那时，南京工学院已有由吴中伟教授领导的比较先进的混凝土试验室。为了使连拱坝的混凝土浇筑赶上时代的水平，我就派了技术员童慧生、陈鲁、杨崇绪到这个试验室去学习。他们回到工地后，就购置设备，建成材料试验室。苏联专家沃洛宁参观后说，这个试验室很先进，是连拱坝质量的保证。由于他们的努力，定出了各部分混凝土的级配，使用了加氯剂；制定夏季及冬季混凝土的浇筑制

混凝土含气量和坍落度检验

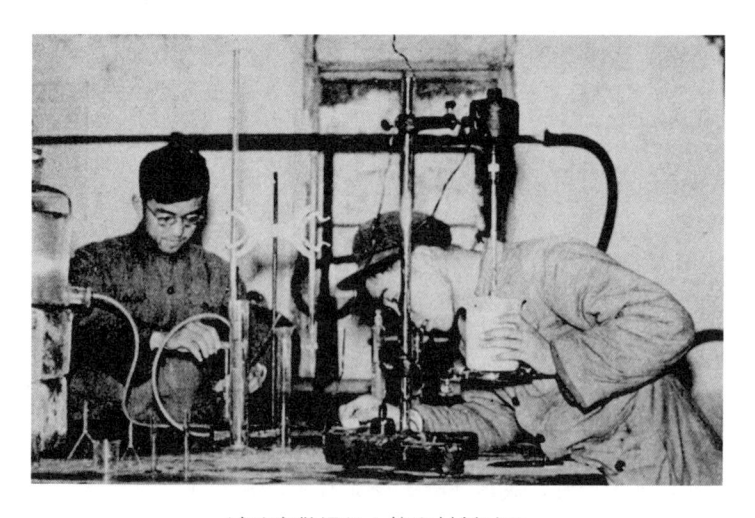

试验室做混凝土掺和材料试验

度，使用了插入式混凝土振捣器，并取样作28天及较长龄期的强度试验。为了降低夏季混凝土的入仓温度，我们拟采用拌和水制冷设备。恰巧上海有一制冰厂登报出售，我们就派技术员陈盛源前去了解。制冰厂的主人一听说造冰设备是建设佛子岭水库所需的，即表示不取任何代价捐赠给了水库。这个造冰设备很快由陈盛源及修配厂技工在工地安装起来，制成冰块与低温的拌和水。

佛子岭的材料试验室还创制了加气剂。那时中央重工业部已利用苏联的技术资料制成混凝土加气剂向外发售，后因材料中的松香需依靠进口，以致价昂亏本而停制。我们知道大别山中盛产松香，故向重工业部取得配方，在工地设置简单炉灶进行生产，供连拱坝浇筑混凝土的需要。

连拱坝的垛墙中设有收缩缝，需用二期混凝土把缝填实，但因二期混凝土仍有些微收缩，可在接触面上造成细缝，放（故）二期混凝土应用膨胀水泥来填实。我从苏联《知识就是力量》杂志上看到膨胀水泥的制造方法，只需添加某些化学物质，水泥即起膨胀作用。我请材料试验室进行试验，经过多次试制，竟获成功，故在第二期围堰内的垛墙收缩缝使用了这种膨胀性水泥。

为能使连拱坝缩短施工周期，于1954年6月以前完成，当归功于分段流水作业法。这个方法是王雨洛同志及其同伴创造的，将在后文详述。

拱前帷幕灌浆

佛子岭大坝的坝基灌浆做得很严密，故坝基极少渗漏。这是以陈志厚、王文炜等同志创造性地努力工作、丝毫不苟的结果。

佛子岭大坝高70多米，怎样把混凝土输送到高处，是一必须解决的问题。因为，建造栈桥和缆道那时都无条件，购置起重机也需很长时间，故只得采用钢塔提升混凝土吊斗的办法。钢塔就设在垛墙之旁，分成多节，随着垛墙上升而增高，再利用电动卷扬机把混凝土吊斗升到多层竹脚手上作水平分布。我把这个意图告知朱起凤后，他很快就提出钢塔等图样，委托上海工厂进行制造。这样配合人力在工地使用，解决了垛墙和拱圈的浇筑混凝土问题。①

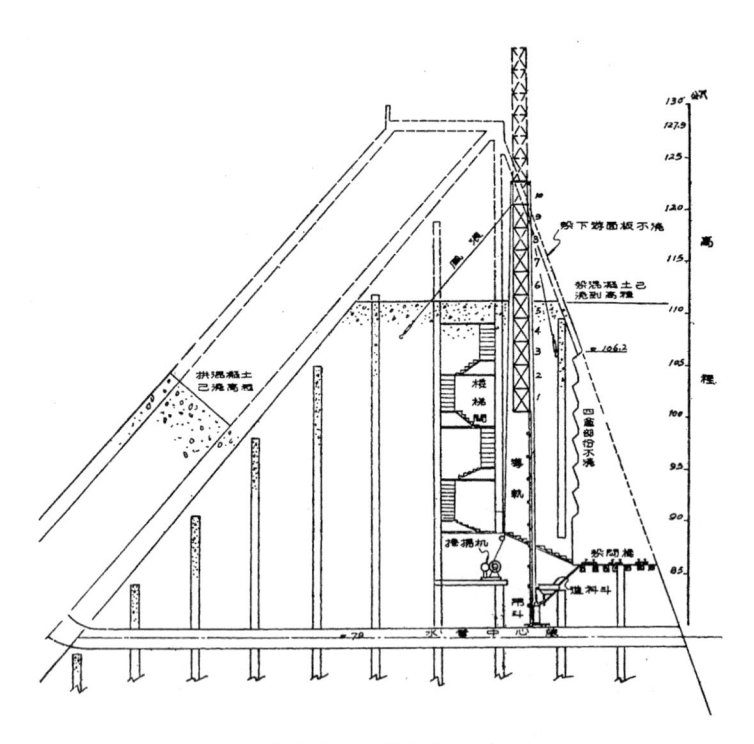

混凝土吊斗塔架立面图

朱起凤在他的回忆文章中，也提到了研制钢塔解决混凝土垂直输送的问题，最后，依靠群众的智慧攻克了施工难题。

---

① 汪胡桢：《沸腾的佛子岭——佛子岭水库建设的回忆》，载水电部治淮委员会《治淮回忆录》，《治淮》杂志编辑部，1985。

例如，关于混凝土的提升，我曾设计过一个垂直输送落地钢塔方案，汪胡老审查时提出："能否节约点钢材？"后来改进为15米高的钢塔，利用垛墙为支承点、来回翻升的方案，实现了节约钢材的要求。再与一台30千瓦的卷扬机相匹配，成为最原始的塔式升高设备。又例如，混凝土浇筑最困难的设备是倒悬45度的拱圈模板。曾参加过建造上海国际饭店的一位工程师提出"满堂脚手，一直到顶"的方案，也是因为耗费钢材太多而被汪胡老否定了。他提出活动模板方案，即以垛墙为支承点，用4.2米（后改为6.3米）的模板，分次拖曳到顶。经过多方面的设计比较，最后来用砂箱支承、侧翼升降和活动轨道的方案获得成功。不仅节省了大量钢材，而且加快了施工进度，特别是丰富了设计人员的思路。

高空作业使用的高空吊塔

汪胡老在佛子岭工程的设计和施工中，非常重视集思广益，博采众长。佛子岭水库大坝的坝型虽然选定连拱坝方案，但在实际建筑中并未全部采用单一的连拱坝型，而是根据当地的地形、地质情况，在右岸采用了一段平板坝和重力坝坝型。施工中混凝土的垂直输送，虽然主要使用升高塔，但仍结合使用缆道浇筑。为了及时解决技术上的难题和克服施工中遇到的困难，汪胡老在指挥部专门设立了合理化建议委员会（我当时是委员之一），广泛发动群众献计献策，保质保量地完成施工任务。在施工紧张阶段，电力能否保证供给是制约工程进度的主要因素。通过群众讨论，采取了集中配电的方案，不但在没有添置发电设备的情况下保证了电力供给，而且还缓解了用电高峰期的矛盾。就是这样，汪胡老以自己的聪明才智，依靠群众的智慧，为我国水利建设作出了前所未有的贡献。①

混凝土高空远距离钢塔缆道输送

为了保证工程质量，提高工作效率，在当时无法从国外引进机械设备的情况下，汪胡桢亲自指导或亲手绘制蓝图，与技术人员和工人一起，自行研制了筛分系统、拌和系统、提升设施、活动模板等简易机械设备。

这些设备因陋就简，土洋结合，自制研发，其效能虽然赶不上洋设备，但经过合理组织施工，总的施工进度并不算慢，整个工程只用了不到三年的时间就全部完成，应该说速度是非常快的。

朱起凤在《峡谷书声 桃李芬芳》的回忆文章中，还谈到了汪胡老的几则故事：

> 车过霍山不远，汽油用完，途中又拦不到过路车借用汽油（50年代的公路上每天难得有三四辆车经过），只好留下司机同志看车，我同汪

---

① 朱起凤：《峡谷书声 桃李芬芳》，载嘉兴市政协文史资料委员会编《一代水工汪胡桢》，当代中国出版社，1997。

胡老步行前往工地。当时，我们唯一能够充饥的食品是汪胡老装在铁桶里的几包合肥特产麻饼和烘糕。我们两人各抱一包，边走边吃，向工地进发。汪胡老一边走，一边把沿途的地质结构情况指点给我：这是花岗岩，那是片麻岩……

更使我一生不忘的是汪胡老以下的几段话。他说："你走出大学校门才两三年的时间，就已经参加了铁桥抢修、淮阴船闸修复、润河集工程等好几个大的工程项目，这是个了不起的好机遇。而我在课堂上教了好多年的钢筋混凝土，却没有亲手做过一个立方米。你这么好的机遇，我一辈子也没有过，真是令人美慕！""干工作要有上进心，还要有点冒险精神，这是动力。墨守成规，畏首畏尾，是干不了大事的。""要有实干精神，工程师的面前要有一块绘图板，一把丁字尺，遇事能够自己动手，这才称得上是工程师。"

同汪胡老一起步行的时间不长，就到达工地。一路上他说的这些话，对我的思想和工作产生了深刻的影响。①

还有另一则故事，是朱起凤先生谈到汪胡老对质量问题的处理和对资料整理的用心：

质量问题是任何一项工程的首要问题，汪胡老十分注意防微杜渐，从点滴抓起。记得在混凝土施工初期，曾在垛墙的外墙边缘嵌了一条约5厘米宽的麻袋片，为此事，整个工地停工整顿一天，并把发生这问题的日子定为"工程质量日"，以此引起人们对质量问题的重视。这次整顿以后，在混凝土浇筑中再也没有出现过质量问题。工程完工以后，汪胡老动员各施工单位的大批技术人员，足足用了两年时间进行工程总结，形成了一套从勘探、设计、施工和混凝土试验的完整技术资料，为后人留下了宝贵的经验财富。②

---

① 朱起凤：《峡谷书声 桃李芬芳》，载嘉兴市政协文史资料委员会编《一代水工汪胡桢》，当代中国出版社，1997。

② 同上。

汪胡桢在佛子岭水库成功研制和试用移动式塔吊、滑模技术，提出工程质量安全日和水利工程验收办法，这些创新和实践几乎可以肯定是开创性的，处于行业领先水平。

佛水岭水库工程的技术资料和经验被凝练成一套丛书——《佛子岭水库工程技术总结》，共有九个分册，分为《水库计划》《坝身设计》《施工管理》《土石工程》《灌浆工程》《钢筋混凝土工程》《输水道及溢洪道工程》《工程照片》和《工程图样》。该套丛书，由佛子岭水库工程指挥部于1954年12月在蚌埠的治淮委员会印刷厂印制。资料详细记述了各个施工环节的技术经过，包含技术分析、技术发明、工程技术经过、问题分析和处理过程，等等，是一套非常有价值的佛子岭水库设计施工建设大全。

《佛子岭水库工程技术总结》书影

同时，还印制有一本综合性的《佛子岭水库工程工作总结》。

关于汪胡桢紧盯工程质量问题，在佛子岭水库施工中的案例有很多。这些案例都说明了佛子岭水库建设的工程质量比想象的还要好的真实原因，整个工程完全达到了预期设计目标。曹楚生的《难忘的佛子岭》一文也提到过一则故事：

> 大坝建筑中的基础处理，特别是在岩石地基上如何浇筑混凝土，是保证大坝质量的关键问题，对施工人员来说也是新课题。为此，汪胡老专门摘译了美国垦务局关于如何在岩石地基上浇筑混凝土的技术资料供大家参考。按照要求，一定要从地面开挖到新鲜、坚硬、完整的岩石，

才能在上面浇筑混凝土。如果达不到要求，就要继续往下挖；如果已经达到了要求，则不要再盲目下挖。佛子岭水库大坝坝址左岸的岩石为花岗岩，质地不好，风化层厚，开挖深度已超过20米。当天看岩石质量已达到要求，但过了一两天再去看，却又风化变软。经过在现场几次开会研究，决定继续深挖，一直挖到30多米深，仍不见好岩石。根据这一情况，汪胡老决定把这一部位的坝体改为实体重力坝，上接平板坝，以降低地基应力，适应该处的地基情况。在基岩上第一次浇筑混凝土时，汪胡老亲临现场监督，要求十分严格，一丝不苟，毫不马虎。例如，当基坑岩石已达到要求，浇筑混凝土前，必须用水清洗基坑，并用抹布把水迹擦拭干净，才可浇筑，一点也不含糊。汪胡老这样的严格要求，不仅保证了佛子岭水库建设的高质量，而且也为国家培养了一支素质较高的施工队伍，并形成了良好的工作作风，在后来的各项工程建设中产生了深远影响。记得在"文化大革命"期间，我在西北碧口水电工程工地工作。当时因施工紧张，临时调当年曾在佛子岭工作过的老施工队伍来支援。这支队伍的工人师傅仍用汪胡老交代的老传统，一丝不苟地将基坑的水清干并用抹布擦干，再浇混凝土。而当地施工队的人则不以为然，因为他们习惯在基坑的水未完全清干，甚至在有水的情况下浇筑混凝土。两种工作作风形成鲜明对比。[1]

佛子岭水电站，是由陈骏武电机工程师设计的，帮助机电安装的为戚殿来同志。1954年10月24日，第一台机组安装完成，功率为1000千瓦；11月24日，第二台机组安装完成，功率为1000千瓦；1957年3月1日，第三台机组安装完成，功率为3000千瓦；9月30日，第四、五台机组安装完成，功率均为3000千瓦（老厂）。1967年5月，第六台机组安装完成，功率为10000千瓦；1973年6月25日，第七台机组安装完成，功率为10000千瓦。

---

[1] 曹楚生：《难忘的佛子岭》，载嘉兴市政协文史资料委员会编《一代水工汪胡桢》，当代中国出版社，1997。

确定水轮机中心位置并校正水平

发电机安装完成

第十七章
群贤毕至　少长咸集

Chapter 17　A Group of Wise Men Gathered Together, Young and Old

在佛子岭水库建成30周年的时候，汪胡桢对佛子岭水库工程的建设历程仍然记忆犹新，他将社会各界的支持与鼓励铭记在心，把成就归功于党和人民，将功绩归于参与建设的工人和干部，以及各级领导的关心与支持。他将帮助和参与佛子岭水库建设的人物和故事整理出来，并在《沸腾的佛子岭——佛子岭水库建设的回忆》一文中一一展现。汪胡桢对在佛子岭水库建设期间做出重大贡献的领导和社会各界支持者进行了场景再现，并将其转化成文字，记录在历史之中：

曾希圣同志对建设佛子岭水库支持最力（大），曾多次到工地视察。第一次他为了解决水库移民问题来佛子岭，当时工地上只有测量队与地质队的人员。他和霍山县委同志轻装简从，翩然骑马而至。因为无人曾与识面，不知他是何人。后从同他一起来的保卫人员口中，才知道他是皖北行署主任（那时安徽省政府还未成立，分皖北、皖南两个行署）及治淮委员会副主任。他命保卫员于汪家冲的农家找到宿处，并由农民管饭。晚间他始通知测量队长到他那里，在茶油灯下阅看测量队提供的库区地形图。次日，他又偕地质人员到工地的荆棘丛中了解坝址地貌与地点。他在佛子岭又接见了不少农民群众，听了他们对建设水利水库及迁移生产环境的意见。住了两天，又骑马向上游而去，也不知他在哪一天经过佛子岭返回合肥的。

1951年12月12日佛子岭指挥部成立才旬日，淮委主任曾山同志同曾希圣同志、秘书长吴觉、财务部长龚意农及华东工业部、华东建筑工程公司负责干部来到工地与我和指挥部技术人员共同研究连拱坝的施工方法。一位建筑师明确表示，如此伟大的建筑工程在我国是旷古未有的。

治淮委员会主任曾山（右二）偕秘书长吴觉（左二）、财务部长龚意农（中）到佛子岭水库工地与佛子岭水库工程指挥部指挥汪胡桢（左一）、政治委员张云峰（右一）研究建造连拱坝的计划

1952年5月8日中央水利部傅作义部长偕淮委曾山主任、曾希圣副主任、苏联专家布可夫同来佛子岭视察。傅部长在会议室里陈列的模型旁谛听了我对连拱坝的汇报后，深为赞许，吩咐大家要热情工作。后来，我到傅部长卧室谒见，见他虽是一生戎马，但平易近人，而且谈吐风雅，谈及他在青少年时，也曾想学习水利工程，看到河海工程专门学校招生广告怦怦心动，如那时考进了这所学校，今天可和你们在此共同建造佛子岭水库啦。

1953年5月治淮委员会改组，由谭震林任淮委主任委员。30日他便偕水利部副部长李葆华及谭夫人、吴芝圃和彭晓林、管文蔚、黄岩、黄夫人、牛树才、谢家泽到佛子岭水库工地视察，听了我的汇报，对工地同志温语勖勉。

谭震林（前排左二）、李葆华（二排右二）、管文蔚（前排左三）等到佛子岭水库工地视察（前排左一为汪胡桢）

汪胡桢在创作《沸腾的佛子岭——佛子岭水库建设的回忆》时，话匣子一经打开，一幕幕战天斗地的影像滔滔不绝涌现而来，一个个惊心动魄的故事自然流露出来。这其中，他提到，在佛子岭水库施工期间，国内外人民团体及知名人士、水电专家、水利学校师生来工地参观者甚众。本书结合汪胡桢回忆记录汇总如下[①]，作为水库建设大事记。

1950年3—6月，淮河水利工程总局派溮河查勘组查勘溮河东、西二源流域及佛子岭、磨子潭两库坝址，编写《溮河流域整治开发意见》报告。

11月，浙江省地质调查所盛莘夫等来佛子岭进行坝址地质的查勘工作，编写《溮河流域蓄水库查勘简报》。

国家燃料工业部水力发电工程总局、华东农业部和治淮委员会共同派队，进行第二次溮河东、西二源流域及两库坝址查勘，编写《淮河流域溮河东西源水库复勘报告》。

1951年3—6月，治淮委员会工程部组织溮河水库设计工作队，进行第三次溮河东、西二源流域及两库坝址查勘，编写《溮河水库工程规划书》。

[①] 时间参考《佛子岭水库工程工作总结》大事记。

3—7月，由范学斌、王绍廉领导的淮委工程部第七测量队，对佛子岭水库及其坝址地形测量。对水库区用三角和导线作了小比例尺的地形图（1/10000），对坝址用导线测量作了大比例尺的地形图（1/1000）。

4月10日，治淮委员会工程部，设立淠河六安水文站和淠河东源佛子岭水文站。佛子岭水文站开始观测水位。

中旬，在佛子岭水库以上流域内设立了佛子岭、磨子潭、阔滩河、包家河、上土市、千笠寺等6个雨量站。

4—6月，中国科学院地质研究所谷德振、戴广秀等来佛子岭做第二次坝址地质的查勘工作，编写《淮河中游淠河东源山谷水库地质报告》，并提出4个坝址的初步意见。

1951年10月10日，佛子岭水库工程指挥部成立。汪胡桢任指挥，吴溢任副指挥，张云峰任政治委员、张允贵任政治部主任。周华青为总务处长，李泰安为财务供应处长，俞潄芳为技术室主任，吴溢兼任工务处长。

11日，佛子岭水库启用印信呈报备案。同日淮委发秘字第134号批文，准予备案。

31日，六安至佛子岭公路全线通车，建设大军从四面八方汇集佛子岭水库工地。

11月5日，淮委会规字5439号文批复，梅山水库设计工作队自1951年11月1日起并入佛子岭水库工程指挥部。

12日，召开技术专家会议，研究讨论坝址、坝型问题，于17日结束。

同日，淮委邀请国内水利、水力发电、建筑、结构、地质等方面的专家，在佛子岭水库工地开会，研究水库坝址、坝型等问题，17日结束。此次会议在佛子岭水库的资料中称为"专家会议"。

17日，水利部决定佛子岭水库大坝C—C断面坝轴线下移12米，拱的坡度改为48度（1∶0.9）。

12月1日，佛子岭工程指挥部成立秘书处、政治处、工务处、财供处、技术室等管理机构，正式开始佛子岭水库建设筹备工作。

12日，治淮委员会曾山主任和淮委秘书长、各部部长，以及华东工业部、华东建筑工程公司负责干部到佛子岭水库工地，研究建坝问题，并作出初步决定。

19日，淮委派员会同霍山县政府测量佛子岭水库蓄水区淹没线，调查淹没经济损失。

1952年1月9日，佛子岭水库清基工程破土开工，标志着水库建设土建工程正式动工。

是日，中国人民抗美援朝志愿军归国代表团一行20余人来工地参观。志愿军归国代表团说：你们在这里与大自然作战，搞得如此热火朝天，我们回到前线后要向抗美援朝战士报告，借以增进士气。

是日，佛子岭水库清基工程开始，分两期进行，先是西岸，后是东岸。

同日，中国人民志愿军归国代表团及朝鲜人民军访华代表团一行20余人来佛子岭参观水库工程。

2—3月，佛子水库工程指挥部，陆续补测了水库坝址的1/500地形图。

3月，第一期围堰开工，6月底全部完成。

4月10日，水库坝址地质钻探工作告一段落，决定了坝轴线的位置。

水库坝基固结灌浆

27日，指挥部召开第一届工人代表大会。

5月1日，工地举行"五一"国际劳动节庆祝大会，并上书毛泽东主席，表示坚决修好水库的决心。

8日，中央水利部部长傅作义同水利部顾问、苏联水利专家布可夫及地质、隧洞等专家，组成的水利工程检查团，在淮河上游检查后，由治淮委员会曾山主任、曾希圣副主任、吴觉秘书长、钱正英副部长陪同，来佛子岭水库工地视察和指导工作。

同日，指挥部张云峰政委、中国人民解放军水利工程第一师马长炎师长等，赴京研究水库与水利师部队的组织关系问题。

27日，水库坝基固结灌浆工程开工。

同日，溢洪道开凿工程开工。

同日，上海国华机器厂制造的国产第一台风动振捣器，第一次在佛子岭水库工地使用。

6月22日，指挥部政治处改组为政治部。

30日，由中国人民解放军某部改编的水利工程第一师参加佛子岭水库工程建设。经淮委批准，任命汪胡桢为指挥，水利一师师长马长炎任第一副指挥，吴溢任第二副指挥，张孟云任第三副指挥。张云峰任政治委员，徐速之任副政治委员，张宏盛任政治部第一主任，张允贵任政治部第二主任，李万忠任政治部副主任，组成佛子岭水库工程指挥部。

7月1日，中国人民解放军水利工程第一师奉命来到佛子岭参加水库工程建设。

同日，钢筋混凝土工程开始浇筑。

8月28日，佛子岭水库工程指挥部职工子女小学成立。

9月10日，安徽省公安厅批准佛子岭水库工地成立公安分局，隶属六安专署公安处。

12日，设立工地指挥所，由正副指挥、正副政委暨各处负责人轮流值班，指挥工地全部工程。

18日，根据地质开钻探补孔分析，将坝轴线平行下移12米，最终定位坝轴线。

30日，中央人民监察委员会派高级专员会同安徽省人民政府监察委员及治淮委员会有关人员，来佛子岭水库检查。

10月21日，水库工地开始使用滤水作业法及真空作业法。

28日，工区举行第一次合理化建议授奖大会。

30—31日，出席亚洲和太平洋区域和平代表会议的智利、哥伦比亚、哥斯达黎加、塞浦路斯、厄瓜多尔、危地马拉、洪都拉斯、伊朗、墨西哥、尼加拉瓜、巴拿马、秘鲁等国的和平代表近百余人，由荣高棠同志率领，分两批来佛子岭参观。

各国和平会议代表参观佛子岭水库工程

11月11日，指挥部机构调整，将原秘书处改为办公室，技术室与工务处合并，改称工程处。

12月14日，西藏致敬团和昌都地区（今昌都市）人民国庆节观礼代表团127人，在西藏致敬团团长柳乌霞、土登塔巴和昌都国庆节观礼团团长格桑旺堆的率领下，来佛子岭参观水库工程。

西藏致敬团和昌都国庆节观礼团一行向汪胡桢献上了哈达。据汪胡桢介绍，西藏人习惯用竹片蘸墨代笔书写，西藏的竹片来自内地，十分稀罕，见到佛子岭山中到处是铺天盖地的毛竹，甚至工地房屋都用毛竹为屋架，大为惊异。所以在临行时，汪胡桢给代表团赠送了两大捆毛竹段。

西藏代表团参观佛子岭水库工程（安徽省佛子岭水库管理处提供）

26日，《安徽日报》刊载特写，称"佛子岭水库技术学习班"为"佛子岭大学"。

1953年1月10日，原工程大队，改组为工程总队。

13日，罗马尼亚贸易代表团15人来参观水库工程。

15日，新疆牧区参观团，一行59人，由团长巴提汉、副团长苏史清带领来工地参观，我作了报告。

18日，指挥部召开第二届工人代表会议。

2月5日，汪胡桢写信给苏联专家布可夫，征求对工地采用混凝土模壳的改进意见。

3月1日，第二期围堰，分上下游两段，先后开工，5月15日堵口合龙。

3月20日，输水道钢管闸门安装工程开始。

3月，全国人民慰问中国人民解放军代表团文工团在佛子岭水库工地慰问演出。

泄洪钢管准备试装

泄洪钢管进口段校正

解放军文工团在佛子岭水库工地慰问演出（安徽省佛子岭水库管理处提供）

3月10日，输水管道钢管闸门安装工程开工。

4月24日，指挥部举行第一次庆功大会，郑久鸿、刘文彬、胡业盛、朱根兴等176位模范受到奖励。

5月4日，蒙古人民共和国艺术团来工地参观与慰问，汪胡桢欢迎蒙古国艺术团，并致欢迎词。艺术团在露天广场演出两次，每次都观者如堵。

5日，芬兰文化代表团十人，由团长茜尔薇·古科宁夫人、副团长毛里卢玛率领，来佛子岭参观慰问。

8日，水利部派来实习人员，为王守道、方松、刘慕贤、傅英旺、侯建初、文福安6人。

10日，水库二期围堰合龙堵口。

15日，东岸第二期围堰初次堵口合龙。

30日，治淮委员会改组，谭震林任淮委主任委员。

同日，谭震林偕水利部副部长李葆华及吴芝圃、彭晓林、管文蔚、黄岩、牛树才、谢家泽等，到工地视察。

同日，华东财委副主任张劲夫来工地视察。

6月1日，青岛工学院水利专科学生60人来工地进行生产实习，汪胡桢亲自做了关于规划、地质、坝型、施工经验的报告。

3日，江西省水利局工程师涂传桂、温廷华、谢恩、雷大勋、熊振球、关仁守等6人来工地参观，汪胡桢作了报告。

11日，上海音乐学院学生92人，由司徒院长率领来工地慰问演出，教师周小燕（歌唱家）同来，她多次为工人演唱，轰动工地。7月28日始返。

19日，安徽森林局张武君局长及大别山林区管理处傅焕光处长来工地参观。

傅焕光是林业专家，在工地上介绍了大别山林业资源情况，又说我国做瓶塞用的软木一向来自外国，每年耗资不少，他看到大别山中有栓皮栎，它的树皮实即软木，就剥取样品交上海制药厂试用，结果与舶来货一模一样。

上海商人闻之，始到大别山采购，大批软木原料先由竹筏运到佛子岭，再转运到上海。其后，经他调查，栓皮栎不但大别山区有，湖北、湖南等省山区都有，从此我国再无需进口软木了。

22日，华东民政部宋日昌部长及华东纪律检查组同志来工地参观，汪胡桢作了报告。

同日，长江上游局工程师李镇南和唐鼎成来工地参观，又由汪胡桢作了报告和交流。

27日，淠河涨水，最大流量达4000立方米每秒，第二期围堰漫溢溃决，工地交通中断，工程被迫暂停。

7月7日，修复工区交通，恢复正常生产。

8日，中共中央华东局王雨洛同志等、治淮委员会工程部张太冲副部长等率领工作组14人，来佛子岭协助进行生产改革。

23日，工地试行坝身钢筋混凝土施工平行流水作业法，至8月14日胜利结束。

8月3日，大连工学院（现大连理工大学）土木系结构与水电站建筑物专业学生57人、教师3人，来工地进行生产实习。

12日，同济大学教授吴一清、助教徐声祖、唐云祥、吴庐，为绘制佛子岭纪念碑亭图案来工地。

同日，南京师范学院教授陆地、王木东、谭勇、袁振溪、伍霖生、张子生，南京工学院教授李晨剑，美术家余钟志、蒲廷英（女），文学家艾明来工地参观，汪胡桢作了报告。

17日，治淮委员会对佛子岭水库的组织领导进行了人员调整，决定吴溢为第一副指挥，童振铎为第二副指挥，李毕云为第三副指挥，祁策为指挥部办公室主任，戴祁为副主任，俞漱芳为工程处长，王勤源、赵轩斋为副处长，张允贵为政治部第一主任，吴涛为第二主任，陈欣南为副主任。

30日，指挥部主要负责同志奉治淮委员会谭震林主任电召赴沪研究工作。

9月1日，实行生产改革，调整指挥部机构，全机推行平行流水作业法。

11日，苏联专家布可夫、沃洛宁，水利部规划司司长王雅波、技术员徐乾清、王学孟、张海伦、青先春、李洪恒，计委李成秀等来佛子岭。

沃洛宁专家建议，佛子岭水库应争取在明年汛前完成，以免坝体留洞遭受洪水威胁。

14日，新华通讯社少数民族记者参观团来工地参观，有维吾尔、回、哈萨克、乌兹别克、藏、苗、彝、傣、僮（壮）、蒙、汉10多个民族34人，由团长王康、吕苇君率领，汪胡桢作了佛子岭水库工程报告。

20日，东岸第二期围堰，最后修复合龙。

25日，佛子岭水库开始兴建宾馆，至1954年1月完工，总面积446平方米。

10月1日，安徽交通厅李浩然厅长，偕干部20余人，来工地参观。

5日，汪胡桢指挥、张云峰政委赴治淮委员会，请示水库第二期工程施工方案，决定1954年汛期水库起拦洪作用。

11日，安徽农会书记吴云培等4人来工地参观（吴云培曾在淮委任事）。

26日，林业部苏联栓皮专家巴诺夫来工地参观。

30日，工程指挥部成立工程验收委员会，汪胡桢为主任委员。

11月12日，吴溢副指挥，出席中央水利部全国水利会议。

18日，第二期工程开始混凝土浇筑。

20日，华东水利学院教授张书农、李新民、周跃廷、申怀等4人来工地参观。

22日，治淮委员会吴觉秘书长来佛子岭，传达国家在过渡时期的总路线和总任务的报告。

27日，西岸封拱围堰合龙，封拱开始。

12月4日，华东农林水利局唐铭、农林厅王仲屏等4人，到大别山调查林产品，经过工地，进行参观。

13日，坝身清基工程，全部完成。

20日，中央机械工业部工程师李岳等二人，到工地帮助安装高压闸门。

24日，华东文化局著名雕塑美术家刘开渠来工地参观。

25日，第二期闸门安装工程开工。

29日，安徽省委李世农、华东军区参谋长周骏鸣来工地参观，由张云峰作报告。

同日，赴朝慰问团22人从朝鲜回国，来工地参观，由汪胡桢作报告。30日，西南行政委员会副主席王维舟等十余人来佛子岭参观，由汪胡桢陪同参观并作报告。

1954年1月3日，皖北赴朝慰问团由王烽率领回国，来工地传达前线作战情况，并参观连拱坝工程。

同日，西南赴朝慰问团40余人来工地参观。

4日，华东钢铁建筑公司员工5人来工地研究如何缩短水电机组引水钢管的安装时间。

11日，华东水利学院教授刘宅仁、张书农、李新民、顾兆勋、谭天熙、朱培寿、宋祖诒、王之霞等8人，助教20余人，来工地进行生产实习。

1月10日至2月6日，清华大学水利工程专修科130人、教师10人，在工地作生产实习。

15日，经水利部同意治淮委员会请示，佛子岭水电厂并入水库，作为同一个建设单位。

17日，华东水利学院李崇德教授偕学生20人来工地参观。

21日，清华大学水利系学生40余人来工地作生产实习。

同日，中央水利部张全同志来佛子岭，共同研究梅山水库的技术设计。

汪胡桢召集华东水利学院及清华大学水利系教师与张全同志一起，召开座谈会，在座谈会中大家谈到了国外水利水电科学的新发展，可供我们学习。李崇德教授说，苏联开始建设水利工程时多用人力，工地上人山人海，到处是人，后来政府下令，不准用人力负重运输。从此以后，用机械代替人力，机械日渐发达，工地人力就相应减少了。汪胡桢听后，深有同感，并说：佛子岭水库开始施工时，我国机械工业还很不发达，又受外国封锁，得不到任何施工机械，生产的订货需时很久，故我们不得不用人工来浇筑，混凝土工程开始后，也只能做到人工配合一些机械来工作。今后，梅山水库开工后，情况当可稍好一些。

27日，燃料工业部水电工程师8人，由王平率领来工地，参观毕，并在指挥部召开座谈会。

同日，新疆水利参观团26人，由水利局副局长率领，来工地参观，汪胡桢作了长篇技术报告，后由祁怀五偕往工地，详细参观。

29日，工区举行第二次合理化建议授奖大会。

30日，天津大学助教8人、淮河水利学校教师6人来佛子岭参观，汪胡桢作了技术报告。

2月1日，指挥部联合办公会议决定，原火电厂与水电工程队合并为电厂。

6日，汪胡桢指挥、张云峰政委出席治淮委员会1953年治淮工程总结会议，3月1日返部。

9日，输水道钢管闸门安装工程全部完成。

12日，苏联专家高尔竞柯由清华大学张光斗教授陪同，到佛子岭指导工作，作了学术报告，提出了佛子岭大坝必须注意的问题，如仪器监测等。高尔竞柯教授指出，佛子岭坝钢筋率比苏联规范为少。

经汪胡桢研究分析："佛子岭大坝的钢筋率，拱0.338％、垛0.314％，和美国巴特雷脱坝，拱0.336％、垛0.29％，相比都较多；大达尔墩（阿尔及利亚贝尼巴德尔Beni-Bahdel连拱坝），拱0.336％、垛0.22％；哥伦比亚河（阿尼奥克斯坝Anyox连拱坝），拱0.38％、垛0.19％，也较少，大概苏联规范偏于安全。"①

张光斗（右二）教授陪同苏联专家高尔竞柯（居中）在佛子岭工地（黄国华提供）

3月5日，全国人民慰问中国人民解放军代表团四总分团六分团一行802人，由余正团长、刘参谋长率领，来工地慰问，汪胡桢作了建设佛子岭水库的报告。慰问团带来的文工团在工地演出，11日始返。

10日，指挥部召开编写《佛子岭技术丛书》第一次会议。

---

① 汪胡桢：《沸腾的佛子岭——佛子岭水库建设的回忆》，载水电部治淮委员会《治淮回忆录》，《治淮》杂志编辑部，1985。

11日，西岸封拱工程全部完成，导流从闸门下泄。

14日，安徽省军区党委与六安军区代表及地委、市委书记多人来工地参观，由汪胡桢作了报告，由张云峰导往工地参观。

16日，淮河水利专科学校学生来工地学习，由汪胡桢讲了水利工程施工方法。

淮委淮河水利学校野外测量实习（安徽省佛子岭水库管理处提供）

17日，佛子岭水库邀请了中央美术学院华东分院张怀江院长等，来工地研究佛子岭水库的美化问题。同来者有马承镖、陈志华、李剑晨、谭勇、于浩、俞云阶、何启陶、周诗成、周觉钧、顾炳鑫、陆地等。

张怀江在工地作画16幅，余人也作画数幅，1955年4月，由上海美术出版社汇编印成《佛子岭水库画集》。

在《佛子岭水库画集》前言中，编者指出：

在修建水库的这一改变自然的伟大斗争中，建设者们克服了数不尽的艰难困苦，发挥了高度的智慧，涌现了许多英雄人物。这一伟大的劳动成绩，感动着千百万人民。

在水库兴工的过程中，许多美术工作者会到工地上去体验生活和写生。这里所收集的三十九幅作品便是其中的一部分，都是当时当地的实录，虽然有些还是属于创作的素材，但作为反映这一伟大建设的面貌，集在一起出版，还是有意义的。

此画集，谨作为佛子岭水库胜利完工的献礼。

画集，共包含39幅作品，有水彩画、国画、油画、速写、素描，还有木刻画等。

其中，张怀江有一组素描，共16张，较为全面地反映了水库工地施工和生活的多个场景，故事情节涵盖面大，人物描写生动感人，并对当年水库工程建设过程进行了简要描述，非常具有代表性。

《佛子岭水库画集》封面

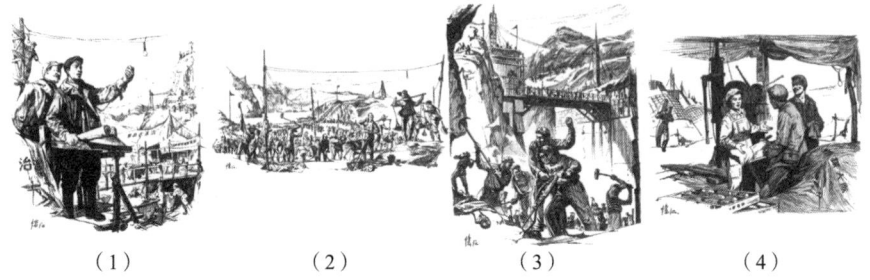

（1）　　　（2）　　　（3）　　　（4）

（1）技术人员：这座大山得全部移掉！

（2）民工：咱们比一比挑的挖的哪个快！

（3）军工：风钻赛机枪，不怕顽石强！

（4）女钻探手：记者同志！咱出身贫农，没文化，当初学钻探可困难呀！

（5）　　　（6）　　　（7）　　　（8）

（5）老师傅：你们学得好快，真行！天快亮了，该歇了吧！

（6）测量员：将来坝顶在这里！

（7）水泥工：加劲儿吧伙计，百年大计，质量第一！

（8）工厂送来了器材

（9）　　　　　（10）　　　　　（11）　　　　　（12）

（9）山区农民把木材运来了

（10）献上儿子献上心

（11）咱们要使千万个齿轮旋转！

（12）工间的午餐

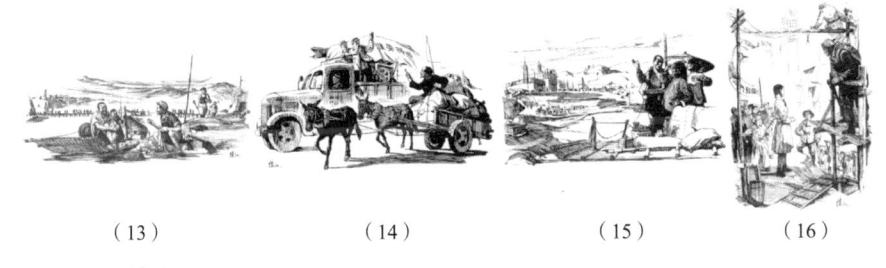

（13）　　　　　（14）　　　　　（15）　　　　　（16）

（13）谈心

（14）王大伯！辛苦了！回头工地上见！

（15）妈！我可没有骗你吧！你瞧多高！

（16）歌唱劳动！歌唱我们幸福的生活！

张怀江，1922年生，浙江乐清人，原名隆超，笔名施木、槐岗等。1946年毕业于上海美术专科学校，参加中华全国木刻协会。1950年起任教于国立艺术专科学校，历任浙江美术学院教授、教务长、中国版画家协会理事、浙江文联委员等职。

张怀江擅长黑白木刻，艺术语言单纯概括，讲求视觉节奏感和刀木之韵味。其作品多取材于生活，尤以表现人物见长，其对人物特征的刻画与精神内涵的挖掘，堪称入木三分。

在画集里，还有一幅周觉钧的国画，名为"佛子岭全景"，反映了1954年佛子岭东部工程赶工的建设大场景。

周党钧《佛子岭全景》

画集中，还有许多反映佛子岭水库工程建设的好作品。

17日，工区发生火灾，烧毁工房、仓库等1000余间。在这次大火中，大礼堂也被烧毁，汪胡桢心疼许久。

30日，参加安徽省青年代表大会的200余人来工地参观，由汪胡桢作报告。

4月11日，淮委下游局祝家栋等15人参观工地。祝家栋是1931年汪胡桢在皖北修筑淮堤时的旧友。

17日，河南省水利总指挥部20余人，由姚天骥、陈业清率领来工地，由汪胡桢和张云峰等作详细报告。

19日，上海作家协会文学家靳以来佛子岭小住，体验生活。

靳以，作家。姓章，名方叙，又名章依，笔名靳以（20世纪30年代起用）。新中国成立后，曾任复旦大学教授，《收获》杂志主编，中国作协书记处书记，中国作协第一、二届理事和上海分会副主席。

靳以这次前来，为佛子岭写下了多篇散文，报道了工人、农民、解放军战士和知识分子组成的劳动大军是怎样用智慧和劳动见证了新中国第一座技术含量最高的混凝土连拱大坝升起的。

1955年4月，新文艺出版社出版了靳以的散文集《佛子岭的曙光》，该作品为佛子岭水库建设的社会影响增色不少。确实，这些散文的写作质量很高，以写实的手法记录了生活。其中，《到佛子岭去》在60年代被收录进了中学课本。

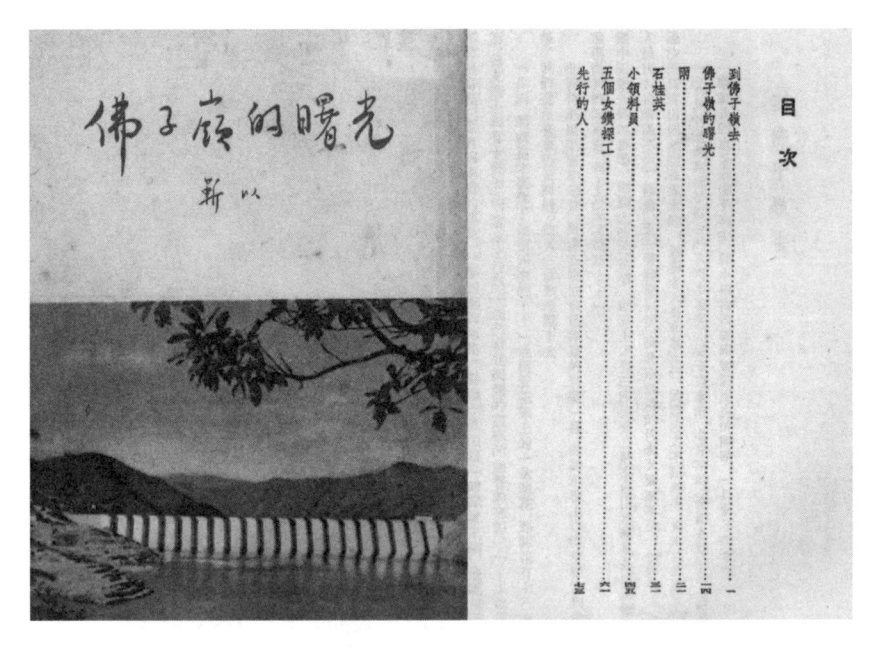

《佛子岭的曙光》封面及目录

《佛子岭的曙光》散文集，共收录靳以的 7 篇文章，分别是《到佛子岭去》《佛子岭的曙光》《雨》《石桂英》《小领料员》《五个女钻探工》和《先行的人》。其中，

《到佛子岭去》，是从去佛子岭路上发生的对话，描写的是全国广大人民对佛子岭连拱坝的关怀和热爱的故事。

《佛子岭的曙光》，是一个黎明前的施工场景，讲述佛子岭工地上日日夜夜与时间赛跑、忘我劳动、抢赶工期的故事。

《雨》，则记述了在 1954 年的一场抗洪抢险中，作者深入了解了淮河的历史灾难和水库建设中的移民安置，看到佛子岭水库经受住洪水的严峻考验的故事。

其他四篇主要是人物特写，描述了工地上的妇女劳模、青年和知识分子通过踏踏实实的工作，用热情和汗水为新中国水利建设事业努力奋斗的事迹。

4 月 21 日，上海华东医院黄家驷副院长、安徽省卫生厅长等一行来佛子岭，由汪胡桢介绍工程情况，由李守镇陪往参观。

24 日，纪念亭落成，纪念碑由治淮委员会撰文，艺术大师、书法家刘海粟于 1956 年仲夏手书，刻碑于纪念亭中。

25日，中南水力发电工程局一行10人，由黄銮彩领导，来佛子岭参观学习，参观团内分土建、机电技术员各1人，实习员2人，技工、财务、人事、计划人员各1人，由汪胡桢介绍工程情况，并介绍他们到各科室学习。中南水电局正在筹建上犹水电站，故特来此取经。

5月1日，四川大学熊教授来工地参观。

6日，成立大专学生生产实习指导委员会。

12日，安徽水利厅总工程师盛德纯及技术干部开远武携带龙河口水库建设计划来佛子岭，请汪胡桢提意见。

15日，世界各国工会代表共84人，在全国总工会主席刘宁一、李耀伯、陈宇、邵乃奋等同志引导下，应邀前来佛子岭水库参观访问，由汪胡桢和张云峰分别做了报告，由同来的译员译成英语和俄语。

多国工会代表团参观佛子岭工地

夜间，佛子岭水库设宴欢迎，汪胡桢致祝酒词，各国代表也致辞。

汪胡桢后来回忆道："是时，山坡上有一个大豹子出现，大家都到窗口聚观。宴会后，到大礼堂先放映《一定要把淮河修好》电影，后由红风剧团演《拾玉镯》、《打渔杀家》等京剧。"[①]

---

① 汪胡桢：《沸腾的佛子岭——佛子岭水库建设的回忆》，载水电部治淮委员会《治淮回忆录》，《治淮》杂志编辑部，1985。

22日夜，汪胡桢到蚌埠欢迎印度中央水与电力委员会赛因（K. Sin）主任，及劳总工程师（Dr. K. L. Rao）。赛因和劳，在1949年之前曾来华参观淮河筑堤工程，是汪胡桢的旧相识。这次来华先到北京，后由中央水利部计划司刘向东司长及杨溢科长陪同前来。汪胡桢到蚌埠车站欢迎如仪，并献鲜花。次日，汪胡桢在淮委陈列馆作了三月来的治淮工作的报告。夜，由淮委设宴欢迎，由汪胡桢致祝酒词。

24日，同到佛子岭参观3天，汪胡桢在佛子岭又做了水库建设工程的报告，并陪同参观。28日，离开佛子岭，去三河闸参观。

30日，江苏省文史界朱楔、刘开荣、马凌甫、王守元、任崇高等六人来工地参观。

6月1日，水库职工子女小学全体同学上致敬信给毛泽东主席。

2日，劳模代表郑久鸿、钱洪胜、张兰英、还永宽、王文新5人出席安徽省首届工业劳模大会。

6日，连拱坝各坝垛和东西重力坝全部浇筑到顶，工程日880天，投资3800万元。

9日，指挥部召开全工区功臣、模范庆功表彰大会，会上致电毛泽东主席，报告水库连拱坝胜利浇筑到顶。

10日，苏联专家可慈夫尼可夫，北京地质学院刘慈群、许涓铭、鲁家声，清华大学夏震寰、李丕济、惠遇甲、余常昭、曹俊、周定新、冬俊瑞、王金生、左兰、张永良、李存原、姚志民等来佛子岭参观，苏联专家作地质学术讲演。

11日，四川大学王景贤教授来佛子岭参观。王景贤是汪胡桢留美时的美国康奈尔大学的同学，又在导淮委员会共过事。1937年日军入侵时，王景贤赴重庆，后到昆明云南大学任教，在昆明办一小水电厂。

16日，坝后公路桥开工，10月完工。

17日上午10时零7分，发生5级地震，震后检查坝身良好。

6月20日，中共安徽省委员会宣传部陆学斌副部长来佛子岭讲解中华人民共和国宪法草案。

23日，淠河水涨，最大流量达5100立方米每秒，水库大坝首次拦蓄洪水，水位达126.2米高程，距坝顶只有5米，坝身情况良好。

30日，中央人民政府委员会办公厅回信，向佛子岭水库功臣和模范们致以热烈祝贺："希望功臣、劳模和全体职工团结一致，再接再厉，学习和创造先进工作经验，不断提高技术水平，为实现你们提出的保证而努力。"

是日，中央人民政府委员会办公厅给佛子岭水库职工子女小学全体同学回信，勉励他们：努力学习，锻炼身体，以便将来很好地为祖国服务，为人民服务。

同日，美术家林风眠一行6人到佛子岭作画。

林风眠，名绍琼，字凤鸣，后改风眠，画家、艺术教育家、国立艺术院（现中国美术学院）首任院长。林风眠是享誉世界的现代艺术大师，是东西方艺术融会贯通的创新者，他在西子湖畔创办了中国第一所国立高等艺术学府，坚持兼容并包、思想自由的办学精神，是我国现代美术教育的重要奠基者。

林风眠的学生吴冠中先生曾言：从东方向西方看，从西方向东方看，都可看到屹立的林风眠！

随林风眠一起来佛子岭水库工地采风的还有华东美协的张雪父、唐云、沈柔坚、洪荒等。以下两幅为张雪父的中国画作品。

林风眠纪念馆塑像

张雪父《佛子岭全景》（佛子岭水库文化馆提供）

张雪父《佛子岭的虹》（佛子岭水库文化馆提供）

7月23日，淠河水涨，最大流量达5100立方米每秒，上游水位达126.2米高程，检查坝身，情况良好。

8月18日，汪胡桢指挥、张云峰政委，吴溢副指挥及模范工人顾思仁等出席安徽省人民代表大会，汪胡桢被选为全国人民代表大会代表。

28日，中南军区作家白刃、赵辉来工地体验生活。

9月3日，治淮委员会任命李毕云、梁兴炎为"佛子岭水库管理处"正、副主任。

14日，灌浆工程全部完成。

16日，坝身混凝土工程全部浇筑完成。

10月22日，指挥部召开验收委员及工人代表会议，成立竣工检查组，分别对已竣工工程进行检查，做出总结，供上级正式验收时参考。

11月1日，佛子岭水力发电厂第一台1000千瓦水轮发电机安装完毕，正式发电。

11月5日，佛子岭工程举行落成典礼和竣工大会。

佛子岭水库竣工典礼大会

出席竣工典礼大会的有上级领导、各方代表及水库职工10000余人。中央水利部办公厅主任刘瑶章，省委书记曾希圣，省军区司令员刘飞，省长黄岩，各界名人周信芳、严凤英、陈登科、李玉如及劳动模范顾思仁、郑久鸿等。

刘瑶章代表傅作义部长致辞，曾希圣为连拱坝剪彩。

上海中国京剧团来工地演出，团长周信芳与主要团员李玉如、金素梅、黄正勤、陈正徽、孙正阳同来。

庆祝佛子岭水库竣工场面

华东戏曲研究院京剧实验剧团在佛子岭合影（安徽省佛子岭水库管理处提供）

7日，安徽省文史馆馆员金慰农、袁子金、王葆斋等来佛子岭参观。

9日，水利部、治淮委员会，安徽省水利厅及中国人民建设银行蚌埠专业分行派员来工地作初步验收，22日结束。

12月4日，苏联专家沙巴耶夫偕水利部高镜莹、张子廉等来工地参观。沙氏这次旅行，先到淮河上游，后到梅山水库工地，到佛子岭后，再赴淮河下游视察。

据汪胡桢回忆，在佛子岭工程建设期间，美术界关山月、吴作人夫妇，音乐家吕骥、马思聪，电影界浦克，宗教界喜饶嘉错，外国民主人士日本园西寺公一，新西兰路易斯爱黎都曾来过。吴作人创作了佛子岭连拱坝全景的大幅油画，在第一届全国美术展览会上展出。

《佛子岭水库连拱坝》是吴作人创作的一幅油画，2019年7月18日至28日，该作品在中国美术馆主办的"不忘初心，中国美术馆馆藏捐赠作品选展"中展出。《佛子岭水库》是吴作人同期创作的另一幅油画。

吴作人《佛子岭水库连拱坝》（佛子岭水库文化馆提供）

吴作人《佛子岭水库》（佛子岭水库文化馆提供）

　　吴作人夫人萧淑芳，也曾从师徐悲鸿。萧淑芳以花卉画作享名于世，兼擅风景、静物、肖像等绘画。随吴作人来到佛子岭水库工地后，她拿起画笔，也创作了多幅佛子岭水库工程建设的优秀作品。

　　常在佛子岭进行文学创作的有陈登科，他经常参加各种会议了解情况，在佛子岭期间他写成长篇小说《移山记》、电影剧本《水库》。

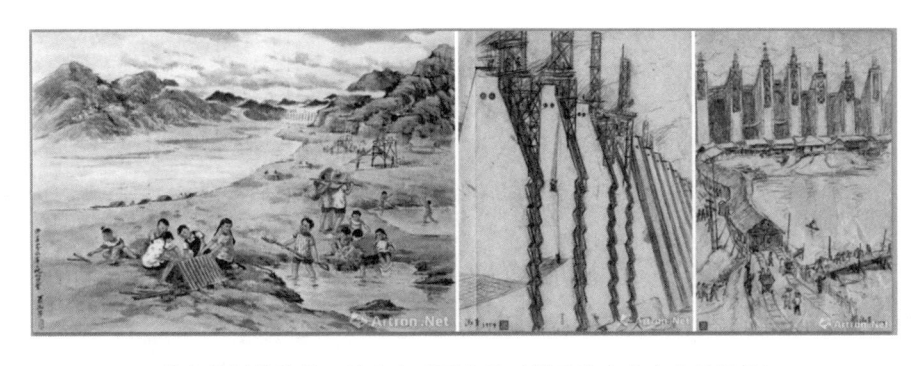

萧淑芳创作的佛子岭水库系列作品（佛子岭水库文化馆提供）

陈登科《移山记》封面

美术家严敦勋（别号小马）长期在佛子岭作画与协助工作。

严敦勋，别名萧马、肖马，作家。1949年毕业于华中党校、华东大学，历任皖北区党委文工团副团长及治淮委员会干事、宣传科副科长，《安徽画报》编辑，安徽省文联业务秘书，省文联专业作家。著有散文集《淮河两岸鲜花开》等。

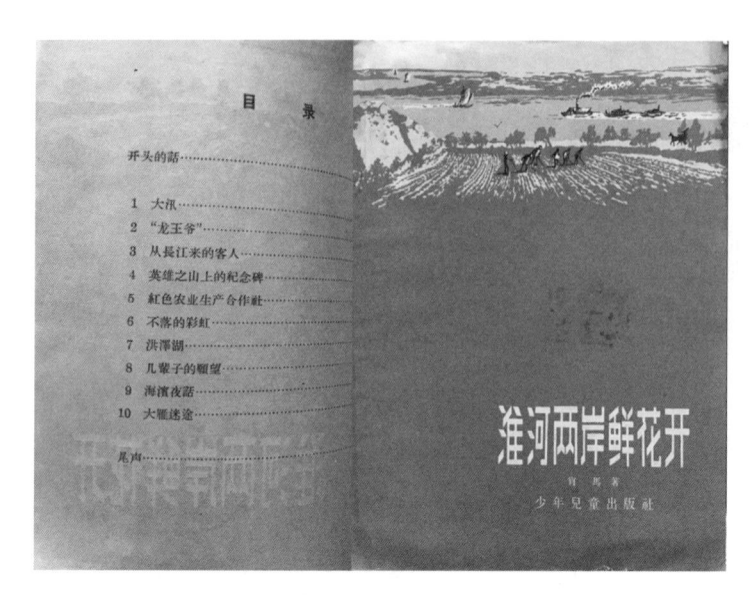

萧马《淮河两岸鲜花开》封面及目录

《淮河两岸鲜花开》出版于 1957 年 9 月，是一本歌颂新中国淮河两岸发生新变化的散文集。书中开头首先引用了一首淮河民谣：黄河南，长江北，淮河弯弯在中间。

书名借用的是 1952 年中央新闻纪录电影制片厂出品的《一定要把淮河修好》中的主题歌《淮河两岸鲜花开》歌名。

反映和赞颂佛子岭水库建设以及治淮建设的作品还有许多。

文金扬《一定要把淮河修好》

如原中央美院教授文金扬先生创作的一幅套色木刻版画《一定要把淮河修好》，生动展现了五十年代初治淮运动的高潮，这幅作品热情描绘了治淮工地火热的劳动场面，取景宏阔，气氛热烈，背景突出，主题鲜明。

文金扬先生的作品中，描写水利工程建设的很多，《十三陵水库》为他的油画代表作。另有一幅套色木刻版画，是以佛子岭水库工程建设为背景创作的，名为《兴修水利，移山造田》，也是气势恢宏，场面热烈。

文金扬《兴修水利，移山造田》

当年，还有许多美术工作者前往佛子岭水库工地创作和写生。

如：1953年，伍霖生在佛子岭水库写生创作的纸本水墨《佛子岭水库》，展现了佛子岭水库工地的建设场面。

伍霖生，1948年毕业于中央大学艺术系，1951年起任教于南京师范学院（今南京师范大学）美术系，1978年后任江苏省国画院专职画家，中国美术家协会会员，江苏省国画院国家一级美术师。50年代至70年代，伍霖生的艺术创作与时代背景紧密相连，在火热的社会主义改造与建设之中，他将创作的视角转向讴歌与表现时代生活。

伍霖生《佛子岭水库》（佛子岭水库文化馆提供）

如：郑震创作的木刻画《佛子岭人造湖上》，该作品参加了1959年在莫斯科举行的社会主义国家造型艺术展，为苏联东方博物馆收藏。

郑震《佛子岭人造湖上》（佛子岭水库文化馆提供）

郑震，安徽合肥人，四十年代自学木刻，擅长版画、水彩画。先后在安徽师范学院、合肥师范学院、安徽艺术学院任教。中国美术家协会理事，中国版画家协会理事，美协安徽分会副主席，安徽省美学学会副会长。

如：陈烟桥于1954年创作的版画《建设中的佛水岭水库》，手法写实，画风质朴，展现了佛子岭水库的建设场景。

陈烟桥，中国版画家。先后任华东军政委员会文化部美术科科长、上海大众美术出版社主编、广西艺术学院副院长、中国美术家协会广西分会主席等职。

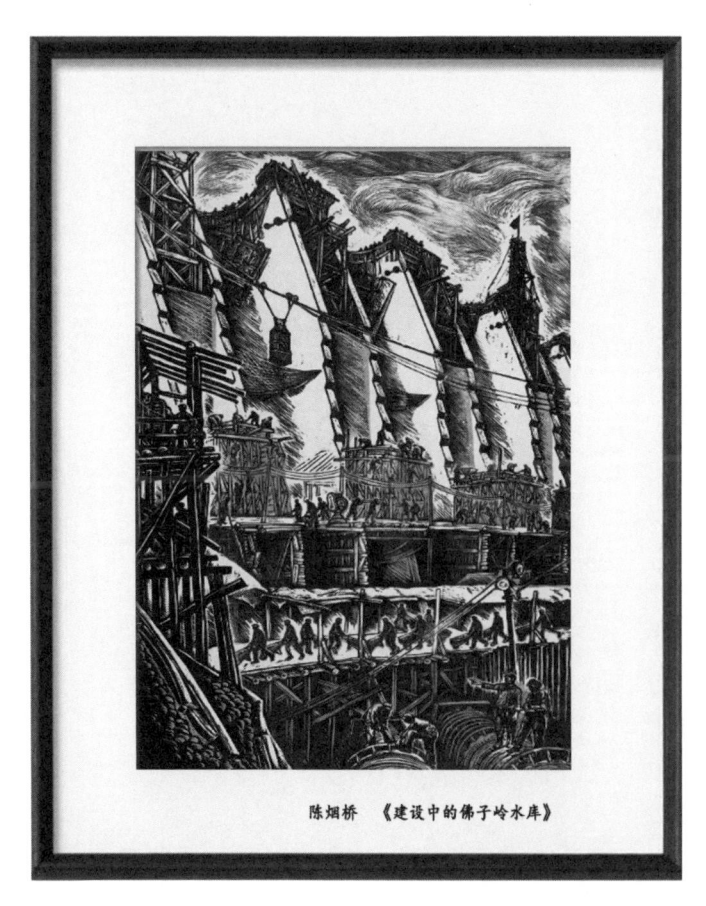

陈烟桥《建设中的佛子岭水库》（佛子岭水库文化馆提供）

那个年代，来佛子岭创作的作家、画家和其他文化工作者都很多，他们用文艺作品主动地描绘了那个时代人们在水利建设中的辛勤劳动和伟大成就，展现了新中国水利建设的宏伟蓝图和人民群众的奋斗精神。他们的作品不仅记录了历史，也成为那个时代精神面貌的珍贵见证。

前文已介绍了许多佛子岭水库建设的故事，还没有涉及施工建设的细节。

在《沸腾的佛子岭——佛子岭水库建设的回忆》文章中，汪胡桢将佛子岭水库的施工建设作为核心内容，放在章节之结尾，作为压轴部分呈现。

第十八章
淠河大坝　冉冉升起

Chapter 18　Dam on the Pi River, Which Is Gradually Taking Shape

　　拦住淠河的佛子岭连拱坝，从 1952 年 1 月 9 日破土动工，到 1954 年 6 月 6 日大坝竣工；从打下第一根钻探桩，到最后一方混凝土浇筑到坝顶，整个工程仅耗时 880 天，总投资为 3800 万元，比预算投资又节约了 1723 万元。

　　因为建设过程的一丝不苟，佛子岭大坝的工程质量级为卓越，大坝建成以后，成功经受住了多次洪水与地震的考验。

　　最为凶险的一次是 1969 年 7 月，连续的暴雨导致洪水骤涨，水库容量达到极限，水位甚至溢过了坝顶，最大漫坝水深达 1.08 米，这一过程历时 25 小时 15 分。事后经检查，大坝坝身未受任何影响，可见大坝的设计卓越以及施工质量上乘。

　　在不到两年半的时间里，一座钢筋混凝土大坝在大别山中拔地而起，这一壮举在当时的国际水利工程界被视为奇迹。就连国外同行，也不禁竖起大拇指说："连拱坝好，中国工程师了不起，真有一手。"

　　佛子岭大坝，总长 510 米，最大坝高 74.4 米，钢筋混凝土连拱坝长 413.5 米，内由 21 个拱圈和 20 个垛墙组成，在东西两端还有混凝土重力坝，东端长 30.1 米，西端长 66.4 米。在建筑过程中，为了节省混凝土用量，在西端重力坝中，长 45 米的一段，被改成了平板坝。

佛子岭水库工程，除拦河坝外，还包括设在垛里的水电站和东岸山口里的坝外溢洪道。

佛子岭水库泄洪

据汪胡桢回忆，从佛子岭水库建设的工程量统计结果看，导流土石工程226万立方米（包括围堰、引河、清基等），坝基灌浆孔总长16万米，混凝土19.4万立方米。

如果，拦河大坝设计从拱坝改为混凝土重力坝，那么混凝土用量将达100万立方米。拱坝所用的混凝土总量，不足重力坝的1/5。

从参加工程建设的人数统计分析，建设高峰时最多有干部1380人，军工、技工10500人，民工8000人。按人数而论，佛子岭工程远远落后于外国机械化程度较高的水利水电工程。

在现场组织方面，汪胡桢没有忘记参加建设的干部职工，并把人员名单一一开列出来。他记载的参加指挥施工的干部有：

主任马良骥、副主任梁兴炎。

成员金福林、曹宏勋、王绍廉、陶守诚、韩瑞云、肖耀鸿、白乐英、程康、陈光琼、陈厚忠、陈盛源、王冲、王雨生、张明修、谢良德、王昌迪、周定柱、卓搓、王端五、刘蔚起、罗永成、张金尧、王锦昌。

灌浆队队长陈志厚，队员刘蔚起、史如萍、朱家谨、邵正。

在现场担任检查工作的有科长蒋仲埙、副科长王文炜，成员陈立琼、陈定湘、王元兴。

在现场担任测量及放样的有科长姚寿兴、副科长范学斌，成员王通、彭启世、李世豪、汪宏基、何绚。

检查科，后来改为考工科，增加副科长蔡敬荀。其下设的混凝土材料试验室，主任杨崇绪，成员童慧生、陈鲁、黄明远。

在进行分段平行流水作业浇筑大坝时，施工力量分成六个区队，主持者分别为刘维诚、程山、赵源仁、曹宏勋、王冲、姚寿兴。

汪胡桢指出，佛子岭水库开工时，我们的技术水平很低很低，曾经参加过或参观过大坝施工的人员，可说"绝无仅有"。

大坝建设面临设备短缺的问题，仅配备了一些适用于多层建筑的基础施工机械。此外，对于必需的建筑材料，如水泥、钢筋、材料，也存在严重的供应不足。

在佛子岭水库建设期间，我国正处于抗美援朝战争时期。美国及其盟友对我国实施了全面的封锁和禁运措施。这一时期，海外留学的科技人员被禁止回国，技术类书籍和报刊也被禁止进口。此外，无论大小，所有施工机械均被列入禁运清单，佛子岭工地因此遭受了极为严重的冲击和影响。

在那个时期，苏联和东欧国家与我国保持着友好的国际关系。然而，直到佛子岭水库项目启动，我们才迎来了外国专家、技术资料以及先进的施工设备。当时，佛子岭大坝的设计和施工准备工作已经就绪，因此未能充分利用这些新资源。

由于上述原因的存在，佛子岭水库的围堰建筑、清基、开挖引河和最后拆除围堰和土方回填工作，主要还是依赖于人力完成。

为了佛子岭建设，召集民工工作得到了地方政府的大力支持，他们进行了广泛的动员。由霍山、六安、阜阳等地招来的大批民工，因为当地土改工作已完成，每人每家都已经分配得到了土地，所以初到工地时，思想并不安定，心里总惦记着自己家那块没有劳动力去耕种的田地。

幸亏地方政府和工地充分合作，对于缺乏劳动力的农户，由地方组织代耕队，代为耕种，并派人到工地向民工慰劳，告诉民工代耕的消息，民工这才逐渐解除了后顾之忧。

工地上，也尽量做好宣传工作，使民工了解建设佛子岭水库既能防灾又

马承镖画作《梁家滩工地一角》

能兴利,对每个农民有着长远的益处。尤其让民工感到放心的是工地实施的是按劳取酬制度。

例如清基时,把基坑划成许多区,每区由一队民工负责,先告知每区的开挖量及运距,每天每区挖土多少土方,由技术人员收方,每旬计算工资,凭条向银行取钱。各区队成员再按劳力等级、出工日数分派,这样人人都获得比较合理的报酬。

农民在家乡,一年四季辛勤耕耘,直到收获季节,将产品售出后才能见到现钱。现在,他们随时都能够得到一沓沓上万元崭新的人民币(指的是旧版货币,面额一万元),这让他们由衷地感到喜悦。

这样一来,许多人在银行开户存款,购买力随之增强,外地商人闻风而来,将农村中罕见的纺织品、日用品贩来摆摊出售。农民们也纷纷购买,使得工地变成了热闹的市场。《安徽日报》记者还曾撰文《佛子岭水库工地市场繁荣》,报道过此事。农民群众的幸福指数自然上升,劳动热情也就明显高涨。

农忙一过,霍山县附近的农民就主动前来,甚至把家里的妇女也接到工地,承担起做饭、洗衣等后勤工作,确保民工们能够全心投入到工地的劳动中,多劳多得。

在土石工程中,铺设了一条出碴的轻便快轨,用于把基坑中的石碴运送到坝下游的沙滩上。

小机车拖运砂石材料

因操作拖拉斗车的机车是个技术活，这种机车还经常出故障，因此不久就停用了，改为人工推挽[①]。

马承镖画作《人工推挽运石》

由于两岸坝基很深，风化花岗岩必须炸裂后才可清除。基坑积水不多，用电动水泵很易抽干。为了爆炸风化石，工地用上了开山机（即压缩空气机）

---

① 推挽：前牵后推，使物体向前。

及风钻打孔,在孔内放着雷管与黄色炸药。

张怀江画作《军工》

开山机与风钻,开始用的是 1949 年以前联合国赠送的美军剩余物资,这些物资正是抗战胜利后由汪胡桢协调发放给淮河工程总局的。后来,工地逐渐用上了国产的风钻。

手提钻机在崖壁上钻孔

文学家陈登科在工地撰写的小说《移山记》，书中移的山，就是指西岸坝肩，挖的最深处达 32 米，因此得知"移山"。①

佛子岭水库大坝的施工，必须要避开淠河的水流，采用的就是导流方案。什么是导流？

导流，即施工导流，是施工过程中对水流进行控制的关键环节。

概括地说，就是要采取"导、截、拦、蓄、泄"等工程措施来解决施工与水流蓄泄之间的矛盾，以避免水流对水工建筑物施工的不利影响，把河道的水流量全部或部分地导向下游，或者拦蓄起来，以保证枢纽主体建筑物能在干地上施工和施工期不受影响。

施工导流的方法，大体上分为两种。一种是全段围堰法，适用于河床狭窄、基坑工作量不大、水深、流急，难于实现分期导流的地方。另一种是分段围堰法导流，适用于河床宽阔、流量大、施工期较长的工程，尤其是通航河流和冰凌严重的河流上。

从理论上分析，佛子岭水库的导流方案最好采用全段围堰法。然而全段围堰怎样才能把河道水流引导到工地下游呢？打隧道导水当然是最好的办法，可是在那个年代开凿隧洞也不是件轻而易举之事，难度太大，时间上也不允许。只有选择分段围堰法导流。

尽管导流是水库建设的前期临时工程，但它却是决定主体工程顺利进行的关键，甚至可能成为制约整个工程进度的因素。尤其在狭窄的水库峡谷，制定的分段导流方案必须要经过精心策划。同时，必须做好应对突发状况的准备，因为工程中可能会出现多次变更和调整，甚至在紧急情况下，需要与洪水赛跑，争分夺秒抢时间，正如佛子岭水库所经历的那样。

佛子岭水库的导流思路，是先在基坑外围建起土石围堰，分两期建筑。先在西岸，建一半圆形的围堪，围成基坑，留出东半部河床让淠河下泄，也就是俗称的分期导流方案。

在第一期围堰的范围里，先进行清基，待第二号到第十三号的垛墙与拱圈建成，并把其中三个拱，升到比枯水水位略高的高程，就停止上升，称为

---

① 汪胡桢：《沸腾的佛子岭——佛子岭水库建设的回忆》，载水电部治淮委员会《治淮回忆录》，《治淮》杂志编辑部，1985。

过水拱。

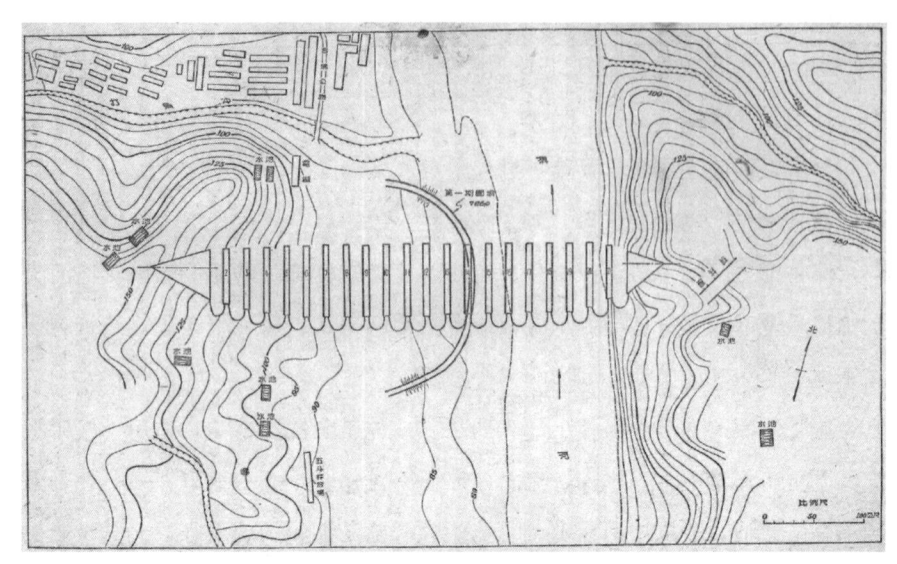

佛子岭水库第一期导流布置

然后，拆除第一期围堰，建筑第二期围堰。

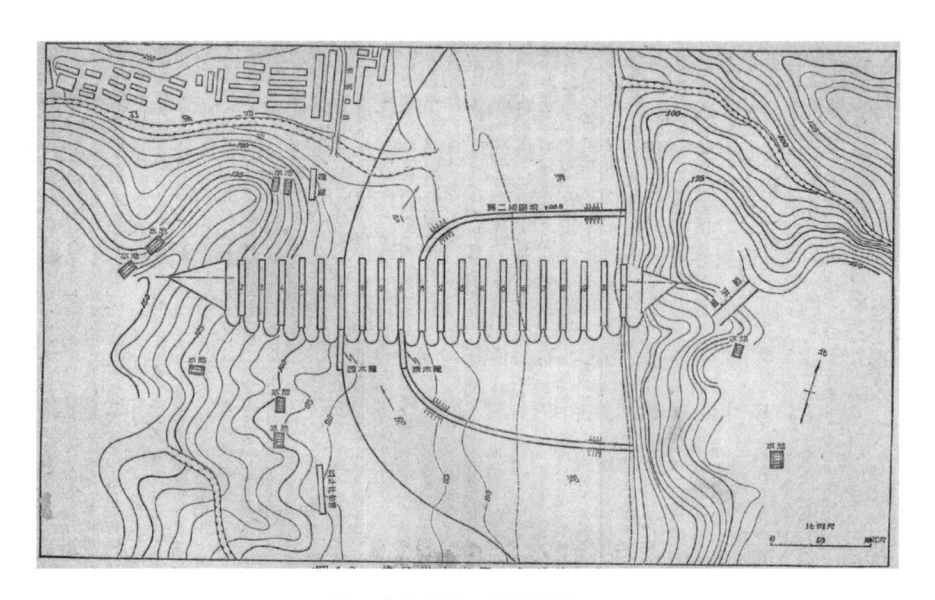

佛子岭水库第二期导流布置

这个围堰也是土石围堰，建在东半部河床，东淠河水流从西侧留出的三个过水拱上泄下，要分成上段和下段，因为二期围堰要连接在已具备过水条件的西侧垛墙与拱圈上，而上下游水位也是不一样的。

上游段从已建成的第十一号垛墙伸出，下游段从已建成的第十号垛墙伸出，做成弧形围堰和东岸的台地相连接。

下一章，将细述导流方案，以及其突发状况下的应对措施。

第十九章

施工导流　突发多变

Chapter 19　Diversion Schemes Facing Sudden and Variable Modifications

填筑围堰，施工导流，在佛子岭水库建设中非常具有特点，整个工程的施工安排，均以导流方案为控制，不仅考虑的因素多，遭遇的困难更多，并且技术要求极高。

在一期围堰中，为了加快进度，采用了钢板桩截水墙。

谭勇画作《打桩机》

一期下游围堰打钢板桩截水墙现场（安徽省佛子岭水库管理处提供）

在二期围堰中，采用了黏土心墙、黏土混凝土心墙、木板心墙，竹筋黏土混凝土护底，黏土混凝土坝，木笼转载等方式或办法。这种围堰方案，估计也只有在佛子岭提出并采用。这些措施在原理上很简单，心墙的作用主要是防渗，而围堰是低标准的临时性建筑，随时可以拆除，所以在建筑时就要兼顾考虑拆除时相对方便的措施，而且造价上也要趋于便宜。在佛子岭水库的建设方案中，处处体现出中国技术人员的智慧，他们在保证工程质量的同时，还要为国家节省工程投入资金。

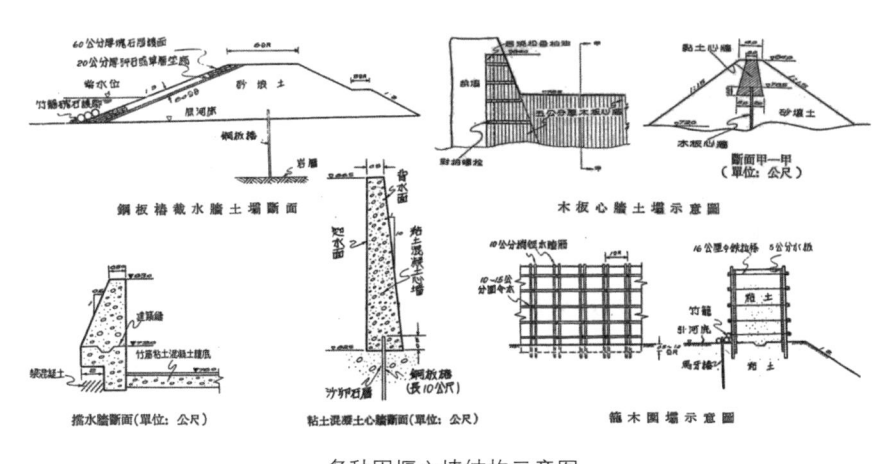

多种围堰心墙结构示意图

为进一步了解佛子岭围堰施工期间的各种围堰的心墙结构，笔者专门整理了在佛子岭水库建设期间的各类围堰的心墙结构断面图，以提供学习研究。

拆除中的东围堰（二期围堰）黏土混凝土心墙

在二期导流中，连遇秋汛、冬汛和春汛，遭遇多次大雨涨水袭击，围堰经历溃决、复堵，方案多次变动，导致施工延误。在这一过程中，抢工抢险，充满了惊险和挑战。

佛子岭水库连拱坝，从工程性质上讲，属于高坝工程，比其他如挖河、筑堤等水利工程要复杂许多，技术性能也比普通的坝工要高出很多。因此在施工方案上有着与一般土建工程不同的特点。

施工导流

天然河流，川流不息，只是随季节变化，流量有所不同，所谓"源泉浼浼，不舍昼夜"。这就给工程施工带来了挑战。我们既要引导河水通过，同时确保施工过程中不断流，还要把大坝建起来，达到拦蓄控制的目的。

在水库建设过程中，施工导流一般采用两种方法。

一种方法是隧洞导流。在选定坝的一端，开凿隧洞作为引水渠，然后再在坝址施工区域，筑上下游围堰，迫使原有河道的水流从隧洞通过。

另一种方法是明渠导流。在有条件的地方，即河床比较开阔的地方，在坝区外开挖一条明渠，工程结束后再行封堵即可。但若河床比较狭窄，则只能采取分期导流的方法，即在河床的一边就坝址一部分筑一圈挡水围堰，让河水从另一部分河床通过，在这段坝身的一定高程，预留适当大小的缺口，待其余部分工程比缺口高出相当程度后，再把河水引导过来；然后再在之前河床通水的部分另筑挡水围堰，以建筑原来的过水河段的坝体工程，最后再封闭缺口，完成整个坝身建筑结构。

经研究，佛子岭水库的建设，只能采用第二种分期明渠导流方案。

采用这个方案，需要解决的关键问题，是要安排好工程施工的计划和进度，必须预先制订好详尽的计划方案。

明渠导流，为什么会与施工计划有关呢？

这就引出了另外一个问题，如何解决好河流的季节性变化与工程施工之间的矛盾。一般情况下，风雨寒暑等天气变化带来的施工难题，通过增加必要的设备，采取必要的措施，是很容易克服的。然而，对于水库大坝这样的大型工程施工而言，问题就显得特别棘手。因为在施工过程中，不可避免地会遇到洪水期，这是施工中的一大难题。

众所周知，每条河流都有其独特的汛期规律，有桃汛（春汛）、伏汛（主汛期），有时还会出现秋汛或冬汛。在某些情况下，受台风影响，还可能遭遇突发性暴雨山洪。同时，也会有季节性枯水期。

在水利工程建设中，必须要抓住这一规律性和特点来研究施工计划，安排工程进度。水利工程，一般来说大规模施工，应当安排在枯水期，在汛期来临前建筑工程必须要达到一定的过水高度，就是要完成水下部分工程的施工，以利于在建工程的度汛安全。

这样，涨水时可让其漫流，水落后再继续施工，始终跑在洪水的前面。如果错过了施工时机，工期往往会推至下一个枯水季节，这意味着至少会延误一年的工程进度。

关于导流工程的施工围堰，其设计仅满足基本的防洪标准。换言之，它仅能抵御低标准的洪水，例如正常枯水期的水位或春节洪水期的较低水位。

如果要求施工围堰与主体工程一样具备抵御汛期大洪水能力，那是一件极其不经济的事情，因此不可能这样设计。

清楚了施工导流原理，再来琢磨导流方案。

导流方案

在水库工程建设中，混凝土坝、重力坝和土坝的施工考量各有不同。在掌握了水利工程施工特点后，结合水工建筑物本身的特点和性质，提出相应的施工方案至关重要。必须明确各单位工程之间的相互关系与矛盾，以便在不同阶段确定施工重点，从而有针对性地对整个工程作出总体部署，制定合理的施工流程，安排合理的工程施工起讫日期。

随后，再进一步研究场地布置、技术供应、生活安排和组织管理等相关问题，最后制定出切实可行的施工进度和计划。

因此，导流方案是水利工程施工必须首先考虑的核心问题。只有先解决了过水问题，才能有效安排整体施工的方案。

对于像佛子岭水库这样的特殊山谷水库施工，其特点是山区河谷狭窄，因此场地布置、工程施工、河道导流都只能在窄小的作业面内展开。在这种情况下，研究解决导流方案，就成了施工总体方案中的一个重要环节。

第一个问题，佛子岭水库的建设是怎么解决导流方案的呢？

在制定导流方案前，首先要进行水文分析。淠河的低水位时期（非汛期），一般在每年的10月至次年的5月，这一时期佛子岭坝址附近的流量一般在30立方米每秒。淠河的洪水期（汛期），相应时间在每年的6月至9月，这一时期坝址附近的流量可能达到2330立方米每秒，但是这样的大流量也不是每年都会有的。

先假定1952年、1953年最大流量在1500立方米每秒左右，以作为围堰的设计标准，如果实际超过这个数值，拟让洪水有序进入施工区域，以最大限度降低损失。

继而针对佛子岭水库连拱坝坝址的建设规模和河槽分布进行分析：河槽西部是沙滩，连接山岗，主要是洪水的河床断面；河槽东部则是深槽，接连陡壁，属于低水位时的河床断面。

鉴于这样的地形，先让洪水从东部深槽流过是比较合理的方案。因而在施工安排上，决定先建西半个坝身，然后再建东半个坝身。

第二个问题，西半个坝身要建多长呢？

这也得从四个方面考虑。

第一，开工时间和施工工期，工程从 1952 年元月开始，估计到汛期时西部坝身还达不到足够高程，因此必须依靠围堰度过汛期。

第二，经济比较与安全考虑，围堰不宜过高，但又要留出足够的过水断面，考虑过流为 1500 立方米每秒。

第三，东、西两个部分坝身的工程量，要大致均衡。

第四，要考虑围堰坡度和堰体重叠部分的影响范围。

这样分析，围堰筑到 14 号垛为止，最为合适。

其次，围堰高度如何确定呢？

当 1500 立方米每秒流量到达坝址时，围堰下游的水位大致在 83.0 米高程。因围堰上游侵占了部分河床，河床壅水，水位可能到达 84.0 米高程以上。

由此，决定围堰高程为 85.0 米，同时考虑到施工期要接通轻便铁路，围堰高程要提高到 86.0 米，这种情况下，围堰的坝高在 7.0 米左右。

第三个问题，在围堰坝体的施工方面又如何考虑？

可由西岸的连拱坝，一直做到 12 号垛，因为 13 号垛被围堰坡脚压住。同时，东岸的重力坝和 22 号、21 号垛等基础，都在 90.0 米高程以上，不需要围堰，可以与一期工程同步施工。剩余的 13 号垛到 20 号垛，以及 13 号拱到 21 号拱等，需要安排在二期建设。经测算，二期工程，连同尾工，与一期工程工作量相差不大。

这样，一期导流工程方案就确定了下来。实际施工中，完全按照这个方案进行了布置和实施。

从 1952 年 1 月 9 日起，至 1953 年 5 月 14 日止，历时 492 天，工程曾经过两次大水考验，均安然度汛，得以顺利推进。

这两次大水时间和流量分别是：1952 年 3 月 30 日，春汛流量为 1225 立方米每秒；1952 年 8 月 25 日，汛期流量为 1362 立方米每秒。

第一期施工导流的设计，与实际预计情况大致相近，西部坝体施工顺利。

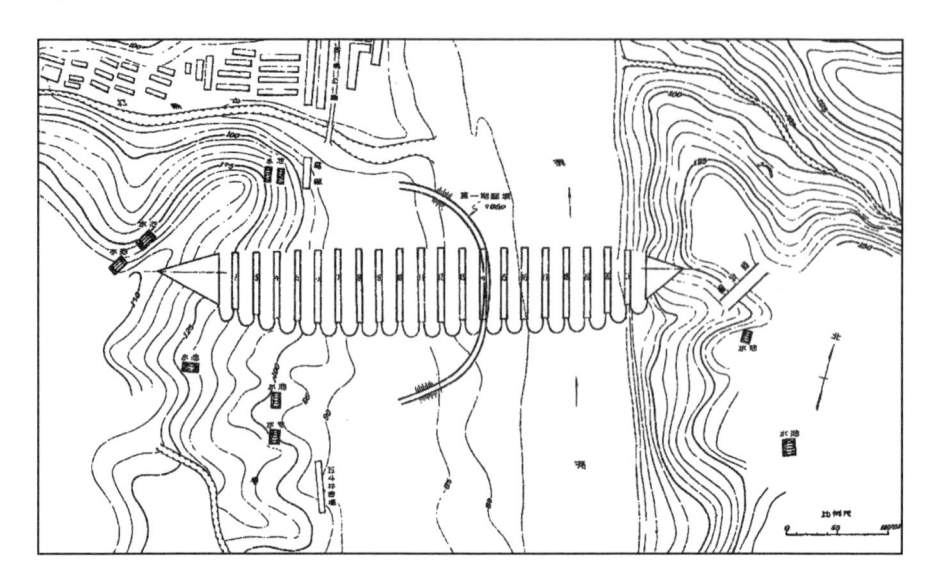

第一期施工导流布置图

二期导流从坝体过水

坝体的东半部分的施工和西半部分一样，也需要构筑围堰进行施工。

一期施工期间，东侧河道可以过水。二期施工期间，就需要另找出路，另行控制，而且出路只能在坝体本身方面想办法，这就需要制定二期导流方案。

水库的总体设计方案没有变化，设计书提出的围堰设计标准仍按河道过水流量1500立方米每秒考虑。

按照河道水位和过水断面的关系计算，需要留下三个拱在浇到81.0米时停止浇筑，以便过水，叫作过水拱。

当流量为 1500 立方米每秒时，上游水位为 86.4 米，围堰断面坝身不算太高，比较经济，这样预留断面到最后封拱，混凝土的浇筑工程量也不算太大，并且易于施工。

那么，过水断面在西部的 11 个拱群中，是如何选择的呢？这里需要考虑两个方面的因素。

第一，东部围堰上下游必须分别连接 11 号垛的两端，以便东围堰（二期围堰）内有足够的工作面，而 11 号垛内没有导水钢管，并且 11 号拱又被围堰堤脚压住，这样 11 号拱肯定是不允许过水的。

第二，从地形看，西部是河滩高地，如果引水偏西，开挖的土方肯定愈多，还会遇到岩石，所以尽可能以偏东布置为妥，这样水流也相对比较顺直。

因此，决定采用 8、9、10 号拱为过水拱断面。

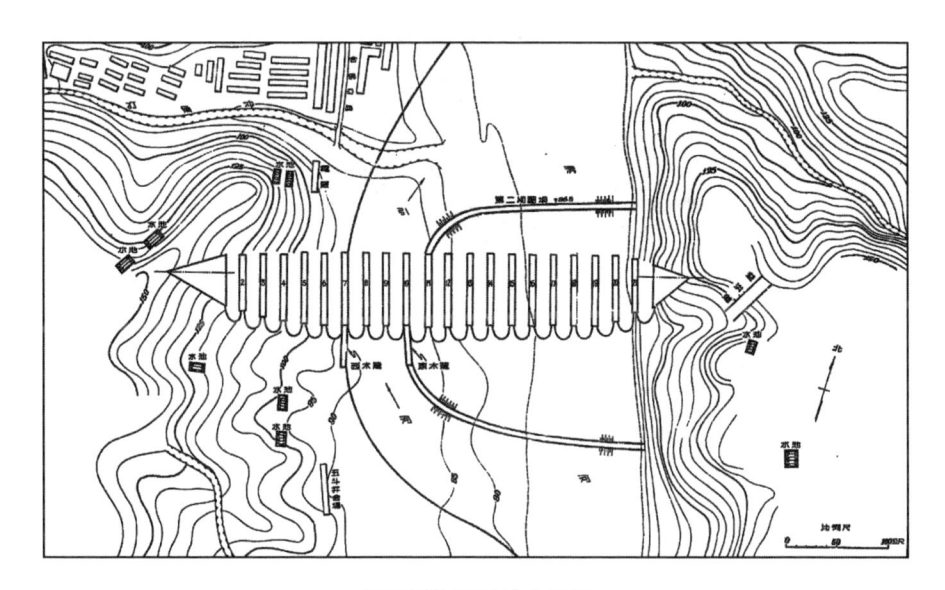

第二期施工导流布置图

施工时，考虑到引河上下游原地面高程在 78.5 米左右，如过水拱过高，突出水面，可能会产生部分真空，引起拱环受到震动，并结合混凝土建筑分缝高程，适当降低 3 个过水拱的高程。

最后，将 9、10 号拱高程降低到 72.2 米，8 号拱高程降低到 71.2 米，这样相应的拱冠高程为 77.2 米，尚可埋入河底 1.0 至 1.5 米。

另外，考虑到工程进度，对方案又进行了一些修正。

一是与11号垛上游面板相接的一段围堰压住了12号拱，当填筑围堰时，12号拱还没浇筑到预定高程，所以围堰位置往西移到10号垛面板。

二是7号拱以西的工程施工时，因基础清挖工作量增加而施工进度滞后，估计坝身混凝土若按原计划浇筑到枯水位以上时再开放引河导流，会影响到东部工程的施工进度。因此在7号垛面板处向上游高地再添筑一段木笼围堰，以争取提前东部河床合龙和西部引河放水时间。

7号垛面板向上游添筑的木笼围堰施工（围堰内为支撑和拉条）

实际施工时，也是按照这一方案进行的布置和实施。

1953年5月10日，二期围堰合龙。

1953年5月15日，从放水导流开始，至当年12月2日止，历时202天。其间遭遇了许多意想不到的困难。

一是在引河放水时，7号垛坝基出现漏水，不得已把东部围堰龙口扒开，再从老河道过水，漏水处理后再次二次堵口放水。

二是遭遇非常洪水侵袭，6月25日、27日连续出现两次洪峰，25日流量为2500立方米每秒，27日流量为3300立方米每秒，为历史记录极值。27日，东、西围堰大部分被冲毁，严重影响东部工程的清基工作。因汛期围堰无法修复，一直拖至汛后9月，又重新填筑围堰，按原方案，恢复导流。

如按原来设计方案的计划，在东部闸门安装完成后，混凝土坝身浇筑超过 95.0 米高程，工期时间应该在 1953 年的 9 月下半月，这时主汛期已过，可以拆除东围堰，河水可直接引导入泄洪钢管下泄。再在西岸 8、9、10 号拱的上下游引河筑坝封堵，以便对这三孔进行施工。

然而，天有不测风云，计划赶不上变化。1953 年汛期大水，超出围堰设计标准，围堰冲毁，东部工程无法施工。至 9 月下旬才重新围堰合龙，恢复正常施工。

这样一来，若按东部工程的计划目标，工期将延后到 1954 年 4 月，这时候再做西岸 8、9、10 号拱的封拱，施工是有困难的。

要解决这个问题，只有抢抓施工进度，以 1954 年 6 月大坝具备拦水为条件，倒排工期。

这就带来了另一个困难，怎么把 8、9、10 号拱做起来。

从汪胡桢《谈一谈大水后佛子岭转变过程、现在形势和今后关键问题》的信笺草稿中看出，当时施工遇到的问题很多，困难很大。"东部 13 垛至 21 拱之间，还有八垛九拱，远没从基础做起来，而要在 1954 年汛前发生作用，其中还有清基 12 万立方米，混凝土 7 万立方米，时间只有 11 个月，清基 3 个月，7、8、9，平均要有每天 2000 立方米的力量。"

当时，7 号拱因留作大坝上下游的交通通道，也只筑到 76.2 米高程，这四个拱成了控制工程进度的焦点和关键所在。

面对这些问题，必须进行技术分析和科学研究，首先要把逐月可能发生的最大流量估算出来，其次是明确施工重点，导流以不威胁东部工程的施工为原则。

与此同时，外界对佛子岭加快建设的期望和要求非常高。

1953 年 9 月中旬，在上海举行了治淮工作会议，淮委谭震林主任提出，佛子岭在施工方法和管理机构改善后，工程可能提前一年完成。苏联专家布可夫和沃洛宁在参观佛子岭水库时也说过，佛子岭水库有条件在明年汛期以前完成任务。

汪胡桢面对当时的形势作出了一个判断，在进行一系列的生产改革之后，尤其是在分段平行流水作业法取得成功的基础上，在明确的工作方针和组织下，有计划地发挥全部潜在的生产力量，创造一切有利条件，那么佛子岭水库在 1954 年汛前发挥蓄水作用是一定可以实现的。

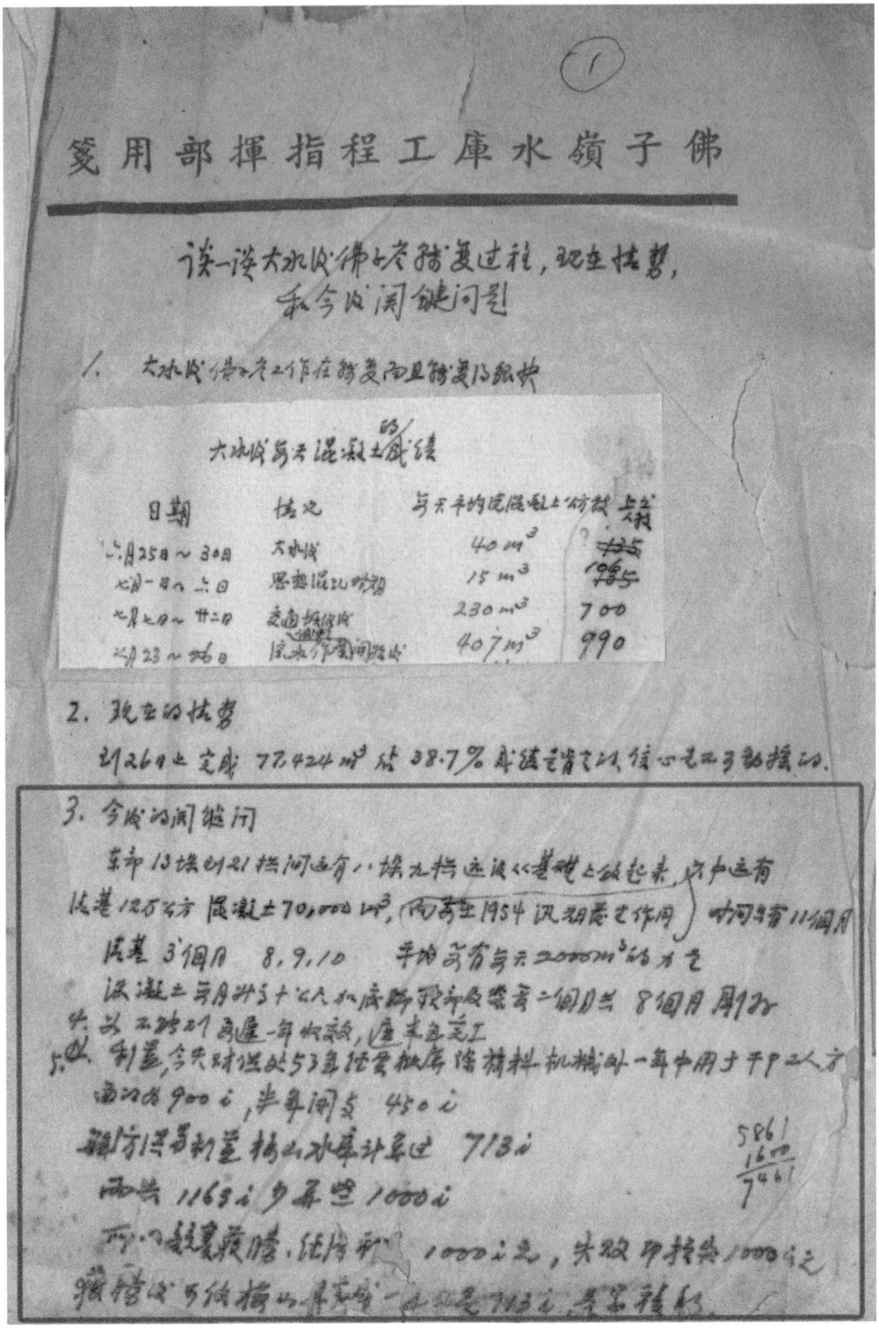

佛子岭水库工程指挥部用笺

谈一谈大水坝浇灌进程，现在�“劳”，和今后的关键问题

1. 大水坝浇灌工作在转变而且转变的很快

大水坝浇灌混凝土的成绩

日期	地点	每天平均的混凝土的数	上续
六月25日～30日	大水坝	40 m³	15
七月1日～6日	恩基混凝土地初	15 m³	195
七月7日～22日	交通坝坝底	230 m³	700
七月23日～26日	底水坝浇间连续	407 m³	990

2. 现在的“劳”

到26日止完成 72,424 m³ 占 38.7% 用这三字以后心也是对的损的。

3. 今后的关键问题

东部13块到21块间还有八块九档连续以基础上做起来，尚中还有

应浇12万方混凝土 70,000 m³，（而在1954汉朝发生作用）时间只有11个月

最急3个月 8、9、10 平均每月等于 20,000 m³ 的方子

混凝土每月另于2万人大底时候我会发言二个月共 8个月 每月2万

失 为工陵到高度一年的败，库未竟工

5. 促制意今失时混处53倉在重抽浮除材料机械以一年中用土干千之人方

每次为 900 亩，半年开支 450 亩

银行还另不要拿桃山水库补贴过 713 亩   5861
                                      1600
                                      7461

两共 1163 亩 少每堂 1000 亩

所以起紧发防，任信附 1000 亿元，失败即损失 1000 亿元

预备改为给桃山佛家房一定起是 713 亩 要争取胜利

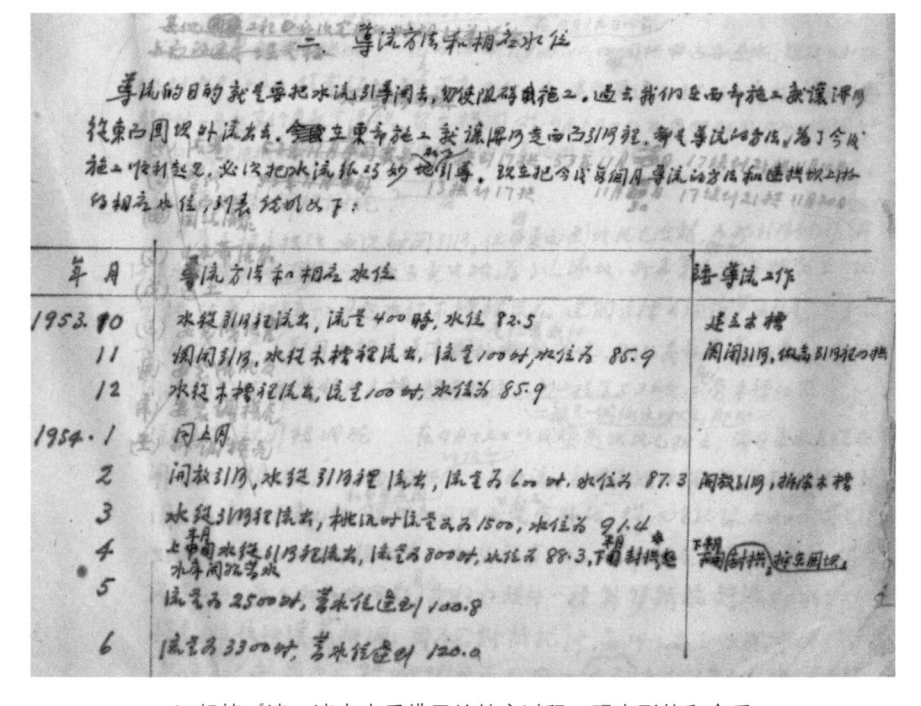

汪胡桢《谈一谈大水后佛子岭转变过程、现在形势和今后
关键问题》信笺草稿（黄国华提供）

随后，指挥部召集有关单位连日开会，分析研究，日日工作持续到深夜。在这个过程中，提出了众多疑问和条件，大家群策群力，想尽解决问题的办法。同时，分析水情和浇筑进度，研究随季节调变化的导流方案，总结导流方法与相应水位关系，制订工作方案并安排工程进度计划。尤其是西部四个拱的技术问题，指挥部深入探讨了如何合理安排浇拱计划，分析了为何要抬高拱顶，探讨如何封闭拱洞以及如何创造有利条件。同时，还考虑了如何保障器材供应，如何确保电、气供应以及如何精密计算劳动力安排，等等。

结论非常明确，毫无疑问，佛子岭水库在 1954 年汛期必须要发挥蓄洪作用，以一定要实现、一定能够实现为前提。

于是，工程指挥部提出了"以 7、8、9 号拱解决 7、8、9、10 号拱"的方案。

第一步，先做 7、8、9 号拱，10 号拱导流；

第二步，做 10 号拱，再由 7、8、9 号拱导流。

10 号拱导流，是原方案所定。只是枯水期流量，从三个拱挤至一个拱来负担，按 100 立方米每秒流量，上游水位抬高到 84.5 米，没有问题。

汪胡桢《谈一谈大水后佛子岭转变过程、现在形势和今后关键问题》
信笺草稿（黄国华提供）

7、8、9号拱导流，中途必须停止浇筑，也没有问题。

那么，问题又在哪儿呢？

一是拱升高后，拱顶滚水是否妥当，这一点在当时还没有先例。

二是拱升高到什么高程比较合适，接下来再从哪儿导流。

三是7、8、9号拱导流时，对东部工程施工和春汛的影响如何。

四是 1954 年汛前完成 7、8、9 号拱浇筑，时间上是否来得及。

一连串的问题需要逐一解决，可见大型水利工程施工导流方案是何等的重要，尤其是当工程受地理环境限制，并且可能受季节变化和自然条件干扰时，最好的办法是充分发挥人们的智慧来解决问题。

关于拱的溢水问题。主要考虑垛所受溢流产生的侧压力和拱下游的基础冲刷问题，如石质较差，应予以保护。

1954 年 2 月 12 日，苏联专家高尔竞科教授来到工地，分析了这个问题，与当初考虑基本符合。高尔竞科说：拱上溢流，很少得到令人满意的结果，如河道中间的低拱过水，水顺河流走，损害较小；如从岸边高处过水，垛受侧压力时，水流冲击坝垛，会产生真空；如坝垛是嵌入岩层的，冲刷不至于直接威胁坝基，如未嵌入岩层，水流就会直接威胁坝基。由于拱向上游突出，过水会打击坝垛，引起震动。

但在施工期，实际跌水高差不大，引起的损坏可以修补，溢水尚无大碍。

7 号拱角溢水现场

事实上，情况与事前考虑的大致相同。

关于拱的高程和后续导流问题

首先，后续过水只有利用泄洪钢管导流，所以拱的高程一定要比泄洪管进出口高程高，设计进口顶高为 81.0 米，出口扁嘴高为 80.8 米。

其次，泄洪钢管共设计有八道，泄水能力与上游水位有直接的关系，自然是浇筑越高越好，蓄水越高则泄量越大，受涨水影响越小，但是在封 10 号拱时，对东部的下游施工围堰威胁却会增大。

另外，过水水流跌差越大，对拱后基础越不利。经过计算，决定在对 10 号拱封拱时，将下游围堰高程设定为 86.5 米。

关于春汛对东围堰的威胁问题

在流量为 100 立方米每秒时，上游水位不高，但 3 月份桃汛时流量可达 1500 立方米每秒，按东部坝体施工进度分析，3 月份还需要围堰挡水，但是围堰不可能做得太高。

所以，10 号拱做到 82.5 米时，必须留下来过水。

这样，水流由 7、8、9、10 号拱共同负担。上游最高水位为 91.4 米，因而决定将上游东围堰高程设为 92.0 米。

关于施工进度问题

至 4 月中旬，各拱浇筑高程可以达到 92.0 米左右，东部工程水下部分均可完成，具备开挖施工围堰放水、从八道泄洪钢管泄水导流条件。

年	月	可能发生的最大流量（公方/秒）	上游相应水位（公尺）	导 流 方 法
1953	10	400	82.5	8、9、10号拱过水
	11	100	84.5	10号拱过水
	12	100	84.5	10号拱过水
1954	1	100	86.0	7、8梁钢管及7、8、9拱过水（在82.5公尺高程跌水）
	2	600	87.3	7、8、9、10号拱过水（在82.5公尺高程跌水）
	3	1,500	91.4	7、8、9、10号拱过水（在82.5公尺高程跌水）
	4	1,500 / 800	91.4 / 88.3	7、8、9、10号拱过水 中旬开始全部开门过水
	5	2,500	103.4	全部开门过水
	6	3,300	120.0	全部开门过水

导流方法与流量、水位关系表

预计，从 4 月 20 日至 6 月 20 日，混凝土浇筑进度，最慢也可以达到 120.0 米高程，即使出现 3300 立方米流量，也不会从拱上漫溢过水。

于是，在设计二期导流方案的基础上，进行了 7 至 9 号拱的第一次封拱导流方案。

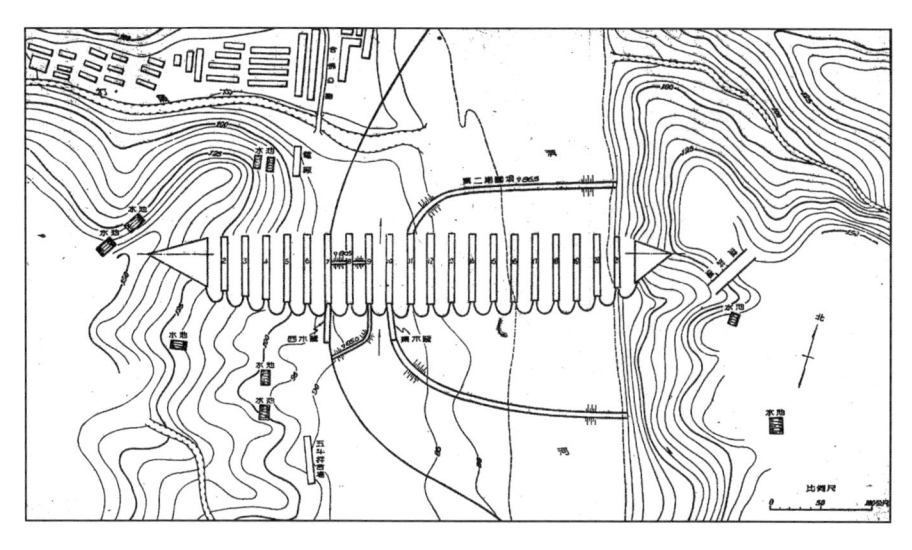

7、8、9号拱的第一次封拱施工导流布置图

关于计划与变化的应对问题。

计划往往赶不上变化，因为自然界的天气变化是不以人的意志而转移的。在东围堰堵口与其导流过程中，本应从1953年11月初开始填筑的围堰和整理10号拱过水槽施工，却遭遇阴雨连绵，水位涨落不停，至11月20日才全面布置开工。12月7日基本完成。

12月8日，东围堰堵口，引河放水。

抛投竹笼，封堵围堰合龙

然后，填筑下游围堰，抽水清淤。

10 号拱导流过水

不料，12 月 20 日，天气突变，至夜降雨不止。

21 日，被迫放弃封拱围堰，扒开 8、9 号拱堵的坝，分泄上游来水。

当时流量聚增至 463 立方米每秒，又一次超过 100 立方米每秒的设计过水流量。

这次导流时间历时 13 天。不得已，只能再行研究新的导流办法。

新办法，以 100 立方米每秒为围堰的设计标准，如果水位抬得过高，则会威胁到东围堰，东部工程进度就会难以保证。

从这个原则入手，考虑改由 7 号拱临时过水，再分两步实施 8 至 10 号拱的第一次封拱导流方案。

第一步，围堰筑在 8、9、10 号三个拱上游，围堰高程为 84.0 米。先浇筑 8、9、10 号三个拱，至 82.5 米高程时为止，引水通过。

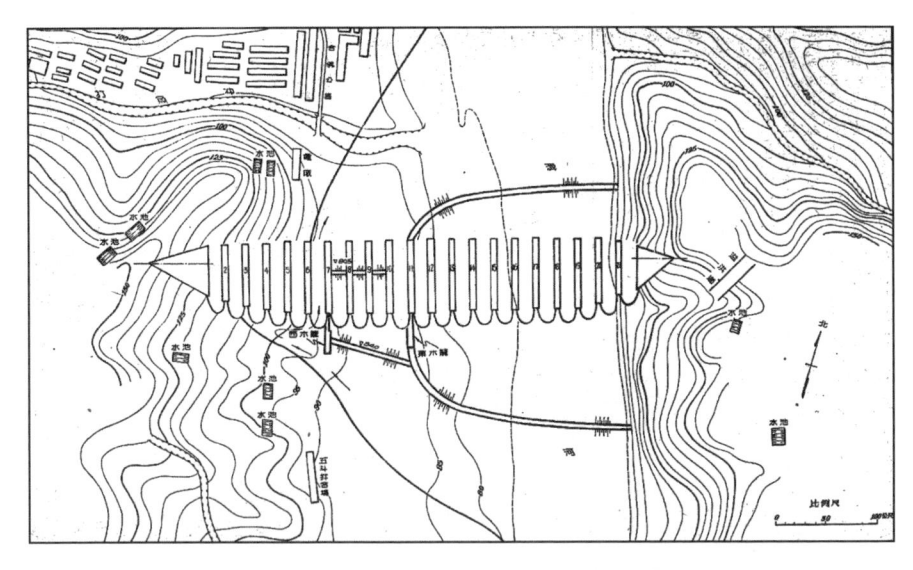

8、9、10 号拱的第一次封拱施工导流布置图

二期围堰合龙后 8～10 拱引水通过

第二步，从 7 号垛东边跨 8 号拱起，做围堰往西封闭上游引河，与原地面相接，再引水从 8、9、10 号拱过水，以浇筑 7 号拱。

预估算，施工期可在 1954 年 2 月完成。

为充分考虑安全，设计标准采用流量 450 立方米每秒，上游相应水位为 85.7 米，围堰高程定为 86.0 米，如超过标准则放弃，以确保东部工程。

实际施工中，却是又遇挫折。新的方案是从 1953 年 12 月 27 日开始施工，原计划到 1954 年 1 月 10 日合龙，因降雪延迟到 14 日，刚要合龙断流时，不料又遭大雨，超出防御能力，15日被迫主动扒口过水，所筑围堰大部分被冲毁。

17日，水退后再次开工进占，仍遇降雨回涨，至25日才合龙，自此天晴水落，抢抓施工。

2月15日，再次降雨涨水，围堰又被冲破，刚合龙两天，又雨再涨，第三次冲决。

封拱围堰即将合龙

一波三折，新计划自开工之日起，在61天时间内，三堵三决，严重影响了工程建设进度。

对这一施工过程的总结，在《佛子岭水库工程技术总结》的第三分册《施工管理》中得到了非常中肯的自我评价：围堰工程教训不少，却也获得许多经验，丰富了知识，得到了锻炼。

1954年3月9日，东部全部工程都达到了计划要求，即不过水拱，浇筑到84.2米以上，水下部分工程的灌浆、铺黏土、竹笼护底、闸门轨道、灌溉门拦污栅等都已完成。

各项导流工程也基本完成，即西围堰合龙，东部具备放水条件。

3月31日，西部计划内工程全部结束。

佛子岭水库的导流工作，经过五个月的时间，变动了五次方案，最终获得成功。至此，最复杂和最困难的封拱导流工作，胜利完成。

接下来，施工导流只要按照工程进度计划方案，操作八道泄洪钢管来调整流量控制即可。

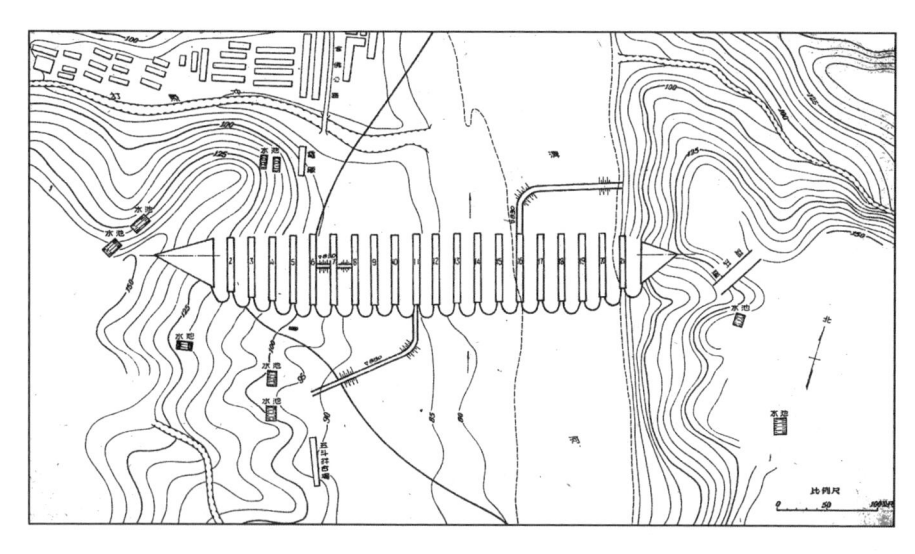

最后封拱施工导流布置图

4月1日，八道闸门过水，最大流量50立方米每秒，上游最高水位82.5米，十分有利于主体工程和下游附属工程的建设。

4月25、26日，上游库区降雨72.7毫米，最大入库流量1540立方米每秒。

7号拱角过水情况

4月26日，水库上游水位从80.6米起涨，15时涨至最低已浇筑到93.46米的9、10、12、15号拱，拱角溢水。

4月27日，上游最高水位涨至96.5米，相应拱下游水位80.6米，跌差

15.9 米。洪峰从 27 日 2 时，延长至 7 时，历时 5 个小时，八道泄洪钢管和八个拱角，最大泄洪流量 500 立方米每秒。

4 月 28 日 4 时，拱角断流，泄水溢洪时间长达 36 小时 20 分钟。

佛子岭水库遭遇了洪水从拱上溢流的严峻考验。

拱的浇筑混凝土加有 1% 的氯化钙速凝剂，按试验，三天拆模，强度可达 50%。当时，混凝土浇筑完成距溢水时间均仅在 18 个小时以上，溢水部分应力估计为 20% 左右。事后检查，各拱完好无损，同时也证明了短时间溢水，问题不算太大。

即将升顶的 3 号拱（左二）

解决了导流问题，工程进度明显加快，主体工程终于赶到了洪水的前面。

5 月份，上游最高水位 103.0 米，最大流量 2500 立方米每秒。

6 月 20 日，大汛又至，上游最高水位 120.0 米，最大流量 3300 立方米每秒。而此时，四个低拱，在 6 月初已浇筑至 127.9 米，施工期重大溢水情况，基本可以避免。

在整体坝身工程和溢洪道工程完工前，经常开启泄洪钢管闸门放水，保证了主体工程的正常施工。

1954 年 7 月 23 日，最高蓄水位达到 126.2 米。

1954 年洪水，是新中国成立后淮河流域发生的最大洪水。佛子岭水库的及时拦蓄，为减轻淠河下游的淮河大水起到了关键性作用。

封拱后，水从泄洪钢管扩散器流向下游

高水位时，钢管泄洪奔腾而出

漭河是淮河南岸流量最大的支流之一，山区河流坡陡量大，洪水暴涨暴落，时间短，流量大，水位高，水位、流量变幅极大，往往会使下游河道在短时间内形成快速的涨水过程，对淮河防洪极为不利。因此，佛子岭水库的建成，无疑在减轻淮河洪水压力方面发挥了重要作用，可谓是及时有效。

第二十章
创新发明　　首试推广

Chapter 20　Innovation and Invention Becoming First Trial and Promotion

现在，再回看汪胡桢先生的《沸腾的佛子岭——佛子岭水库建设的回忆》原文，在主体工程施工过程中又遇到了哪些困难，又有什么新的创新。汪胡桢说：

> 淠河水文测验开始于1950年，故在设计第一工期围堰时，对堰顶高程估计不足，以致曾被洪水漫过而溃决，使得清基工作延迟许多日子。
>
> 为了使土石围堰不致漏水，我们用黏土做了心墙。堰基河床上的沙卵石也能漏水，故在坝心打了钢板桩，效果还好，仅桩端遇到大卵石时被它顶裂开有些漏水。但在采取加强基坑抽水能力后，就可不致妨碍清基的工作。

坝拱前的帷幕灌浆

沿着垛拱底部的前缘，我们做了帷幕灌浆。

我们采用了上海吴淞机器厂新制的内燃打桩槌，使槌打钢板桩的工作很快完成。内燃打桩槌实际上是个内燃机，放置于桩顶，内燃机筒一发火，机体就跃起，下落时把桩顶狠狠地打了一记，内燃机连续升起与下堕，钢板桩就逐渐伸入沙卵石层。

柴油打桩机和 9-B-3 蒸汽打桩机对围堰坝心进行钢板打桩

灌浆孔是由地质钻探队用钻机钻成的，当时我国还没有灌浆机的生产，不得已由我绘制成双筒灌浆器，桶内通入压缩空气，贮在桶内的水泥砂浆即由铁管压出，注入钻孔，同时准备另一桶水泥砂浆。在工程后期，始改用我国工厂制成的灌浆机。①

双筒气压式灌浆机是由上海工务局机械修配厂生产的，其净重650公斤。优点是：一是压力稳定，能求得正确的漏水率；二是可单独完成整个灌浆过程，包括冲洗、水压和灌浆三个步骤；三是每个单筒可以拆开单独使用；四是可以加掺合料进行灌注。

---

① 汪胡桢：《沸腾的佛子岭——佛子岭水库建设的回忆》，载水电部治淮委员会《治淮回忆录》，《治淮》杂志编辑部，1985。

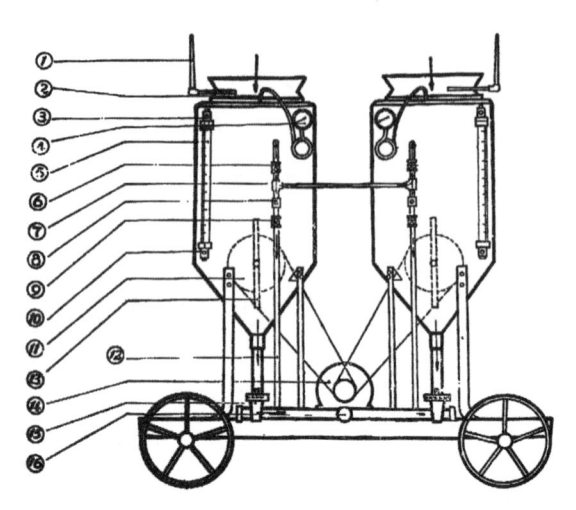

①盖板手柄；②弯管；③排气四通；④压力表；⑤玻璃管；⑥压浆凡而（闸阀）；⑦、⑧三通；⑨拌和阀门；⑩加浆四通；⑪皮带盘；⑫气管；⑬拌和叶；⑭马达；⑮三路考克（泵的一种辅助零件，阀门的一种，也称旋塞阀，是苏联"开关"一词的音译）；⑯孔口通路。

双筒气压式灌浆机结构

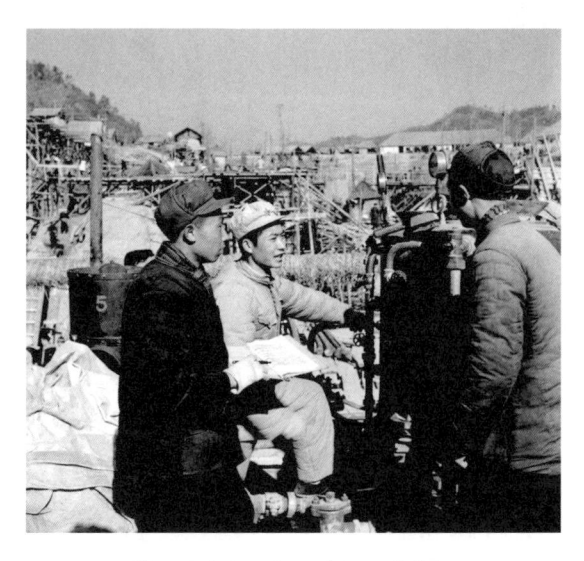

佛子岭自制双缸立式低压灌浆机

清基完成后，紧接着就是建筑垛墙与拱圈。

坝基清理，是工程建设质量的重中之重，直接关系水库基础的稳定与安全。首先要把基础的岩石面冲洗干净，要求基面不留任何土粒，到检查人员用手帕擦拭不见尘污为止。要求简单，坚持却非常困难，这方面汪胡桢坚决要求严格执行。在曹楚生院士《难忘的佛子岭》和朱起凤总工《峡谷书声桃李芬芳》的回忆中都谈到了这个问题。

第一期西部工程全面清基

坝基清理场面

再接着是木工队安装垛拱基层的夹板。

安装底拱模板

同时，钢筋队绑扎垛和拱里的钢筋。

绑扎拱圈钢筋

钢筋绑扎好后，由洋灰队，即混凝土浇筑队的工人开始往模板里浇筑混凝土，用插入式振动器加以振捣，混凝土凝固后就把模板拆下，重复使用。

用振捣器振捣混凝土

汪胡桢还谈到了骨料采集和混凝土运输中采用土法改造的几个小发明，如利用电动卷扬机把内贮混凝土的吊斗运到高处，在高处设竹脚手，由工人用手推车接受吊斗中混凝土，运往垛墙及拱圈中。工地没有栈桥及起重机，就用这简单的钢塔与竹脚手来完成水平及垂直运输，所用人力全部来自水利一师二、三两个团。

张怀江《水泥工》

分筛骨料与搅拌混凝土，主要还是依靠人力。

骨料场分类存储用

从砂卵石滩采取的砂卵石，通过不同筛孔的筛子，便成为粗、细骨料，由人工运到骨料场，分类存储起来。

为了采取水下的砂卵石，由朱起凤设计绘图，利用美军剩余物资中的Fresno拖斗、配置钢索及电动卷扬机，由机器修配厂及起重队工人安装成水下采取砂卵石装置，在水库的砂卵石就可一斗一斗挖出成为骨料。

谭勇《筛架》

这个装置叫塔铲，主要构件有巴杆、钢丝绳、拖斗、滑轮组和卷扬机等。

除卷扬机外，其余构件都是利用工地现有器材加工制成的，设备比较简单，工作效率主要与安装方法、熟练程度、机械性能和施工工况有关。

自制采取砂卵石装置——塔铲

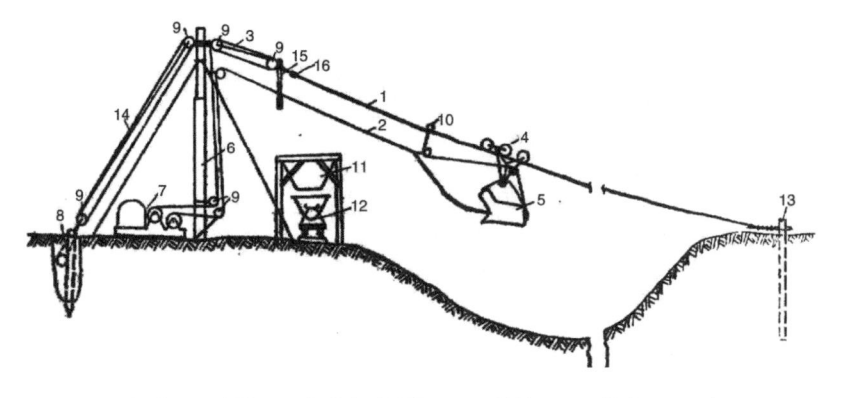

1. 主缆；2. 拖缆；3. 主缆牵引滑轮组；4. 滑轮组；5. 拖斗；6. 巴杆；
7. 卷扬机；8. 地龙；9. 滑车（轮）；10. 引导滑轮；11. 卸料斗；
12. 斗车；13. 钢板桩；14. 浪风；15. 平衡杆；16. 止步。

塔铲主要构件图

拌和台，上设配料台，下设拌和机，每拌一车，各种骨料装在竹筐里用台秤配准重量，水泥及水都依次从漏斗倾入拌和机，拌和出料时，由工人用手推车接受，运到钢塔旁，倾倒入吊斗里。

混凝土施工主要依赖于人工，仅一小部分是由机械完成，所以工地现场随处可见忙碌的工人。

混凝土浇筑初期，佛子岭工地主要使用的是美军剩余物资中的拌和机。后来国产的拌和机陆续问世，便改用了国产的机器。

西岸混凝土拌和场

混凝土短距离输送

浇筑混凝土重力坝时，为了使用较大卵石于混凝土中，工地还曾把拌和机的叶片自行加厚。

汪胡桢还提道：

> 在大坝施工时，著名华侨实业家陈嘉庚先生来参观，见我们的拌和机系统工作井井有条极为赞许。因他在厦门建筑集美师范学校时，在混凝土中用的都是锋楞出角的花岗石碎块，故问我："你们在混凝土中用的是圆溜溜的卵石是否不够牢固？"我告以卵石虽圆滑，但被水泥浆所包围，结成了整块一动也不动，作用能与碎花岗石一样，故牢固程度没有差别。陈先生说："对的，你们能就地取材，节省国家经费。"

时至今日，还有许多施工设计人员有与陈嘉庚同样的担心。其实质量好坏，除了设计标准高低外，关键在于对施工工艺的准确把握，对施工要求的严格控制。当年佛子岭大坝在进行混凝土浇筑时，对骨料的清洗与坝基的清洗是一样要求的，不允许有任何土粒掺杂其中。正是这种对质量的极致追求，使得今天的佛子岭水库大坝混凝土质量依旧保持如初，这无疑是对工程质量最好的证明。

汪胡桢说：

　　在佛子岭浇筑混凝土开工时，振捣器还未传到我国。一般混凝土浇注到模板后，只用铁钎振捣，使搅拌时夹进去的空气逸出，不但非常费工，而且质量也差。插入式振捣器初到佛子岭时，即使由上海市工会为佛子岭物色的最有经验的技工，也不识其为何物。数年前，我开始从外国报刊上看到振捣器的照片。1937年我去日本参观大坝施工，始亲眼看到这个机器。我在当时取得工厂样本，带回国内，收置于书籍内。佛子岭连拱坝建设一开始，我才从书箱里找出样本，请上海国华机器厂研究仿制。国华厂以样本中只有振捣器的外形，弄不清内部结构，无法制造，就派人到香港，在市上购得电动与风动的振捣器各一部。那时，香港对内地禁运机器，故派出的干部只好在行李里自携一部，想混过九龙关口带回内地，另一部则委托香港渔船运到广东海口。结果，自带的一部电动振捣器被查出没收了，而渔船代运的一部风动振捣器则安然运到。国华厂，因此就成为自制风动振捣器的第一家工厂，佛子岭工地成为使用振捣器的第一个工地。①

如果不是汪胡桢的用心与坚持，怎会有国产第一台振捣器，又怎么见证如今宏伟壮观的佛子岭水库大坝呢？

---

① 汪胡桢：《沸腾的佛子岭——佛子岭水库建设的回忆》，载水电部治淮委员会《治淮回忆录》，《治淮》杂志编辑部，1985。

第二十一章
平行作业　功成嘉奖

Chapter 21　Parallel Operations, Commendations for Achievements

佛子岭水库工程，从建筑围堰、清理基础等土石工程开始。

土石工程的工作性质较为简单，而且一般以人力施工为主要手段，所以当初在佛子岭工程指挥部只设一个工程大队来管理施工业务。

这个大队以黄丝为队长，队员有须正、蔡继武、郭旭升、陈宗俊、吴沈钊、何绚等人。各人岗位明确，分内事必须完成，而且互相团结合作，故工程计划都能按期完成。

混凝土浇筑工程开始后，原本的工程大队已无法应付这一庞大项目的复杂需求。于是，指挥部把工程大队升级为工程总队，并引入大量高级军官和技术专家，以加强领导和管理能力。在总队里设了政治、参谋、干管三处，同时在工作力量配置方面，成立了五个洋灰区队，以及木工、扎铁、起重三个中队。

汪胡桢回忆说：

总队成立以后，出乎意料之外，混凝土工程计划总不能完成。1953年3月份只完成月计划的71％，4月份较好，也只完成92％，5月份又大落，只完成67％，6月份只完成79％。张云峰把施工情况报告了淮委，淮委又报告了曾山同志，请求帮助解决。

1953年7月曾山同志马上叫中共华东局派出以王雨洛同志为首的工

作组来到佛子岭工地。他们先到各基层单位了解情况，向干部与军工做了详细调查。得知：

第一，指挥部和工程总队组织层次过多，以致呼应不灵，如指挥部领导处，处领导科，科领导股，股领导小组，处、科职能机构又去领导具体施工单位。如由工务处改名的工程处领导工程总队，财供处领导运输大队，工程总队也分成许多工程队（如中队，分队，组）。当下面发生问题需要解决或临时领取急需器材时，则非找遍了处、科、股、组就不能达到目的。如总队设立的洋灰队、木工队、扎铁队，都成了独立的系统。为此，施工中临时需二个木工，就要找工程总队、木工中队、木工分队、小组，只要有一个庙没有烧香，两个木工就无法到手。试问，这样来回的找要耽误多少时间呢？因为工作很难推动，上面虽手忙脚乱，仍难免有官僚主义的讥讽，下面只管把任何问题向上推，又受到不能主动解决问题的批评。

第二，每天具体工作计划需由工程处制订，因为层层传递消息需要时间，使这种具体工作计划不能迅速订立，订出后又需层层传转，才能传达到下面，这就往往使得做具体工作的技术员到深夜还不知道明天到何处工作。

第三，各单位文山会海、手忙脚乱，对于各种统计资料，反而都没有积累，以致一切工程的技术定额与消费定额都没有正确的数据，使计划人员心中无数，试问还会做出准确的月度计划否？不正确的计划就不能够获得十全十美的结果。

他们在深入研究后，建议两个垛墙的浇筑工程作为一个独立的试验区，在此区内设置一定的模板、起重、混凝土、扎铁的施工力量及必需的机器设备与材料，用流水作业法进行工作，当可使工作能顺利进行。经我与张云峰同志拍板后，试验计划马上实行。他们先对试验区内的干部与工人进行动员教育以统一思想，又作出流水作业图以统一步骤，并做了三项循环试验。证明分级平行流水作业法，远较以前大兵团作战的办法为优越。经指挥部决定，由党、政、工、团召开各种会议，又交群众讨论，在工地全面实行改革。

改革以后，混凝土工程由六个工程区来负责施工，每个区队担任固定区域的工程。其中，两个区队各担任九个拱的工程，其余四个区队各担任两个垛的工程。对于每个区队，都分配固定的干部、工人和机器设备及工具。从此以后，各区队都能在指挥部施工总计划指导下，能够有权与主动地按平行流水作业法进行。

开始时，拱的流水作业程序为：(1) 翻跳板一天；(2) 立模三天；(3) 扎铁半天；(4) 冲洗清理半天；(5) 浇混凝土四天；(6) 为了使混凝土凝固，间歇二天。

每个垛的施工程序，每十一天就完成一个循环，垛墙就升高一层，等到垛墙升高到一定高程，浇筑混凝土及其余工作量都相应减少，每个区队担任的垛墙由二个增为三个，每个垛墙以前升高四米一层需19.5天，现在只需11天，即增加效率44％。

关于拱圈的施工，升高一层的体积基本相差无几，故采用分段平行流水作业更加适合，因为对每一拱圈由起重机吊升钢模壳只需12小时，木工队安装拱面模板和钢筋队扎钢筋可同时工作，约需24小时，洋灰队浇筑混凝土约需4小时，八个拱圈流水作业，只需11天就能完成一个循环，而且在第二天就可开始第二循环。

用了分区平行流水作业法后，各专业的工人除在现场工作外，都可进行准备工作，如木模及钢筋的成品制作、检修起重设备等，不但没有窝工和赶工现象，而且可对每一成员轮流安排休息时间，每月进度都能如期完成，不会向后拖延。

那时，我们早已在报刊上看到苏联关于流水作业法的报道。而不知如何去实施，但华东地区一些工矿，已先走一步实行了，故王雨洛同志为首的工作组，在佛子岭推行这个方法后，使大坝的施工工作能在880天的时间里，宣告完成。①

庆祝3号拱首浇至顶

---

① 汪胡桢：《沸腾的佛子岭——佛子岭水库建设的回忆》，载水电部治淮委员会《治淮回忆录》，《治淮》杂志编辑部，1985。

3号拱首先浇筑到顶，工人干部热烈庆祝。

佛子岭连拱坝建成后，先后成功经受住了地震与洪水的双重考验，充分展示了其施工质量的卓越性。

汪胡桢（右二）、张云峰（右一）在工地上指导工作（尹引提供）

这种卓越的施工质量，是通过精心设计、严格施工和科学管理等多方面因素共同作用的结果。汪胡桢作为工程的总指挥，对于大坝的每一个细节都了如指掌，他心中对于大坝的坚固程度有着清晰的认识。他清楚地知道，佛子岭水库工程尽管使用材料最少、经费最省、工艺最为复杂，但其理论是正确的，而且也体现了与实际施工的高度吻合。因此，佛子岭大坝的质量是不容置疑的。

一天，指挥部正在会议室里召开联合办公会，忽然听到铿然一声，竹屋架有些颤动，汪胡桢说：好像有地震。

散会后，汪胡桢通知考工科的技术干部立即到连拱坝去检查，上上下下分头行动，仔细寻找，以确定地震是否给大坝造成了损害。

大约一个小时后，考工科的技术人员回来汇报，确认整个坝段未受地震影响，没有发现任何破坏的痕迹。

就在这时，出差经过合肥的曹楚生同志给汪胡桢打来长途电话，曹楚生说："你们那里感觉到地震了吗？地震时连拱坝坝顶栏杆是振幅最大处，可能会发生裂缝，要仔细检查一下。"汪胡桢回答道："刚才已经检查过了，全坝没有发现被地震破坏的痕迹。"

曹楚生接着说:"在合肥,地震影响可大呢!有的旧平房,山墙也开裂了。"

在建的佛子岭水库刚刚建成,就安然经受了第一次4至5级横向地震的考验。这究竟是巧合,还是必然?历史会揭示真相。

佛子岭水库,从1952年2月上旬开工,至1954年6月基本建成,连拱坝各垛、拱及东西重力坝,全部浇筑到顶,历经2年5个月。

水利一师二团三营在佛子岭建设临别时合影(安徽省佛子岭水库管理处提供)

工程建设者们战严寒,斗酷暑,特别是进入1953年之后,在施工进入最关键的时期,不曾想从前一年冬季到当年春夏,三季连汛。这突如其来的问题打乱了原先的工程计划,导流方案一改再改,施工组织不断优化。争时间,抢工期,抗洪水,历地震,工程建设人员仅仅利用1954年上半年相对有利的时机,取得了战略性胜利,终于抢在1954年淮河大洪水到来之前,成功封顶,为水库安全赢得了宝贵时间,为淮河防汛抢得了先机,基本上实现了《治淮方略》中预定的规划目标和要求。

1953年4月24日,佛子岭水库工程指挥部举行了第一次庆功大会,会上郑久鸿、刘文彬、胡业盛、朱根兴等176位模范受到奖励。

一等模范老工人郑久鸿,当时已是有38年工龄的老汉,但他在工作中却像青年人一样热情。1952年开工之初,工地上的16部开山机频繁发生事故,几乎要导致停工,又买不到外国配件,郑久鸿不畏艰难,苦心钻研,想尽千方百计自制配件,终于成功修好了这些开山机。

1952年2月12日，《皖北日报 皖南日报》报道佛子岭水库工程开工（李松提供）

1952年12月26日,《安徽日报》报道佛子岭水库工程紧张进行冬季施工
（杨新宇提供）

一等模范钻探工人刘文彬，看到钻探机经常需要移动，导致浪费很多时间，影响工作进度，遂创造了搬运钻探机的流水作业法，把本来耗时6个小时的搬运过程，缩短至3个小时，大大提高了工作效率，还为国家节约经费一亿三千多万元。

一等模范车工胡业盛（军工），学习车工不到4个月，便勇于采纳苏联经验，采用多刀多刃快速切削法，使车床的效率提高了十五倍。

二等模范灌浆工人王云富，出身农民，原来连机器都没见过，自加入灌浆队后，潜心钻研，创造了不少新的经验，如分岩装管法、倾斜处理法、简便拔管法等。这些创新对佛子岭乃至全国的灌浆技术发展和提高，都有着较大的贡献。

二等模范搬运工人马明星，将原来的一层筛子改进为分层砂石筛，可以一次筛出四种不同规格的石子，解决了砂石供应紧张的困难，为国家节省了二十亿元。

一等模范车工胡业盛（安徽省佛子岭水库管理处提供）

二等模范扎铁工人于阿三，发明了把弯钢筋拉直的新办法，使工作效率提高了约一倍。

二等模范工人陈尚才，一年内提出了 25 项建议，被采纳 15 件，仅改进混凝土拌和机进料斗一项，节约七千万元。

三等模范木工徐成龙，带头半夜起床到工地上清扫积雪，带动了许多同志，确保次日早上工地工作正常进行。

三等模范水泥工人吴贤良（军工），曾因下水抢救器材冻病了，病刚好时，看到一些器材又被水卷走，毫不犹豫再次下水抢救。

此外，还有水利一师军工劳模庄继满等。

这些模范人物展现出诸多典型的共性：他们勇于探索新事物，擅长深入研究并不断改进工作方法；他们积极投身工作，总是率先承担

治淮劳动模范、水利一师军工庄继满

艰苦任务；他们严守纪律，珍视国家财产，并以实际行动引领群体；他们勤奋学习，不断提升自己的政治意识和文化素养；他们以战斗的姿态加紧施工……

1953年4月30日，《安徽日报》报道佛子岭水库工地展开紧张劳动（杨新宇提供）

1954年6月2日，佛子岭水库工程劳模代表郑久鸿、钱洪胜、张兰英、还永宽、王文新等6人，出席安徽省首届工业劳模代表大会。

左起：钱洪盛、张兰英、钟大道、顾思仁、庄继满
部分劳模合影（安徽省佛子岭水库管理处提供）

1954年6月9日，佛子岭水库工程指挥部召开水库功臣、劳模庆功表彰大会，对水库建设中涌现出的800名功臣、劳模进行了表彰。

佛子岭水库工程庆功表彰大会（安徽省佛子岭水库管理处提供）

在庆功表彰大会上，水库工程功臣、劳模发电报给毛泽东主席，报告佛子岭水库连拱坝胜利浇筑到顶。这封电报，前面已详述此处不再赘述。

佛子岭水库工程功臣劳模奖章

水利一师模范功臣合影（安徽省佛子岭水库管理处提供）

1955年9月，佛子岭水库工程指挥部对参加建设的工程管理人员进行了表彰，对参加建设的工人和民工颁发了完工证书。下图为2023年11月15日安徽博物院（老馆）举办的"山河安澜——淠史杭灌区主题展"中的一张奖状。

佛子岭水库工程颁发的完工证（安徽省博物馆提供）

1954年6—7月间，皖北地区连降暴雨，淮河水位上升，蚌埠临河的街道被水淹没。

7月23日，佛子岭水库首次拦蓄洪水，水位高达125米，离坝顶只有5米。同日，当年最高库水位为126.2米。

达到库水位125米时的佛子岭水库

佛子岭水库首次拦蓄洪水错峰泄洪

这一年，淮河两岸水灾严重，如果没有佛子岭水库将东淠河洪水拦住，淮河的灾情将会更加严重。

1954年9月，佛子岭水库工程除水力发电站外，都已进入收尾阶段。14日，灌浆队工人敲锣打鼓，列队游行，宣告灌浆工作胜利完成。

接着，16日，工程总队的职工，包括洋灰大队、木工队、钢筋队、起重队的工人，又举行了浩浩荡荡的庆祝游行，宣告大坝工程的胜利完成。

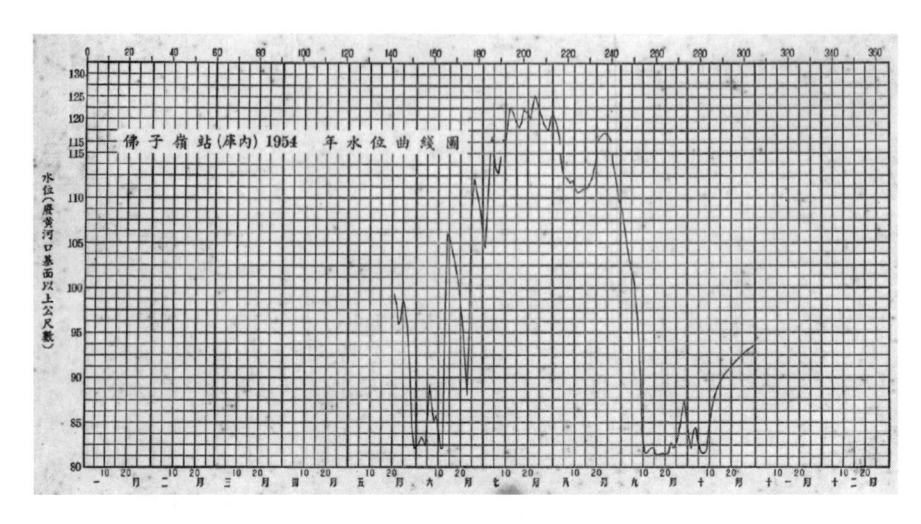

1954年佛子岭水库库内洪峰水位曲线表

佛子岭水库即将建成之际干部职工大合影（安徽省佛子岭水库管理处提供）

11月1日，水电站的第一台机组安装完毕，试发电成功。工人干部们在19号拱后、水电厂房前，庆祝机组安装成功。

在9月、10月两个月里，指挥部忙着筹备竣工典礼，水电站发出电来之后，指挥部马上决定，于11月5日举行庆祝竣工大会。

汪胡桢后来回忆起竣工后的工地一片欢乐的场景，说道：

那时，淠河东岸工地上的大部分草屋已经拆尽，仅留沿河一条街仍旧作为商场。用了推土机把房屋基址推平，整理出一个能容纳2000人入

刚刚建成的佛子岭水库全景

第二十一章 平行作业 功成嘉奖

庆祝机组安装完毕发电成功

座的露天大剧场。剧场的一端为芦席棚式的戏台，剧场地面经过规划，倾斜合度，使后座观众的视线，不致被前座观众所掩。

中国百货公司与佛子岭供销社，事前已准备大批货物，新华书店准备了大批书籍，把临河一条街的两侧全部摆成货摊，出售的物品大都印有美术家严敦勋（小马）设计的纪念图案，有搪瓷面盆、搪瓷口杯、茶叶筒、瓷杯、铅笔、佛子岭明信片、儿童玩具等。商场于11月初起即开幕，延续一个月，工地职工和方圆数十里内的农民纷纷到来，把临河一条街拥挤得水泄不通，真像文学家陈登科在著作中说到像管牙膏，挤进一点，才挤出一点。[1]

11月5日清晨8时30分，工地上鞭炮齐鸣，震耳欲聋，大喇叭里报告竣工典礼大会开始。

上级领导和各方代表、水库职工多达1万余人，在宾馆前集合，由汪胡桢打先导，引队出发。

首先，中央水利部代表刘瑶章、淮委副主任曾希圣、安徽省省长黄岩、名人周信芳、陈登科、李玉如、严凤英等及佛子岭劳动模范顾世臣、郑久鸿

---

[1] 汪胡桢：《沸腾的佛子岭——佛水岭水库建设的回忆》，载水电部治淮委员会《治淮回忆录》，《治淮》杂志编辑部，1985。

等都鱼贯而行。

进到坝后的交通桥中央后，由时任安徽省委第一书记兼治淮委员会副主任曾希圣为佛子岭竣工仪式剪彩。

曾希圣（前排右三）为水库竣工剪彩

俞云阶《佛子岭水库竣工典礼》

剪彩后，鸣炮、升旗、奏乐，同时打开泄洪管闸门，两道水龙，直喷空际，两岸群众，呼声雷动。

是时，6000余人的游行大队，人人手持彩旗，从广场出发，由西岸登上坝顶。

庆祝佛子岭水库竣工的游行队伍，宛如一条蜿蜒的长龙，盘旋在坝上坝下，由山下绕到山上，从西岸越过坝顶，向东岸进发。龙首已从东坝头下山，而龙尾却还在西坝头的坝下，一时间场面热闹非凡。

欢庆胜利的游行队伍

当晚，指挥部在宾馆餐厅设宴会招待来宾。宴会之后，一众来宾到剧场观看欢庆演出。京剧大师周信芳主演了《四进士》，四大名旦之一的李玉如主演了《贵妃醉酒》《白蛇传》，黄梅戏名演员严凤英主演《仙女下凡》等戏。

在庆祝期间，佛子岭水库邀请了上海京剧团、上海杂技团及安徽黄梅戏剧团等，在露天剧场，一日三场，连续演出四天。

汪胡桢说，踏上连拱坝的坝顶，望向水库，不禁让人吟诵起唐朝诗人王勃的名句：落霞与孤鹜齐飞，秋水共长天一色。

汪胡桢此刻的心情难以平静，面对眼前巍峨耸立的水库大坝、经受住地震和洪水严峻考验的大坝，汪胡桢悬着三年的心终于得以释怀。他感到前所未有的轻松和宁静，仿佛脱胎换骨一般。

一颗平常心，能够保持镇定，享受宁静，展现洒脱，思考得更加深远。

曾经沸腾的佛子岭，如今已化作一片宁静的水利水电基地。远处，坝上坝下的灯光熠熠生辉，将大坝的雄姿映照在水面，这不正是大坝所发出的电力之光吗？

1954年11月6日,《安徽日报》报道佛子岭水库建设成功(孟景提供)

从今天开始，大坝将昼夜不停地发电，源源不断地输送到皖北电网，点亮无数家庭的灯火。

那哗哗流淌的水声，正是水库精心调控后释放的水流。

从今天起，这些水流将绵延不绝，流向淠史杭灌区，滋润农田，提高农业产量，推动新的发展。

连拱坝下游夜景

从前，昼伏夜出的豹子早已遁迹深山，这里取而代之的是红鲤白鲢，成了鱼的乐园。

时间过得真快，一霎眼就是30年。在佛子岭水库建成30周年时，汪胡桢不禁感慨自己已步入暮年。想到当年共同创业的青年，如今已是风流云散，天各一方，那份怀念之情怎能不让他心潮澎湃？他只希望，希望还能以佛子岭的精神，继续为我国水利水电事业而奋斗！为此，汪胡桢撰写了《沸腾的佛子岭——佛子岭水库建设的回忆》，以此纪念佛子岭水库建成30周年。

佛子岭，曾经是一个时代的标志，坐落在佛子岭宾馆花园中的工农联盟塑像，巍然屹立，仿佛诉说着70年来看到的故事。

水工结构专家、工程院院士曹楚生这样总结和评价汪胡桢先生对佛子岭水库建设做出的贡献：

工农联盟塑像今昔对比

　　佛子岭水库是我国在解放以后兴建的第一个大型水利工程，工地铺设范围上下长达十数公里，左右两岸，山上山下，基坑内外，水上水下，工人数以万计，技术上有许许多多的难题需要解决，庞大的施工队伍需要合理调度。汪胡老凭借他渊博的学识和卓越的组织才能，知人善任，集思广益，把偌大一个工地安排得井然有序。广大工人和技术人员在他的指挥下，各执其事，各司其职，终于高质量地完成了各项施工任务。当人们在欢庆全部工程胜利完工的时候，无不交口称赞汪胡老作为工程总指挥的丰功伟绩。①

　　在新中国成立70周年之际，福建师范大学社会历史学院教授高峻老师等创作的《新中国70年水利科技大家学行研究》，开篇即是《汪胡桢与新中国成立初期的淮河治理》。书中前言有：

---

① 曹楚生：《难忘的佛子岭》，嘉兴市政协文史资料委员会编《一代水工汪胡桢》，当代中国出版社，1997。

在新中国成立初期的治理淮河控制性工程佛子岭水库大坝设计中，汪胡桢根据其时钢材、混凝土和木材等匮乏的实际，设计出坝工科技水平高，又节省材料的连拱高坝，在治淮委员会的支持下指导参建军民土法上马，精心施工，建成了世界一流水平的佛子岭连拱高坝。[①]

早在1952年2月2日，在佛子岭水库即将开工之际，汪胡桢就立下誓言，他在笔记本上写道：

我们决不可向困难低头，
遇见困难需要拿出勇气和智慧来和它斗争！

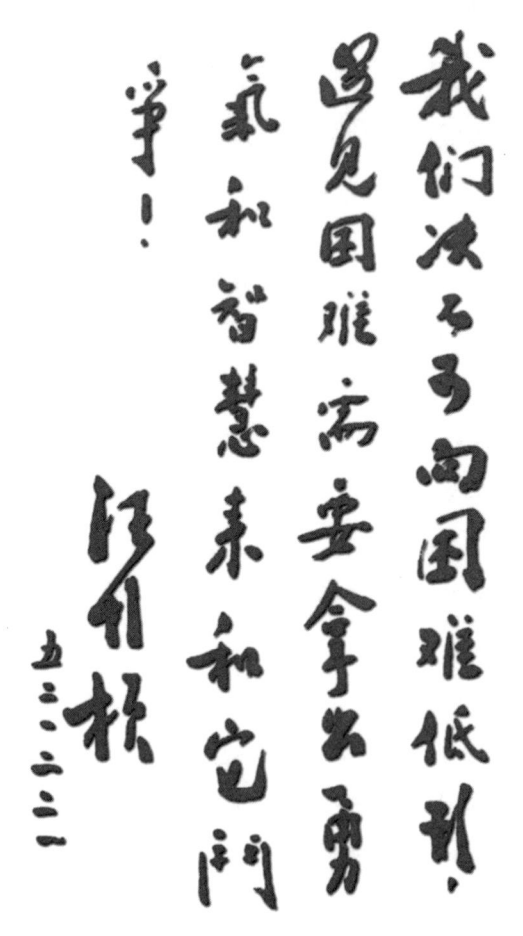

汪胡桢治理淮河的誓言

---

① 高峻，等：《新中国70年水利科技大家学行研究》，中国水利水电出版社，2019。

在佛子岭水库建成之时，汪胡桢又满怀感慨地在自己的记事本上写下一段总结性的话语：

只有在共产党和人民政府的正确领导下，
发挥人民的劳动和智慧，才有佛子岭水库的成功。

1954年7月淮河发生洪水，刚刚建成的佛子岭水库迅速展现了其关键的拦洪错峰功能，有效减轻了淮河干流的洪水压力。

当月，汪胡桢当选为安徽省人民代表大会代表。

汪胡桢安徽省人大代表当选证（黄国华提供）

9月的第一天，56岁的汪胡桢，又拿到了中央选举委员会发来的中华人民共和国第一届全国人民代表大会代表当选证书，作为安徽省代表的他出席了第一届全国人民代表大会。

汪胡桢全国人大代表当选证（黄国华提供）

1954年安徽省出席第一届全国人民代表大会的代表共有39人：方令孺、朱蕴山、江庸、何世琨、何谦堂、余亚农、李有安、李步新、李克农、李达、汪世铭、汪胡桢、沈其益、周新民、周鲠生、查夷平、查谦、孙仲德、孙起孟、孙德和、马乐庭、张如心、张劲夫、张会亭、梁希、梅汝璈、章伯钧、章蕴、许杰、陈荫南、曾希圣、程士范、项南、黄岩、叶笃义、赵朴初、潘锷、郑久鸿、黎锦熙。汪胡桢就在其中。

9月15日至28日，汪胡桢参加了在北京中南海怀仁堂隆重举行的第一届全国人民代表大会第一次会议，并在18日的会议上进行了交流发言。

汪胡桢的发言（黄国华提供）

发言全文如下：

主席，各位代表：

从1949年我国取得了人民革命的伟大胜利的日子起到现在为止，为时不过短短的五年，但我国各方面都已经表现出飞跃的进步，改变了整个国家的面貌。

没有疑问，这是从我们身上解除了一切政治的、经济的、文化的束缚的结果，使得全国6万万人民潜在的力量得到了自由的发展，因而造成了历史上任何一个时代所没有的新气象。这应归功于中国共产党，人民政府和毛主席的英明领导和广大人民群众的努力。

拿我亲身的体验来说：我是一个水利工作者，从进大学的日子起，就准备一辈子为国家建设水利工程而努力的。但毕业以后，先后经历了军阀混战和国民党统治的两个时期，整整浪费了我半个世纪的光阴，没有完成一些实际的工作。虽然曾经尽心竭力地做成了几种水利工程的计划，但仅不过供人空谈一阵，不久就被全部搁起。在旧社会里，统治阶级是不为人民群众的利益着想的，因此水利工作者也同一般科学技术工作者一样，到处碰壁，找不到出路。

解放以后，情况有着根本的改变。

最近五年来，我国完成的水利工程已经大大地超越了历史上任何一个时期，空谈了100年的治淮工程，计划了30多年的永定河治本工程，人们一辈子憧憬的水力发电事业，都不再是梦想，而已经变成了现实。

在我国的土地上，人民用自己的双手建成了大大小小的水库和水闸，修治了无数的河道和堤防。靠了这许多工程，不但使连年农业生产得到一定的保证，而且在今年的夏季，胜利地挡住了打破一百年纪录的大洪水，减轻了水灾给予人民的损失。这许多成就，在没有把社会生产力解放出来的旧社会里是不可想象的。

虚度了半世纪光阴的我，也有机会来参加热火朝天的大建设，参加治淮工程，最近又完成佛子岭连拱坝。我充满了新的希望，充满了新的力量，愿意同全国水利工作者一起更好地为人民多做一点事。我更体会到只有在人民自己当家的人民民主制度下，科学技术的研究才受到国家的鼓励和帮助。

因此，我决心用全力来拥护这部人民民主的宪法，为它的实施而奋斗。

此刻的汪胡桢，充满了新的希望，充满了新的力量，愿意同全国水利工作者一起，更好地为人民多做一点事。

在佛子岭水库刚刚建成并发挥效益之际，汪胡桢随即来到梅山水库，投身于梅山水库的建设之中。

1955年6月，中国科学院院长郭沫若聘请汪胡桢为中科院技术科学部委员。

汪胡桢获资深院士称号（黄国华提供）

1963年4月，汪胡桢听闻淠史杭灌溉工程已经开始发挥作用，灌溉农田已达300万亩。对此，他满怀喜悦地为淠史杭灌溉工程作诗《淠史杭感怀》二首，以表达对佛子岭水库灌溉效益提升的欣慰之情。同时，这也标志着他主持建设佛子岭水库的又一宏伟目标得以实现。

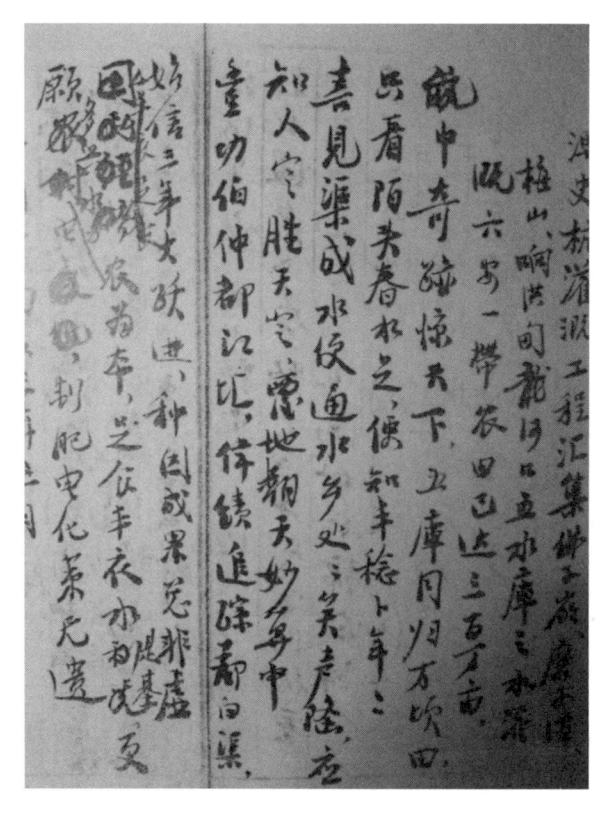

《淠史杭感怀》二首诗稿（黄国华提供）

其一：

> 皖中奇迹惊天下，五库同归万顷田。
> 只看陌头春水足，便知丰稔卜年年。
> 喜见渠成水便通，水乡处处笑声隆。
> 应知人定胜天定，覆地翻天妙算中。

又诗云：

> 皖西我亲往，佛子岭扣险，
> 建成连拱坝，治淠兼发电。
> 大水五四年，澹灾经考验，
> 肇始梅山库，京华去汗漫。

看得出，虽然汪胡桢恋恋不舍离开了亲手建起的佛子岭水库，去黄河、去北京，去承担更加重要的水利工作。但是，汪胡桢对佛子岭的那份情怀，一直留在心里，难以割舍。

汪胡桢始终心系淮河，关心淮河治理，他以诗话来怀念他在治淮委员会的那段日子：

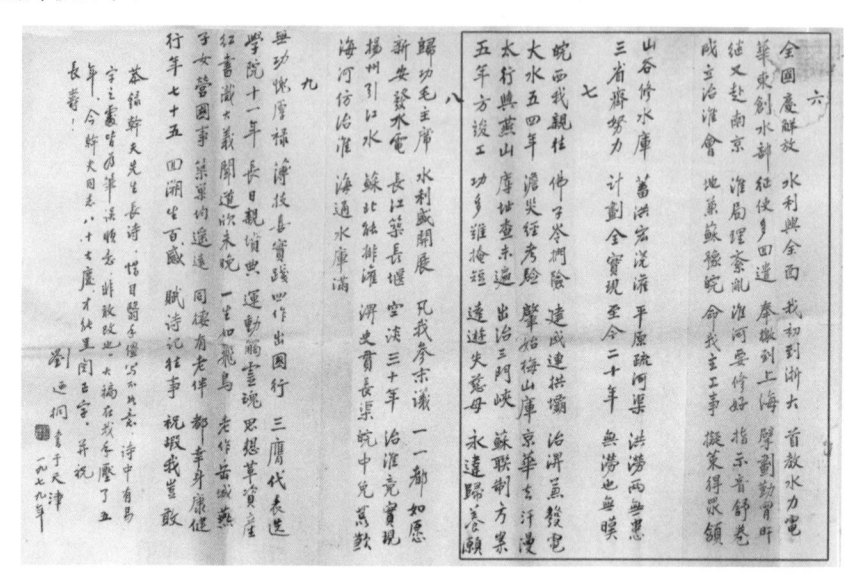

汪胡桢《生日回忆》（刘迺桐书法）（张树贤提供）

全国庆解放，水利兴全面，
我初到浙大，首教水力电。
华东创水部，征使多回遣，
奉檄到上海，擘划勤宵旰，
继又赴南京，淮局理紊乱。
淮河要修好，指示音舒卷，
成立治淮会，地兼豫苏皖，
命我主工事，拟策得众领；
山谷修水库，蓄洪宏浇灌，
平原疏河渠，洪涝两无患。
三省齐努力，计划全实现，
迄今二十年，无涝也无暵。①

---

① 汪胡桢：《生日回忆》之六，1971。

刘迺桐，中国著名桥梁设计工程师。当年刘先生收到汪胡桢《生日回忆》一诗后，用毛笔小楷抄写回赠给汪胡桢先生。此书法由汪胡桢孙婿张树贤提供。

1971年，汪胡桢先生与夫人陈蕙珍在河北磁县岳城水库英烈村下放劳动。

1971年汪胡桢与夫人陈蕙珍在岳城水库（黄国华提供）

1978年1月汪胡桢与夫人陈蕙珍在北京寓所（黄国华提供）

1982年12月11日，《北京日报》第一版刊登了一篇《名与"水库"紧相连——访全国人大代表、水利专家汪胡桢》的专访文章，这张报纸一直被汪胡桢先生的女儿汪胡炜珍藏着，她时不时会拿出来读一读，以表达对父亲深深的怀念。

在访问中，汪胡桢谈到我国水力资源蕴藏量得天独厚，谈到水利救国，还谈到与水库的缘分，特别是他对佛子岭水库的情有独钟。

1982年12月11日，汪胡桢接受《北京日报》专访报道（汪胡炜提供）

这一年汪胡桢已85岁，当记者拜访他时，他正忙于主编《现代工程数学手册》。令人钦佩的是，第五篇竟是他借助放大镜，一笔一画亲自写成的。这就是汪胡桢，中国科学家的杰出代表。

汪胡桢先生，知智深广，功业卓著，品德高尚，精神感人，作风严谨，生活简朴，为我国的水利工程建设培养了大量专业人才，他所做出的贡献是巨大的，他的高尚品德更值得我们深刻铭记和永远学习。

汪胡桢先生从不自满于自己的才智与成就，总是谦虚地称自己为"水工"。他所创造的水利工程术语"水库"一词，已经成为无数水利人日常工作中不可或缺的一部分。

汪胡桢先生最引以为傲的"水工"作品，就是佛子岭水库，他也因此被誉为"中国连拱坝之父"。

这位一代"水工"的聪明才智和光辉榜样，将永远镌刻在佛子岭水库的历史之中。

佛子岭水库工程已经建成，但故事却仍未结束。

第二十二章

工程验收　管理纪要

Chapter 22　Project Acceptance，Project Management Notes

佛子岭水库工程，从1952年1月9日基坑开挖起正式开工，到7月1日第一仓混凝土浇筑，到1954年6月6日混凝土浇筑完成，再到11月5日工程全面竣工，其施工耗时2年5个月，即880天，此后的5个月后水库发电，工程全面竣工。

建成的淠河佛子岭连拱大坝，全长510米，其中连拱坝段长413.5米，有垛20个，每个垛宽6.5米，拱21个，每个拱内径长13.5米。两端为重力坝，东端长30.1米，西端长66.4米，其中在施工中将西端的重力坝在118米高程处的一段改为平板坝，长45米。最大坝高为74.4米。

全部施工，浇筑混凝土19.5万立方米，消耗水泥5.3万吨、钢材6400吨、木材2.05万立方米、砂石34万立方米。使用各种机械设备545部，总投资3800万元。

建成的水库连拱坝，工程质量优良，至今叹为观止。

施工期，曾经历1953年、1954年汛期数次洪水的考验。1954年7月23日，上游洪水位最高达126.2米高程，坝身依然安全。此外，大坝又经受了4级和5级两次地震的考验，坝体安然无恙。

佛子岭水库工程建成了，然而工程建设的基建程序，一个也不能少。

汪胡桢先生曾经编纂过《中国工程师手册》，参加过美国摩尔根瀑布等水电站的设计和施工,也钻研过苏联的水利工程建设程序。

因此,在佛子岭水库工程建设的最关键时期,已经考虑到水库工程的验收和移交问题,相关工作早早筹备,提前做好了工程验收的相关筹备工作。

1953年10月30日,正是水库二期工程混凝土浇筑、封拱和闸门安装等一系列工程施工最繁忙的时候,佛子岭水库工程指挥部成立了工程验收委员会,汪胡桢任验收委员会主任委员,开始着手准备水库验收的前期工作。

1954年1月15日,按水利部指示,治淮委员会同意将佛子岭水电站并入水库,作为同一个建设单位,为佛子岭水库的统一验收创造了条件。

3月10日,工程指挥部召开了佛子岭水库工程技术丛书编写的第一次会议,对水库工程设计、建设时期的第一手技术资料进行汇总、整理和编制成册,全方位做好验收前的技术资料准备工作。

9月3日,治淮委员会任命李毕云为佛子岭水库管理处主任,梁兴炎为副主任,同时筹备水库工程交接事宜。

水库的施工建设进入收尾阶段,同时验收工作开始启动,工程管理全面进入预备阶段,各项工作相互协作,紧锣密鼓,相得益彰。

10月22日,佛子岭水库工程指挥部的工程验收委员会组织召开了由多方代表参加的水库竣工检查事宜联席会议。会上决定成立竣工检查组,即日起对已竣工的工程,按照不同性质,分成4个部分进行检查。

第一部分,坝基,包括钻探、清基、灌浆、拱前还土等。

第二部分,坝身,钢筋混凝土浇筑工程。

第三部分,输水管道工程。

第四部分,附属工程。

10月26日,检查工作结束后,由验收委员会提交《佛子岭水库工程竣工检查报告》,为在上级部门正式验收提供验收前的第一手工程质量检查报告。

11月1日,佛子岭水力发电厂第一台1000千瓦水轮发电机安装完毕,水电站成功发电,进入正式运行模式。

11月5日,佛子岭水库举行竣工大会,宣告工程建设圆满完成。

佛子岭水库水力发电站第一台机组发电（安徽省佛子岭水库管理处提供）

水库验收

11月11日，佛子岭水库工程初步验收开始，至22日结束。

佛子岭水库工程指挥部为被验收单位，参加人员有：张云峰、吴溢、李万忠、谭旭东、曹景公、夏同琳、盛楚杰、李守镇、马良骥、王廷瑞、曹楚生、樊晨光、杨恩林。

治淮委员会为主验收单位，参加人员有：胡德荣、李延泽、张延祚、周玉山、陈亚光、庄培明、章凤歧、江为健、毛宗时、徐德衡、严国藩、虞春帆、温业醇。

中央水利部、安徽省水利厅、中国人民建设银行的蚌埠分行和佛子岭分行，以及佛子岭水库管理处等为会同验收单位。

中央水利部的参加人员有：卞文庄、陈川、王建章、石栋、程颐、沈德民。

安徽省水利厅的参加人员有：罗清澄、彭烈文。

建设银行蚌埠分行的参加人员有：江涛、江玮、周之瑜。

建设银行佛子岭分（支）行的参加人员有：杨凤辇、葛英仁。

佛子岭水库管理处的参加人员有：李毕云、梁兴炎。

验收过程：从11月11日至13日，听取佛子岭水库工程指挥部分别介绍工程概况、规划设计、地质钻探、施工经过、竣工检查等工作情况的汇报。

14日至18日，分基础、坝身、输水道、附属工程、财务、器材五个小组，进行分组检查与讨论。

19日，各小组小结。

20日至22日验收总结，通过验收意见。

验收意见：通过验收检查和讨论，除基本上同意指挥部所作的竣工检查报告外，提出了16条建议和意见。

验收组认为佛子岭水库连拱坝工程，已经过1954年汛期大水和6月17日的6.2级横向地震的实际考验，性能良好。证明佛子岭水库在质量和尺度方面基本上符合设计文件的要求，同时在洪水时期对减轻淠河下游洪水灾害和削减淮河干流的洪峰起到了一定作用，说明佛子岭水库已达到设计和使用方面的要求，拟请准予初步验收。

对于竣工检查报告和本报告中所提意见，应由指挥部和管理处分别予以处理实行，所有已经初步验收的工程，应由管理处进行管理养护。

主要验收材料有：

1. 竣工总结报告提要、竣工总结报告，正在整理编印之中，另行补送。

2. 竣工检查报告。

3. 竣工图纸，分为五册：

第一册：坝址钻探、清基、坝基地质、拱前还（回填）黏土。

第二册：坝基灌浆工程。

第三册：坝身钢筋混凝土。

第四册：输水道工程。

第五册：附属工程。

最后，由验收人员签名。

治淮委员会：胡德荣、周玉山、张延祚、陈亚光、李延泽、严国藩。

中央水利部：卞文庄、王建章、程颐、沈德民、石栋、陈川。

安徽省水利厅：罗清澄、彭烈文（代）。

中国人民建设银行蚌埠分行：江涛、杨凤辇、周之瑜、江玮。

佛子岭水库管理处：李毕云、梁兴炎。

佛子岭水库工程指挥部：张云峰、吴溢、谭旭东、曹景公、李万忠、夏同琳、樊晨光、李守镇、马良骥、盛楚杰、杨恩林、王廷瑞。

22日，佛子岭水库工程初步验收结束。

11月28日，佛子岭水库工程指挥部向治淮委员会呈报《呈报我部水库工程初步验收完毕，检同各项竣工资料图表等请核备由》：

一、我部佛子岭水库工程，业经钧会并会同中央水利部、安徽省水利厅、建设银行、水库管理处等有关机关派员于11月22日初步验收完毕。

二、谨检同（1）佛子岭水库工程初步验收报告；（2）佛子岭水库工程竣工检查报告；（3）佛子岭水库工程竣工总结（提要）各一式十五份及（4）佛子岭水库工程竣工图（每份五册）一式五份，报请鉴核备查。

报告同时抄送了佛子岭水库管理处。

基建程序相当规范，相关手续一应俱全。在20世纪50年代初，治淮工程建设程序如此规范，着实令人叹服。

为什么这么说？因为佛子岭水库当年的验收程序，与1999年水利部发布的《水利水电建设工程验收规程》内容几乎一致，甚至细节更细，准备更全，要求更严，验收时间安排更长，比该规程有过之而无不及。

对比1951年建设的润河集分水闸工程和石漫滩水库工程等同样的大型治淮骨干工程，润河集虽也准备有八种工程资料，却没有发现有验收的文字记录。当时的工程一般都是边设计、边施工、边运行、边管理，工程建成后一般进行对工程的正式验收与评价，缺验收过程，少验收资料。

佛子岭水库工程施工建设有规范的建设程序，在治淮工程中开创了先例，且很大可能也是新中国成立后全国水利工程建设中的首创。这套建设程序和流程，更大可能是汪胡桢先生所设计创造出来的。

只有想不到，没有做不到。

在同一年代的水利工程建设中，佛子岭水库建设有如此规范到位的验收程序，为新中国水利工程基建程序树立了榜样。

工程管理大事记

在佛子岭水库建设期间，许多重大事件在汪胡桢先生《沸腾的佛子岭——佛子岭水库建设的回忆》一文中已有叙述，本书结合《佛子岭水库工程总结》和《佛子岭水电站志》，已将建设过程中的大事记整理在第十七章"群贤毕至，少长咸集"之中。除此之外，还有不少其他与建设相关的综合类事件。

为了更加全面完整地留下佛子岭水库建设与管理的纪实资料，再结合《佛子岭水电站志》、《佛子岭水电站志续》和《佛子岭水库志》中收录的大事内容，一并将有关佛子岭建成验收后，水库管理过程中的一些要事，简单整理如下。

1955年2月1日，佛子岭水库管理处挂牌成立。

4日，治淮委员会通知，佛子岭水库管理处公章即日起开始使用。佛子岭水库工程建设任务圆满完成，水库工程交由管理单位正常运行。

3月31日，《佛子岭水库技术总结》（九册）、《佛子岭水库工程总结》（一册）各3000册，由淮委印刷厂印刷出版。

4月27日，工程指挥部工区工会工作委员会成立。

5月25日，水、火电厂合并。朱小舟任厂长，王槐任政治教导员，李先宝、沈冠达任副厂长。

23日，设立安徽省第一个初级地震台，测量佛子岭地区地震，以验证连拱坝的设计。

12月16日，佛子岭水库东岸404工程升压站，地基浇筑开工。

24日，佛子岭水电工程处、佛子岭水库管理处、上海电力设计院就佛子岭至合肥110千伏高压输电线路及升压站出线签订协议。

1955年，《治淮汇刊》第五辑登出了佛子岭水库管理处编制的《佛子岭水库管理规范（草案）》，草案共分总则、水库控制办法、输水道的工作制度、建筑物的状态观测和工作情况观测、建筑物的养护、建筑物的检查与修理、组织机构职掌与人员编制，共7章，177条款，还有10个附件，是一份相当齐备的技术管理资料，有一定的参考价值。

1956年1月1日，佛子岭水库工程指挥部撤销。

2月29日，佛子岭东岸404工程升压站，地基浇筑竣工。

佛子岭水库管理规范（草案）

佛子岭水库管理处

第一章 总 则

一、佛子岭水库是淮河流域内多目标的水库中的一个。水库拦河坝建筑在淠河东源的佛子岭打鱼冲上游。它控制着淠河东源1,840平方公里的流域面积，有4.737亿立方公尺的容量。拦河坝是由21个13.5公尺直径的半圆拱，20个6.5公尺宽的空心梁和两端实心的重力坝组成（西岸重力坝在117.5公尺高程以上为平板坝），全长510公尺。坝顶高程130.0公尺，最大坝高74.4公尺。这座坝的基础除小部分是灰白色石英片岩和花岗岩外，大部分为黑色石英板岩。拱梁均为钢筋混凝土做成，重力坝为混凝土做成。在坝梁间安装了11道钢质泄水管道，用闸门控制泄洪和给水（其中灌溉钢管尚未安装闸门，不能使用）。溢洪道建筑在坝的东端，尚未完成，现在为一无控制的缺口，宽35公尺，底高118.6公尺。水电厂完成装机容量2,000瓩，尚在计划扩建中。为了上下游的物资交流，在坝西端建有斜坡铁道及卷扬机设备，专为运输之用。

二、佛子岭水库的任务，首要的是防洪，次要的是灌溉，最后是发电和航运。防洪方面，它与即将建设的磨子潭水库和响洪甸水库共同担负着减轻淮河的洪峰流量和消除淠河下游的水灾。灌溉方面，它可以使淠河下游六安、寿县境内的68万亩缺水和无水的农田得到足够的需水，保证率80%。水电方面，它的基本发电量是3,200瓩，保证率98%，最高发电量9,500瓩，可供工农业生产所需电源。航运方面，计划使载重50吨的木船能终年通航于灌溉干渠内，消除无水停航或载重减轻现象。到1955年第一季度底止，按水库各项工程完成情况，在防洪方面可起拦洪作用，水电有2,000瓩可以运转，并可供给适当水量调剂航运。

三、在溢洪道工程及磨子潭水库工程未完成前，制定本临时管理规范。本规范包括各建筑物的工作制度，观测、养护、检查、修理各项规范，以及管理机构组织等。管理处应依照本规范执行。

四、本管理规范内未包括的水力发电部分及溢洪道部分，俟完工后另订。

五、管理处应逐年将新的水文资料进行分析，并不断补充或修改运用曲线，但须经治淮委员会批准后方可执行。

六、观测所得资料，除管理处进行研究分析外，应按月分别报送治淮委员会及中华人民共和国水利部，借以分析研究。

七、管理处根据检查结果，按年编订修理计划及预算，呈送治淮委员会。

八、日常修理不应防碍结构物正常运用，如果不是紧急的，应尽量选择结构物工

— 329 —

《佛子岭水库管理规范（草案）》

8月4日，治淮委员会通告佛子岭水电厂移交给安徽省。

1957年5月23日，治淮委员会批复佛子岭水库管理处机构编制。

10月25日，安徽省人民委员会批准成立"佛子岭水电站扩建工程验收委员会"。省计划委员会主任刘征田、工业厅厅长倪则耕分别为正、副主任。

1958年，治淮委员会撤销，佛子岭水库管理处划归安徽省水利电力厅管理。

4月2日，佛子岭水库管理处与磨子潭水库工程管理局合并，成立佛磨水库工程管理处，李毕云任主任。

26日，朱德委员长偕随行人员31人，由安徽省黄岩省长等陪同来佛子岭水库视察。

27日上午，朱德委员长在佛子岭水库大坝接见水库全体职工。

8月4日，安徽省水利电力厅决定，佛子岭水库管理处同佛子岭电厂合并成立安徽省佛子岭水电站，主任为李毕云，副主任为徐慎平、卢竟然（兼总工程师）。

9月28日，佛子岭水库溢洪道闸门及启闭机安装完成。

9月17日下午，毛泽东主席在视察安徽时，在安徽省博物馆的佛子岭水库连拱坝模型前驻足观看，听取水库工程建设和运行情况的介绍。

10月1日，霍山县人民委员会与佛子岭水电站协商决定，建立佛磨水库渔场。

同月，佛子岭水电站接受来自广西、贵州、青海和安徽省六安、阜阳、霍山等地区九个水电站372名学员的技术培训任务。

同年，叶剑英元帅在安徽合肥考察期间，来到安徽省博物馆参观佛子岭连拱坝模型，认真听取佛子岭水库工程建设的情况介绍。

同年，刘伯承元帅视察佛子岭水库。

朱德委员长和刘伯承元帅在视察佛子岭水库时，下榻佛子岭宾馆，均安排在佛子岭宾馆的206房间。

前来佛子岭水库视察、考察、参观的领导很多，无论是在水库建设期间，还是在水库管理之中，佛子岭水库的建设与管理始终得到了许多领导的关心和支持。

1959年3月17日，安徽省安装队、霍山县政府组成"佛子岭水电站扩建工程委员会"，主任委员为李毕云，副主任委员为曹克明、李宝良、卢竟然、孙光裕。

22日，佛子岭建造新厂房1座。

同月，苏联、蒙古、朝鲜、越南代表团来佛子岭水库参观。

4月12日，24国驻中国使馆人员来佛子岭水库参观。

佛子岭宾馆二楼

1960年1月1日，佛子岭水电站磨子潭发电所成立。

4月2日，佛子岭水电站首届职工代表大会召开。

7月15日，原"霍山县佛子岭水库职工子女小学"改称"佛子岭水电站小学"，划归电站领导。

8月15日，佛子岭电校改为中等专业技术学校，称为"安徽省佛子岭电力学校"。

10月28日，佛子岭水电站党委副书记王槐兼任佛子岭电校校长。

1962年春，许世友将军来佛子岭参观，下榻佛子岭宾馆的206房间。

2月24日，安徽省电力局批准，架设佛子岭至磨子潭110千伏高压输电线路。

8月20日，执行党委领导下的厂长（主任）负责制。

10月13日，成立"佛子岭水电站民兵营"。

1963年8月30日，佛子岭水电站成立补拱大修委员会，李毕云任主任委员，周其瑜、徐慎平和安装处负责人任副主任委员。

11月29日，佛子岭水电站民警由原来的水利厅民警大队领导，改为六安公安大队领导，称为"安徽省佛子岭水电站民警中队"和"安徽省佛子岭水电站磨子潭民警分队"

30 日，佛磨 110 千伏高压输电线路正式交付使用。

1964 年 5 月 14 日，水利电力部批准佛子岭水电站扩建工程设计任务书，同意电站扩建 1 台 10000 千瓦机组。

12 月 17 日，安徽省佛子岭水电站改称为佛子岭水电站。

1965 年 3 月 30 日，水利电力部批准扩建 2 台 10000 千瓦机组。

9 月 28 日，安徽省委、省人委批准佛子岭水库放空方案，这是建库以来的第一次放空见底。

30 日，水利电力部华东电管局同意省电管局对佛子岭电站 2 台 10000 千瓦水轮发电机组扩大初步设计的审核。

11 月 6 日，水库放空后开始修坝，函请水利厅工管测量队来站测量，搜集资料。

1966 年 2 月 1 日，佛子岭水电站 35 千伏升压站扩建工程开工。

6 月 11 日，安徽省计委批准佛子岭水库加固工程。

1967 年 4 月，经六安地区革命委员会批准，成立佛子岭水电站革命委员会，隶属安徽省电业管理局领导。

是年，新厂 10000 千瓦 6 号发电机组，投入运行。

1968 年 3 月 1 日，佛子岭淠河双曲拱混凝土桥施工，1970 年竣工，总投资 50 万元。

6 月 8 日，佛子岭水电站革命委员会成立，周其瑜、邓喜合任副主任。

1969 年 3 月 27 日，李毕云任佛子岭水电站革命委员会主任。

7 月 14 日 13 时 12 分，因特大洪水造成磨子潭水库漫坝，洪水超坝顶 0.49 米。

7 月 14 日 13 时 42 分，因特大洪水造成佛子岭水库大坝漫水，15 日 12 时 45 分结束，持续 25 小时，佛子岭水库坝水位超过坝顶 1.08 米。坝下发电厂房设备和建桥器材冲毁，损失总计 370 万元。

10 月 14 日，成立佛子岭水电站民兵营，下设六个民兵连，营长李毕云、政治教导员周其瑜。

1972 年 4 月，被洪水淹没损毁的佛子岭电厂老厂房机组修复，投入运行。

7月8日，成立佛子岭水库临时气象台。

1973年3月6日至25日，霍山地区地震频繁，20天内地震900余次。其中3月11日发生了300多次，有感地震30次，为建库以来罕见。最大为4级，2次。震中位于距大坝12.6公里的新河店、诸佛庵一带。

7月1日，10000千瓦7号水轮发电机并网运行。

8月31日，为适应外事工作需要，安徽省委、六安地委决定佛子岭水电站为对外开放单位，招待所恢复"佛子岭宾馆"名称。

9月15日，毛主席委托中共中央办公厅信访处给佛子岭公社贫下中农回信。

这是怎么回事呢？有必要略作展开。

1952年为根治淮河水患，国家动工兴建了佛子岭水库，并将佛子岭库区的移民就近安置到附近的山上。为解决库区群众长远生活的问题，广大人民群众积极响应毛主席的号召，发扬艰苦创业精神，1954年春办起了佛子岭林农牧合作社，受到毛主席的表扬。佛子岭林农牧合作社，俗称"大林公社"。

1955年12月，毛泽东主席看到"大林公社"的材料后，在为《大社的优越性》一文所作按语中称赞道："这篇文章写得很好，值得一阅。现在办的半社会主义的合作社，为了易于办成，为了使干部和群众迅速取得经验，二、三十户的小社为多。但是小社人少地少资金少，不能进行大规模的经营，不能使用机器。这种小社仍然束缚生产力的发展，不能停留太久，应当逐步合并。有些地方可以一乡为一个社，少数地方可以几乡为一个社，当然会有很多地方一乡有几个社的。不但平原地区可以办大社，山区也可以办大社。安徽佛子岭水库所在的一个乡，全是山地，纵横几十里，就办成了一个大规模的，农、林、牧综合经营的合作社。"①

从此霍山县掀起了办大社的高潮。"佛子岭高级社"也很快成为全国山区农业合作化的一面旗帜。

1956年，社主任李开白作为先进集体的代表出席了全国劳模大会，受到毛泽东、周恩来等党和国家领导人的接见。

1958年11月，以"佛子岭高级社"为基础，再次进行高级社合并，建

---

① 毛泽东：《毛泽东选集（第五卷）》，人民出版社，1977。

《新皖西报》文章《大社的优越性》（佛子岭水库文化馆提供）

立了全县第一个人民公社——佛子岭人民公社。

当年，朱德委员长亲自视察佛子岭林农牧合作社，并作出"以后山坡上要多多开辟茶园"的指示。

经过近20年的顽强奋斗，佛子岭人民公社各业生产都取得了巨大成绩。

1973年5月初，中共霍山县佛子岭人民公社委员会给毛主席写了一封汇报信，详细汇报了佛子岭人民20年来取得的生产成就，并随信寄上霍山黄芽茶一包，共8斤，表达感激与爱戴之情。

同年9月15日，毛主席就委托中共中央办公厅信访处给佛子岭公社贫下中农回了这封信，表示感谢，随信寄回了茶叶折款48元，并严肃告知"今后不要再送礼"。

在"安徽档案"公众号的这篇《主席回信》一文中，还特别提到，据霍山县资料记载，1973年市面上的黄芽茶，最贵的也就卖到5元一斤，而主席是按6元一斤的高价支付的，他内心对于老百姓的情感和关爱，由此可见一斑。

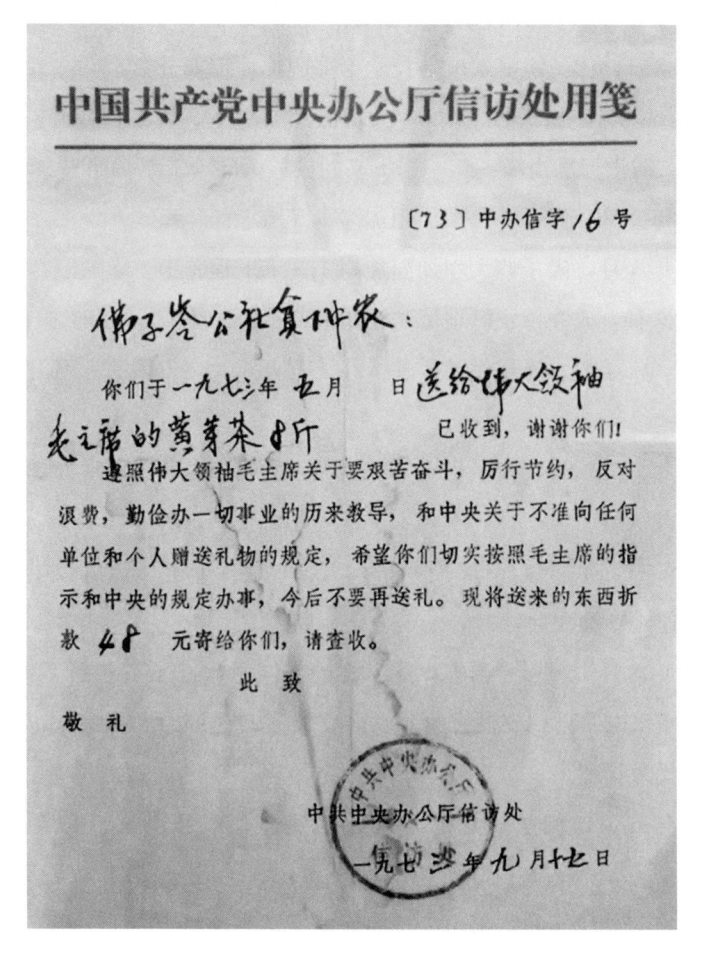

"主席回信"（藏于霍山县档案馆）

1973年11月22日，国际大坝委员会主席托兰先生夫人来佛子岭、磨子潭两水库考察。

1974年9月16日，对大坝混凝土裂缝，采取化学灌浆方法取代环氧树脂方法处理。

1975年1月7日，佛子岭职工子弟小学增设初中班，更名为"佛子岭水电站职工子弟学校"。

1978年6月15日，佛子岭水库大坝安装一台R2S-1型工程强震仪，记录破坏性地震对建筑物产生的加速度，这是安徽省第一次把工程强震仪用于水工建筑。

1980年4月13日，日本土木建筑博士深谷先海来佛子岭水电站参观。

5月28日，佛子水电站成立技术干部职称评定委员会。

同年，电力工业部批准佛子岭大坝加固加高1.5米和溢洪道扩建一孔的设计方案，防洪标准由200年一遇提高到校核标准（千年一遇）。

1982年6月，佛子岭大坝加固加高1.5米工程开工。

1983年5月，佛子岭大坝加固加高1.5米工程完工。

6月30日，成立佛子岭地区防汛指挥部。

10月，佛子岭水库溢洪道扩建一孔工程开工，由安徽省水利建筑公司承包施工。

1984年5月7日，安徽省电力工业局批准于11月5日举办佛子岭建库30周年庆祝大会。

11月5日，举行建库30周年庆祝大会，建库元老张云峰政委及原水利师政委徐速之参加大会。

1985年8月16日，经国家经济委员会同意，佛子岭、磨子潭、梅山、响洪甸四座水电站划归安徽省管理。经安徽省政府同意，四座水电站由省电力工业局代为管理。

1986年6月，佛子岭水库溢洪道扩建一孔工程土建、安装工程基本完成。

7月30日，佛子岭、梅山、响洪甸三电站成立佛子岭、梅山、响洪甸水电站六安办事处。

8月5日晚，新厂遭到特大暴风雨袭击，导致6号发电机被迫停机。

18日，电站公布《佛子岭水电站职工子弟学校学籍管理办法》，规范学校管理。

1988年2月3日，电站被霍山县委、县政府授予"社会主义精神文明单位"。

4月，安徽省劳动竞赛委员会授予电站1987年度"创最佳经济效益先进单位"并颁发银牌奖。

5月3日，电站成立由八人组成的企业管理委员会，房元如任主任委员。

20日，为加强水工管理，电站成立了水工科。

30日，电站发布《佛子岭水电站防汛工作责任制（修订）》，对大坝、溢洪道、隧洞、泄洪钢管、发电厂房、水文、水文气象预报及水库调度、通讯、供电、交通、抢险及其他防汛责任作了明确规定。

22日，电站设立计量管理办公室，田正旭兼任办公室主任，刁操法兼任办公室副主任。

10月，以华东水利学院为主所作《佛子岭水电站连拱坝原型结构性态分析总报告》获得"安徽省科技进步一等奖"，并在国家科委研究成果公报中刊登。

11月17日，安徽省电力局批准房元如连任佛子岭水电站主任。

1989年4月，科技成果《短波雨量遥测处理系统》获1989年度安徽省水利科技进步一等奖。

10月1日，电站举办建站35年大型图片展览。

6日，电站档案管理工作经上级主管部门考评，达到省级管理先进标准，安徽省档案局颁发了"省级档案管理合格证"。

1990年1月，电站全面质量管理工作经六安行署经委检查验收合格，颁发了合格证。

2月，安徽省经委授予电站"1989年度省设备管理优秀单位"称号。

1991年1月22日至23日，电站"全面质量管理"工作经省局检查组考评验收合格。

3月17日，电站遭遇建库以来最大一次春汛袭击，洪峰流量达3536立方米每秒，经过31个小时的全力奋战，安全泄洪1亿立方米。

23日，六安地区行署授予电站地区级1990年度"文明单位"称号。

4月，安徽省经委授予电站1990年度"省级设备管理先进单位"称号。

5月16—17日，全省水电系统1991年防汛和大坝安全工作会议在电站宾馆召开。

5月，安徽省经委授予电站1989年度"省级节能企业单位"称号。

7月6日，电站档案管理工作通过了华东网局，省、地档案局和省电力局联合检查组考评验收，达到"国家企业档案管理二级标准"。

7月1—11日，佛子岭、磨子潭两大水库遭到大暴雨的袭击，最大洪峰达9068立方米每秒，来水总量14.79亿立方米，佛、磨两库分别超出汛限水位8.03米和21.88米。

18日，安徽省电力局、电力工会联合召开的抗洪抢险表彰大会，佛子岭电站和房元如主任分别被授予抗洪抢险先进集体和先进个人。

11月6日，安徽省水利厅原厅长，佛子岭水库工程指挥部政委张云峰于10月25日逝世。

1992年10月10日，参加佛子岭水库建设的原中国人民解放军水利一师营以上老干部60余人来佛子岭参观游览。

1993年2月，安徽省电力局授予电站1992年度"安徽省电力工业局创最佳经济效益优胜单位"称号。

3月5日，安徽省电力局局长陈文贵宣布任命仇一丁为电站主任。

5月25日，经华东网局、安徽省电力局和安徽省经委批准，超期服役的佛子岭老厂5台计11000千瓦机组报废，成为安徽省第一家有报废机组的水电站。

7月1日，华东网局批复电站为华东网局"安全文明生产达标单位"。安徽省电力工会授予电站工会为"先进基层工会"。

10月1日，佛子岭5台报废水轮发电机组经修复后并网发电。

1994年6月8日，佛子岭水库大坝特种检查第一次会议在佛子岭水电站召开。

7月26日，安徽省水利水电勘测设计院来佛子岭水电站讨论签订"佛子岭大坝定检（含特检）地质复核合同"。

8月27日，佛子岭水库大坝特种检查第一次专家会议在本站召开。

8月30日，佛子岭水电站外请潜水队来改造平压管。

9月9日，佛子岭水电站成立佛子岭水库大坝定检（特检）工作组，配合大坝定检工作。

10月11日，新建佛子岭厂区大门落成。

11月5日，佛子岭水电站在河东大礼堂召开建库40周年庆祝大会。

11月7日，合肥电厂职工艺术团来佛子岭水库，庆祝建库40周年文艺演出。

12月3日，新建佛子岭110千伏开关站送电成功。

12月10日，佛子岭二期小水电工程2×500千瓦机组清基工程动工。

12月13日，佛子岭水电站与南京水利水文自动化研究所签订佛子岭水情自动测报系统前期合同。

1995年3月17日，安徽省电力局程光杰局长来佛子岭水电站，宣布仇一丁兼任佛子岭水电站党委书记、俞秀炉任党委副书记兼纪委书记。

6月4日，佛子岭大坝特种检查第二次专家会议在佛子岭宾馆召开。

6月7日，职工游泳池建成。

8月18日，佛子岭水电站成立实业总公司董事会，仇一丁任董事长。

9月15日，佛子岭老厂6.3千伏开关柜更换工程开工。

1996年2月11日，佛子岭打鱼冲后山失火。

6月23日，佛子岭水库大坝特检（含定检）第三次专家会议在佛子岭水电站召开，并形成结论：佛子岭水库大坝为病坝，汛期和非汛期均按限制水位运行，建议尽快进行除险加固。

1997年3月5日，佛子岭水电站被省委、省政府授予"安徽省文明单位"。

12月3日，安徽省电力局调整佛子岭水电站领导班子，刁操法任佛子岭水电站主任兼党委书记，解中朗任佛子岭水电站副主任，魏伟任佛子岭水电站总工。

1998年6月2日，天津水利水电设计院曹楚生来佛子岭水电站，调研佛磨抽水蓄能电站建设的可行性。

12月10日，佛子岭6号、7号发电机、5号主变微机保护工程开工，至1999年1月4日结束。

1999年2月10日，组织编写"佛子岭水电站工作标准""佛子岭水电站技术标准""佛子岭水电站管理标准"。

6月26—27日，佛子岭水库流域普降特大暴雨，流域平均降雨279.8毫米，佛子岭、磨子潭区间最大入库洪峰流量为5554立方米每秒，佛子岭水库最大出库流量达3168立方米每秒。27日，佛子岭水电站小水电厂房被淹。

11月15日，佛子岭7号机更新改造工程开工。

11月25日，安徽省省长王太华来佛子岭水电站视察工作。

2000年1月29日，7号机增容改造工程结束。

3月6日，佛子岭水库上游8、9、17号三道检修门更换动工。

3月20日，佛子岭防汛调度楼开工，由安徽省电建二公司承建。

3月23日，莫桑比克解放阵线党总书记曼努埃尔·托梅一行来佛子岭水库参观。

8月13日，安徽省委副书记方兆祥一行来佛子岭水库考察。

9月8日，由省体改办、省政府办公厅、省水利厅、省计委、省财政厅、省电力局、省物价局共同组成的联合调查组一行11人，至9月8日，对佛子岭水电站管理体制改革以及相关问题进行专题调研。

2001年3月9日，受安徽省计委委托，淮委咨询中心对《佛子岭大坝加固项目建议书》进行审查并赴现场查看。

5月28日，安徽省发展计划委员会批准佛子岭水库大坝加固项目立项。

6月11日，水利部防汛检查组来佛子岭水电站检查防汛准备工作。

13日，水利部老干部局组织老干部60余人来佛子岭水库参观。

7月16日，安徽省许仲林省长在省防办报送的文件上批示，要求有关部门抓紧解决佛子岭等水库的管理体制问题。

9月12日，安徽省许仲林省长主持召开省政府第90次常务会议，原则同意将佛子岭水库划归省水利厅管理，并对几大水库的电站实行股份制改造。

28日，安徽省水利厅召集佛子岭、梅山、响洪甸三站负责人座谈会，研究水电站管理体制改革问题。

10月8日，佛子岭老厂3号机组更改性大修开工。

19日，安徽省水利厅召开三站负责人会议，讨论三站移交过程中的一些具体问题。

11月5日，安徽省电力公司党组对佛子岭水电站领导班子进行调整，刁操法任党委书记，魏伟任主任，俞秀炉任党委副书记、纪委书记、工会主席，郑学奎、解中朗任副主任，於华平任副主任兼总工程师，李齐配任思想政治工作研究会副会长。

2002年1月15日，安徽省水利厅对佛子岭水库大坝进行安全鉴定，鉴定结果为三类坝，需要除险加固。

2月12日下午，佛子岭溢洪道附近发生山火。

27日至3月2日，水利部淮委组织对佛子岭水库除险加固工程进行审查，通过了安徽省水利水电勘测设计院关于《安徽省佛子岭水库除险加固初步设计》方案。

5月18日，安徽省人大常委会主任孟富林考察佛子岭水库。

20日，安徽省许仲林省长一行来电站检查防汛准备情况。

6月21日，安徽省副省长、省防汛抗旱指挥部总指挥田维谦一行来佛子岭水库检查防汛工作。

7月8日，安徽省水利厅（组建）成立安徽省佛子岭水库除险加固工程建设管理局。

9月8日，佛子岭水电站机关迁至防汛调度楼办公。

10月16日，佛子岭水库除险加固工程开工。

2003年2月20日，安徽省张平副省长主持召开佛子岭、梅山、响洪甸三站管理体制改革会议，确定三站四库总体划归省水利厅管理的原则。

3月9日，安徽省水利厅纪冰副厅长一行来佛子岭水电站调研水电站管理体制改革，要求做好移交准备工作。

5月20日，安徽省副省长、省防汛抗旱指挥部总指挥赵树丛一行来佛子岭水库检查防汛准备及除险加固工作。

6月26日，安徽省人大常委会副主任张春生一行来佛子岭水库检查防汛工作。

8月21—22日，国家水利风景区专家考评组对佛子岭水库风景区进行考评。

10月8日，水利部批准佛子岭水库风景区为第三批"国家级水利风景区"。

11月27日，为除险加固，佛子岭水库再度放空。

12月24日，省政府秘书长王首萌在合肥主持三站管理体制改革移交签字仪式，佛子岭、梅山、响洪甸三站由省电力公司代管移交省水利厅管理。

2004年2月13日，国家防总秘书长、水利部副部长鄂竟平视察佛子岭水库除险加固工程。

3月26日，参加"第六届水文试验与水文规划国际学术讨论会"的10余位中外专家、学者来佛子岭水库参观。

6月27日，中共中央组织部原部长张全景视察佛子岭水库。

8月29日，白莲崖水库辅助工程开工，安徽省副省长赵树丛出席开工仪式。

9月15日，全国政协副主席李蒙率淮河治理情况考察团视察佛子岭水库，了解淮河流域源头治理情况。

10月28日，《佛子岭水电站志（续卷）》出版。

11月5日，佛子岭水库建成50周年纪念大会召开。

2005年9月2—5日，受台风"泰利"影响，佛子岭水库流域普降特大暴雨，流域平均降雨量为276毫米，佛子岭站达462.5毫米，最大入库洪峰5754立方米每秒，佛子岭水库最高水位120.96米，磨子潭水库最高水位194.45米。

9月3日，安徽省水利厅调整电站领导班子，於华平任电站主任、党委书记，汪孟春任电站副主任。

2006年1月9日，安徽省发展和改革委员会核准安徽佛子岭抽水蓄能电站项目。

6月12日，安徽省机构编制委员会批准成立安徽省佛子岭（磨子潭）水库管理处，为安徽省水利厅直属事业单位，县级建制，列入差额预算事业单位管理序列。

7月26日，受台风"格美"影响，佛子岭水库流域普降特大暴雨，单站最大降雨量259.5毫米，（磨子潭站）流域面雨量160.3毫米，最大入库洪峰5722立方米每秒。

10月，安徽省水利厅任命管理处领导班子，於华平任主任，解中朗、汪孟春任副主任，俞秀炉、郑学奎为调研员（副处级）。

10月16日，经霍山县委批准，中国共产党佛子岭水电站委员会更名为中国共产党安徽省佛子岭水库管理处委员会。

11月7日，中国水利学会代表团视察佛子岭水库。

12月14日，安徽省水利厅批准成立省白莲崖水库管理机构筹备组，主要承担白莲崖水库管理机构筹备工作，参与白莲崖水库建设管理工作，於华平任组长。

2007年2月11日，佛子岭水库管理处举行揭牌仪式，安徽省委常委、副省长赵树丛，省水利党组书记、厅长纪冰，厅党组成员、副厅长方志宏，六安市副市长杨光祥等出席。

3月31日，安徽省委常委、组织部部长段敦厚来佛子岭水库调研大坝安全、水工管理、防汛抗旱、基层党建等方面工作。

8月20—22日，佛子岭水库除险加固工程通过省水利厅组织的竣工验收，正式交付管理单位运行。

7月17日，管理处启动创建国家AAAA级风景区工作。

21日，佛子岭水库大坝坝顶装饰工程开工。

8月16—17日，受国家发展和改革委员会委托，中国国际工程咨询公司组织召开佛子岭抽水蓄能电站工程建设必要性和投资回收机制专题咨询会议。

22日，佛子岭水库除险加固工程通过安徽省水利厅竣工验收。

2008年9月，安徽省编制委员会研究决定，同意成立安徽省白莲崖水库管理处，与佛子岭（磨子潭）水库管理处一个机构两块牌子。

2009年2月20日，安徽省水利厅党组书记、厅长纪冰来佛子岭水库检查指导工作。

4月12—13日，水利部淮河水利委员会会同安徽省水利厅组织召开白莲崖水库下闸蓄水验收会议。

16日，白莲崖水库正式下闸蓄水，进入蓄水期。

27日，参加中博会的部分驻华使节到佛子岭水库参观考察。

5月16日，佛子岭水库管理处召开《佛子岭水库环境综合整治和景观总体规划》专家评审会。

7月，由郭沫若书写的"佛子岭水库"商标，获国家工商管理总局商标局批准，成为安徽省首个水库风景区注册商标。

10月31日，佛子岭水库AAAA级景区创建工作通过国家旅游局验收组验收。

10月，佛子岭水库管理处启动佛子岭、磨子潭水库申报"第七批国家重点文物保护单位"工作。

11月20日，安徽省水利厅任命朱兆成担任安徽省佛子岭水库管理处

（白莲崖水库管理处）副主任。

12月，全国旅游景区质量等级评定委员会发布2009年第4次公告，佛子岭风景区被批准为国家AAAA级旅游景区。

12月，国家发展和改革委员会核准安徽佛子岭抽水蓄能电站项目，电站安装2台80兆瓦的可逆混流式机组。

注：以上关于佛子岭水库的大事记，主要以工程运行、工程管理、工程加固为重点，包含有部分磨子潭、白莲崖水库的相关记录，整理资料截止时间为2009年。

第二十三章
泄洪通道　四次扩建

Chapter 23　Spillway, Which Has Been Enlarged and Reconstructed Four Times

溢洪道，是佛子岭水库枢纽工程的重要组成部分，是超标准洪水的重要保库手段。溢洪道的设计与大坝设计同时进行。

1951年，对于溢洪道设计，位于东岸山坳里，采用渠道式，凿山开道而成。在原技术设计书中，设计进口高程为124.7米，渠道宽度13.4米，共2孔，设单孔宽5.5米、高4.5米的弧形闸门各一扇。

坝东开辟溢洪道

设计当库内水位为 128.7 米时，两扇闸门同时开启，设计泄洪流量 145 立方米每秒。

当库水位为 130.0 米时（与坝顶平齐时），泄洪流量为 220 立方米每秒。

1952 年 5 月，溢洪道开始开挖。

当开挖至 137 米高程后，因大坝施工，需要利用溢洪道场地布设混凝土拌和场以浇筑东岸重力坝，溢洪道工程临时暂停。

1953 年 3 月，恢复施工。

1953 年 5 月下旬，淠河出现了 4000 立方米每秒的洪峰流量，突破了以往有水文记录以来的最大值。考虑到连拱坝的坝身安全，决定扩大溢洪道宽度，增加至 26.4 米，进口高程降至 120 米，设计仍为 2 孔，单孔宽 12.0 米，闸墩厚 2.4 米，设单孔高 9 米的弧形闸门各一扇，以控制流量。

当洪水位达到 130 米时，最大泄洪流量可达 1240 立方米每秒。

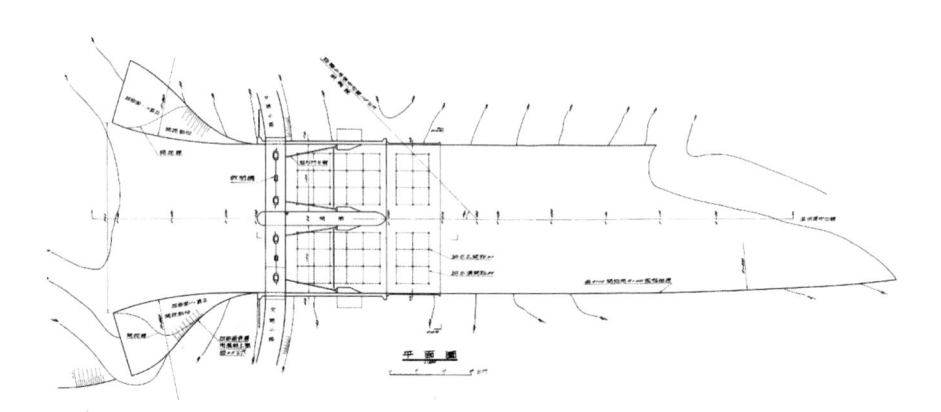

溢洪道平面图

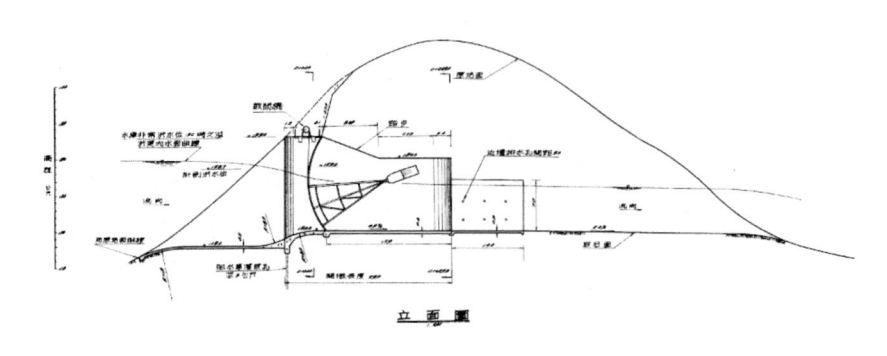

溢洪道立面图

溢洪道的基础坐落在坚硬的黑色石英岩上，足够承受水力冲刷，所以设计除在控制建筑物和进口段采用了 0.5 米的混凝土衬砌外，其余均不做衬砌。

溢洪道全长 120 米，出口进入一天然山谷，故不再设置水力消能设施，在坝轴下游约 200 米的地方，流入大坝下游的淠河。

1953 年 8 月，在按计划完成了溢洪道进口高程和溢洪道宽度的石方开挖工程后，因溢洪道需要再次扩大设计，施工又一次停止。

1954 年春，溢洪道扩大设计完成，当即第二次复工，机械和人力同时进行。在施工过程中，因施工计划多次修改，加之施工力量不足，进展较缓。

6 月，水库大坝浇筑到顶，开始拦蓄洪水。[①]

7 月份，连降大雨，其中最大一次洪峰流量达到 5100 秒立方米，经过计算，扩大后的溢洪道仍然不能满足坝身的安全要求。

因此，治淮委员会决定，再次将溢洪道宽度扩挖到 40.8 米，进口高程维持不变，仍开挖至 120 米高程，设 3 孔，暂不安装闸门，最大泄洪流量为 1800 立方米每秒。

同年下半年，治淮委员会进行了全流域规划修订工作，编制的《淠河水库群规划报告》对各座水库的洪水设计标准进行了修改。为保证佛子岭水库的安全，决定在上游兴建磨子谭水库，同时再次扩大佛子岭水库溢洪道。

淮委勘测设计院，据依《淠河水库群规划报告》，编制完成了《佛子岭水库溢洪道扩建工程初步设计》。在初步设计书中，将佛子岭水库溢洪道由原 3 孔扩建为 5 孔，每孔净宽 10.6 米，进口高程为 113 米，最大泄洪流量为 3820 立方米每秒。

1955 年 7 月 26 日，淮委批示，佛子岭溢洪道扩大工程暂缓进行，以待佛子岭溢洪道扩建工程初步设计任务书完成后，再行施工。

1956 年 2 月，《佛子岭溢洪道扩建工程初步设计书》编制完成。溢洪道设计，闸底高程 113 米，门顶高程 126.4 米，分 5 孔，每孔净宽 10.6 米，闸墩厚度 2.5 米，总宽 63 米，采用双扉滚轮钢闸门控制。

---

① 佛子岭水库工程指挥部：《佛子岭水库工程技术总结 第七分册 输水道及溢洪道工程》，治淮委员会办公室，1954。

当按原设计水库最高洪水位129.3米时，最大泄洪流量为5710立方米每秒。

设计在溢洪道沿线，闸前10米和闸后20米，做混凝土衬砌，其他各段都不做衬砌。

4月中旬，溢洪道扩建工程开工，由佛子岭水库管理处和施工大队承担。

6月，按重新设计要求，将溢洪道从原120米高程开挖至113米高程，又按5孔设计将溢洪道宽先开挖到34米。

1957年3月，溢洪道宽扩挖到63米。

9月底，全部溢洪道开挖工程完工，共开挖土石方25.5万立方米。

10月初，由磨子潭水库工程局承包溢洪道的混凝土浇筑和闸门安装工程，其余工程由佛子岭水库管理处自营施工。

10月14日，溢洪道混凝土浇筑工程开工，至年底基本完成，共浇筑混凝土9514.03立方米，同时完成闸门的安装工程。

1958年上半年，开始启闭机安装和二期混凝土浇筑。

9月28日，溢洪道启闭机安装和二期混凝土浇筑工程完工。

至此，溢洪道工程结束。整个溢洪道工程，共投资922.68万元，开挖土石方25.5万立方米，浇筑混凝土9590立方米。

闸门，由省水利电力厅设计院设计、安徽水利机械厂制造。启闭机，由辽宁抚顺重型机器厂制造。

随后，进行溢洪道的验收工作。验收单位为佛子岭水电站，被验收单位为磨子潭混合工程队。验收前，先由磨子潭混合工程队准备验收文件，呈送佛子岭水电站，然后由多单位组成验收组进行验收。

验收办法，是按照1958年10月29日安徽省水利厅印发的《安徽省水利基本建设工程验收暂行办法（草案）》执行。

1964年4月，水利部工作组来检查佛子岭水库时，发现溢洪道出口未建消力池，整个工程布置型式较为特殊，条件较差。工作组对溢洪道的泄洪安全提出意见，建议对溢洪道设计及试验资料重新研究，校核能否安全通过设计最大泄量。

按照现状布置，在模型中观测到，倒槽及峡谷内流态险恶，有能量集中且规模很大的S形折冲水流，冲出峡谷的左右山壁，危及两侧山坡稳定。水流出峡后，直冲河床西岸，主流沿西岸壁冲向下游，流势湍急，主流两侧形成两股大回流，左侧回流沿西岸下游坝脚，向东岸的升压站流动。右侧回流沿宾馆前护岸沿线流动，并形成较大的波浪，造成严重威胁。

1965年3月，根据工作组的建议，结合原佛子岭水库设计中考虑的一些问题，安徽省水利厅勘测设计院设计的《佛子岭水库加固工程扩大初步设计》第五章对溢洪道加固工程进行了设计。

加固方案，对溢洪道现有尺寸不予改变，只在加固部分适当进行岩石整修；加固方式进行岩石间的钢筋混凝土衬砌，个别地段做挡水墙。

1966年7月，由安徽省水利厅安装处开始承担溢洪道石方开挖工程，11月底完工。混凝土浇筑，由佛子岭水库加固工程指挥部承担，1968年上半年混凝土浇筑完工，溢洪道加固工程全部结束。

1968年10月，在验收佛子岭大坝加固工程时，同时验收了溢洪道工程，认为溢洪道工程基本符合设计标准，通过验收。

1969年7月，佛子岭水库发生了洪水漫坝事故。

1980年，为了提高大坝的防洪标准，确保下游人民生命财产安全，电力工业部批准了大坝加固加高1.5米和溢洪道扩建一孔的设计方案。防洪标准，由200年一遇，提高到校核标准的千年一遇。

加固工程，由安徽省水利安装公司分两期承包施工，第一期为大坝加固加高，第二期为溢洪道扩建工程。

1983年10月，溢洪道扩建工程开工，先进行基础石方开挖。

1984年10月，完成基础石方开挖。

10月31日，开始浇筑混凝土。

1985年10月底，扩建一孔（零号孔），基本完成。

溢洪道工程，以扩建一孔为主，同时又进行了溢洪道原五孔闸的墩墙加高、工作桥建设、启闭机房增设、启闭机制作、闸门安装等工程。

1986年6月，佛子岭水库溢洪道扩建一孔工程土建、安装工程基本完成。

施工期间，成立了质量检查小组，建立了质量检查制度，严格按照设计图纸和有关施工技术规范施工，保证了工程质量。受零号闸门和启闭机安装影响，调试收尾工作，有所拖延。

佛子岭溢洪道下游

1987年12月2日，佛子岭水库溢洪道扩建工程验收会议在佛子岭宾馆召开，并成功通过验收。[①]

佛子岭六孔泄洪闸

至此，佛子岭水库溢洪道现状共为六孔泄洪闸，其中靠近大坝侧为零号孔，依次向东往山体侧，分别为1号至5号孔。

[①] 仇一丁、孙玉华主编《佛子岭水电站志》，1994。

第二十四章

大坝加固　防渗加高

Chapter 24　Reinforcement of Dams, Seepage Control, Increase In Height of Dams

1954年，佛子岭水库建成后，在防洪、发电、灌溉方面发挥了良好的效益。但是，在检查中也发现存在一些问题，如坝体出现裂缝，坝垛内钢管发生气蚀和震动等，一定程度影响着坝身的安全，需要及时加固处理。

1963—1964年，水利部两次派人前来检查研究，认为上述问题应予立即解决。

1964年5月，安徽省水利厅和省电管局联合编制了《佛子岭水库加固工程设计任务书》。下半年，水利部批准了70万元投资，用于施工前的准备工作。前期工程由佛子岭水电站和水利厅安装工程队承担，年底完成。

1965年，安徽省水利厅勘测设计院根据《佛子岭水库加固工程设计任务书》及国家水电部的审查意见报告和国家计委的复函，编制了《佛子岭水库加固工程扩大初步设计书》。设计书指出：佛子岭连拱坝的裂缝，逐年有所发展。从危害工程安全的程度来看，可分为两类：

一类裂缝只引起漏水，对坝身结构无显著影响，只需采取防渗措施修补，如拱筒的建筑裂缝。

另一类裂缝除有可能引起漏水，还削弱坝身结构强度，如拱筒叉缝、垛头斜缝、垛身收缩缝，对这类裂缝除采取补强措施外，还应查清产生裂缝的原因，采取适当措施加以消除，从根本上制止其重新发生和发展。

对此，安徽省水利厅勘测设计院针对大坝裂缝的情况，设计了五项加固处理措施：

一是，按具体情况，分别采用凿槽补缝和涂防渗面。

二是，在13、14、15号拱下游面80米高程以下做加强拱。

三是，对各垛墙缩缝进行灌浆。

四是，加固12、13、14号垛的地基。

五是，增加坝体观测设施。

1965年初，上级批准投资300万元，对大坝进行加固，并指派水电部十四局负责全部施工任务。

9月28日，为便于上游坝面施工，安徽省委、省人大批准了放空水库方案，同时要求在1966年3月前完成上游工程，以便关闸蓄水。这是建库以来的第一次放空见底。

10月3日，水库放水。

11月6日水库放空后，开始大坝除险加固。

12月中旬，上游工程提前2个多月完成施工任务。

安徽省水利厅、省电管局、省水利厅驻工地设计小组及佛子岭水电站联合检查验收，认为工程质量基本符合设计标准。在呈报安徽省委、省人大同意后，12月16日下午，水库大坝关闸蓄水。

完成工程量，开挖石方400立方米，开槽石方885立方米，浇筑混凝土1.152万立方米，凿槽补缝459米，涂防渗面2935平方米，裂缝灌浆3662米，固结灌浆4952米，帷幕灌浆850米。大坝加固工程，共投资549.6万元。

同时，在12、13号垛尾基础进行了加固，在13、14、15、16号拱分别做了加强拱。

1968年10月下旬，安徽省水利厅、六安建设支行、佛子岭水电站、佛子岭水库加固工程指挥部，对佛子岭水库加固工程进行了全面验收，认为工程质量符合设计标准。验收后，佛子岭水库加固工程指挥部整理了一份验收及尾工安排的会议记录。

1969年，佛子岭水库发生了洪水漫坝事故。

1980年，电力工业部批准了大坝加固加高1.5米的设计方案。防洪标准由200年一遇提高到千年一遇。

1981年11月，大坝加固加高工程开始筹备，加固项目主要有：

一是，13、14、15、16、17、18、19、20号坝垛的钢筋混凝土加厚加固。

二是，大坝坝顶钢筋混凝土加高1.5米，新老启闭机房各三座及观测设施改造。

三是，原水电洞闸门检修，新水电洞检修闸门制作、喷锌、安装及启闭机、电气设备安装6台套。

四是，9、10、11、17、18、19号坝垛的坝基灌浆处理，6个垛的基础固结灌浆，20号垛以东至溢洪道一孔帷幕灌浆。

五是，2至21号共20个坝垛的收缩缝环氧灌浆。

六是，坝后及坝顶的照明等加固项目。

1982年6月，大坝加固工程开工，浇筑混凝土。6月22日，垛墙基础固结灌浆开始。12月，坝基补强帷幕灌浆分为两期先后施工。

1983年5月下旬，大坝加固加高钢筋混凝土主体工程提前完成（计划1983年底完成），坝基补强被帷幕灌浆后施工完毕。

8月，垛墙基础固结灌浆，全部结束。

垛墙收缩环氧树脂灌浆，因受气温影响，延至1985年春完成。

施工期间，水电站与施工单位共同成立了质量检查组，建立了严格的检查制度。在施工单位自检的基础上，主要工序均经质检组检查验收，因此大坝的加固加高工程，虽然施工难度大、技术要求高、工期时间紧，但是工程质量仍达到了设计要求。

2001年，安徽省政府第90次常务会议原则同意将佛子岭水库重新划归安徽省水利厅管理后，省水利厅马上组织了对佛子岭水库大坝的安全鉴定。

2002年1月14—15日，安徽省水利厅组织对佛子岭水库大坝进行安全鉴定。鉴定结论：佛子岭水库大坝防洪标准低，存在安全隐患，属三类坝，需要除险加固。

10月16日，佛子岭水库除险加固工程开工。

2003年11月27日，根据除险加固工程的需要，佛子岭水库再度放空。

除险加固工程开工典礼（佛子岭水库文化馆提供）

除险加固工程水库放空（佛子岭水库文化馆提供）

　　2007年8月20—22日，佛子岭水库除险加固工程通过安徽省水利厅组织的竣工验收。

第二十五章

白色能源　改造增容

Chapter 25　Valuing White Energy, Retrofitting and Adding Generating Capacity

佛子岭水库建设的主要目的，一是为了拦蓄淠河洪水，为淮河干流拦洪错峰，减轻下游防洪压力；二是为了充分利用东淠河的水资源，提供发电和灌溉等功能。

因此，发电厂就成了佛子岭水库的重要组成部分。在水库建成不久，佛子岭水库就曾更名为佛子岭水电站。

早在1922年，汪胡桢先生赴美留学，在康奈尔大学学习水力发电工程专业时，如何充分利用白色能源就成了他心中挥之不去的理想和抱负，汪胡桢一直在等待这一机遇的到来。

白色能源，一般指在生产和使用过程中不产生有害物质、对环境友好的能源形式，如核能、水能、太阳能等，其最大优势是资源丰富、清洁环保、可再生。

在20世纪上半叶，水力发电是唯一被称为白色能源的能源形式。

1926年4月12日，汪胡桢先生在《河海周报》第十四卷第六期上刊登了一则关于《兴办水电工厂者注意》的启事：

水力为天然利源，欧美谓之曰"白色煤矿"，可利用之，以发生电力，转动机械。国人倘欲创办是项事业者，鄙人能代为规画（规划）、估计（预算）、并向欧美名厂代办所需机械。

启事落款通信地址为南京河海工科大学。

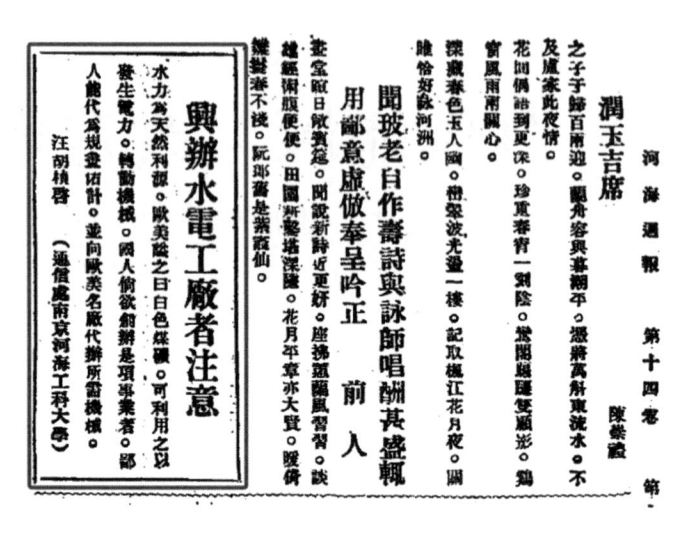

《兴办水电工厂者注意》启事

1926年6月7日，汪胡桢又在上海《申报》上刊登《水力原动机之创造》的消息：

> 欧美、日本各国所需原动力，现多利用天然水力，吾国急流瀑布，各省均有，不思利用，殊为憾事。南京河海大学教授汪胡桢硕士，有鉴于此，数年前即思改良吾国固有之水碓，俾为工业界采用。
>
> 后赴欧美各国实地考察水电工厂之内容，并亲诣美国南部乔奇州丛山中，参与水电工厂建筑事宜，现汪君已别出心裁，制有十二寸径高速度水力原动机一种，完全铁质，机械灵活异常，苟有五丈高之瀑布，可用以发生马力一百余匹，若连以发电机，即可燃灯一千余盏。
>
> 汪君为提倡水力工业起见，凡委托制造者，取价以足敷工本为止，较诸舶来品，取值不逮什一也。

汪胡桢制作的"十二寸径高速度水力原动机一种，完全铁质，机械灵活异常"，这应该可以算为我国的第一台水力发电机（实体模型）了。

佛子岭水库的兴建,是汪胡桢实现利用水力发电理想的绝好机会。他主张采用混凝土连拱坝型,因为这样既能使材料最省最优,又有利用高水头发电的有利条件,因此在坝型选择上曾据理力争。

在水库设计时,汪胡桢专门同步设计了水电站,利用19号拱内增建一幢厂房,把18、19号垛内原先安装的灌溉钢管改为发电钢管,第一期先安装2台1000千瓦机组。

然而,在坝型设计之初,汪胡桢先生提出在佛子岭水库建造使用技术性能较高的连拱坝坝体形式时,还有一段插曲。

20世纪30年代,顾学方先生曾先跟随汪胡桢先生参与了1932年以工代赈修复淮堤工程,后又参加入海水道工程,并在苏皖解放区皖北复堤工程指挥部工作。1950年,顾先生调往上海华东军政委员会农林部,不久之后又调入黄河水利委员会工作。顾学方先生在《汪胡桢与治淮》一文中提到,当时正在淮河帮助指导治淮工作的水利部顾问、苏联专家布可夫,对这种新型的连拱坝工程表示怀疑,认为缺乏实践经验。然而,汪胡桢据理力争,坚持技术优先,最终,布可夫不得不向苏联国内请示后,才同意兴建连拱坝型水库。

1958年,汪胡桢随同周恩来总理查勘长江三峡,他见长江江水滔滔,不分昼夜地向东流去,把宝贵的水力能源完全消耗掉入海,为之感慨万分。他认为长江上今后当建设高坝,置水力发电机组,发出电力供我国东部地区发展工农业之用。他还当即从笔记本上撕下一页纸,写下题为《展望长江三峡》的一首诗:

    三峡滔滔年又年,资源耗尽少人怜。
    猿声早逐轻舟去,客梦徒为急濑牵。
    会置轮机舒水力,更横高坝镇深渊。
    他时紫电传千里,神女应惊人胜天。

汪胡桢把这首诗稿送给周恩来总理,以诗词形式向总理请愿。

因此,佛子岭水电站的建设并非偶然,回顾佛子岭水电站的建设、改造和扩容过程很有必要。

现在,佛子岭水电站有新、老发电厂各1座。老电厂,为坝后拱内式;新电厂,为坝后式。

1954年,老电厂安装了2台1000千瓦水轮发电机组。

1957年，安装了3台3000千瓦水轮发电机组。

1958—1973年，扩建了一座新厂房，先后安装了2台10000千瓦水轮发电机组。

至此，总装机7台，总容量为31000千瓦。

佛子岭水电站是淮河流域的第一座水电站。老发电厂初步设计是治淮委员会委托安徽省工业厅完成的。

1952年1月，皖北行署电请国家燃料部水力发电局派员前往佛子岭进行勘察，并写出勘察报告。报告指出，根据调查的洪水季节流量，佛子岭水库可安装4000千瓦水轮发电机组。

据勘察报告和佛子岭水库工程指挥部提供的水文资料，安徽省工业厅编制了《佛子岭水电厂初步设计书》，确定开发量为4000千瓦，厂房设在大坝20号拱内，布置一道输水钢管，安装2台1000千瓦和1台2000千瓦水轮发电机组。

初步设计送审后，国家财政经济委员会和中央水利部先后批准实施。

此后，淮委对淠河流域的水文资料又做了进一步的分析研究，认为初步设计中的水文资料大部分依据1931—1936年的六安雨量推算。而根据1952年实测的佛子岭地区的水文资料，发现大别山区为长江、淮河两流域的分水岭，每当南北气团移动时，均可降雨，且越往上游平均雨量越大，可以扩大机组安装容量。

1952年11月，安徽省工业厅指派陈俊武工程师负责领导编制《佛子岭水电厂技术设计书》，设计工作于1953年4月完成。

技术设计中，将原装机容量扩大至8000千瓦。在19号拱内增建一幢厂房，把18、19号垛内原先安装的灌溉钢管改为发电钢管。升压站设在大坝东岸溢洪道附近的高地上。

设计工程分两期进行。

第一期，安装2台1000千瓦机组。工程于1953年1月开工。

1954年9月17日，随着19号拱后厂房工程的建成，上海新通安装公司开始第一台1000千瓦机组的安装工作。10月24日，安装完毕。经多次试验，质量良好，符合安装标准。

11月1日，正式向工区和附近送电。

11月24日，第二台机组也安装完成，投入发电。

第二期，安装3台2000千瓦机组，设计书中的开工时间未定。

1953年冬，在清理20号拱厂基时，发现基础太高，超过尾水管底部73米高程，为了避免开挖工程过大，影响坝身安全，决定将发电厂改到18、19号拱内，输水管道则改由17、18号垛内引进厂房。

1953年8月，佛子岭水库发生了3300立方米每秒的洪峰。

1954年7月，佛子岭水库又发生了4850立方米每秒的洪峰。

两次洪峰都超过原设计的2200立方米每秒，因此装机容量有了继续提高的空间。

1954年7月，安徽省工业厅编制了《佛子岭水电站扩建计划任务书》，初步决定将原计划安装的3台2000千瓦机组改为2500千瓦机组，并呈报国家计委审批。

同年11月，又委托佛、梅水电工程处和国家水电总局勘测设计局，开始水电站第二期扩建工程的设计。设计工程称为"404工程"。

1955年1月，全国五年计划地方工业会议通过《佛子岭水电站扩建任务书》，并将其正式列入第一个五年计划。

由于扩建计划任务书编制较早，部分设计已不适合扩建工程的需要，经过水能计算，认为装机容量仍可以提高一些。针对这种情况，国家计委发文致安徽省委、省人民政府，要求编写《佛子岭水电站扩建计划任务书修正补充报告》。

5月，修正补充报告完成，由安徽省计委转报国家计委，国家计委同意将3台2500千瓦机组改为3台3000千瓦机组，并要求1956年底，有2台机组投入运转。

7月，机电部分由勘测设计局设计完成。其中，对升压站做了梯形布置，86米高程为升压站，106米高程为开关站，位置仍在大坝东岸，距厂房20米。

9月，水工设计和初步设计书汇编由佛、梅水电工程处完成。其中，水工部分的尾水高程是按治淮委员会提供的86米高程进行设计的。11月，第二期扩建工程部分开工。12月初，设计的新变电站进行基础开挖。

1955年底，国家水电总局通知将全部设计书移送上海水力设计院进行最后的技术设计。1956年1月，设计工作开始，8月底全部结束。3月第二期扩建工程全面展开，工程由淮委建工局四区队负责。4月变电站工程全部完工。

1957年初，厂房改建和扩建工程也全部完工。

1957年3月1日，在19号拱内安装完成一台3000千瓦机组。3月15日，正式投入运行。

9月30日，在18号拱内厂房安装完成二台3000千瓦机组，并投入运行。安装工程由佛、梅水电工程处负责施工。

老电厂历经4年安装建成。发电厂由18、19号拱内二幢厂房组成。每幢厂房都分主厂房和副厂房，布置相互联在一起。

老发电厂的5台机组，均由哈尔滨电机厂制造。

采用的2台W-900型调速器，仿美国机组制造。另3台TRV-20型调速器，由瑞典进口。

5台调速器性能较好，结构简单，可以手动或自动控制操作。

佛子岭水库水力发电机老厂房

1957年底，佛子岭水电站老发电厂建成后，装机总容量为11000千瓦。发出的电力，经佛子岭至六安的110千伏高压线路，输往系统电网。

由于对梯级水库开发利用研究不够充分，以致佛子岭水库的装机容量仍然偏小。

随着工农业生产的发展，用电量剧增，因此考虑在佛子岭水电站现有基础上，再扩建2台10000千瓦水轮发电机组的新发电厂。

淮河第一个水力发电站佛子岭水库电力输送

1958年，安徽省水利厅设计院编制了《佛子岭水电站扩建计划任务书》，并呈报省计委。1959年1月，安徽省水利厅设计院完成了《佛子岭水电站扩建工程初步设计》，呈报给省基建部。

在编制的扩建工程初步方案中，新发电厂设计位于坝下西岸。

在选择厂房位置时，提出了3种方案进行分析：

一是，利用7～10号垛的泄洪钢管引水到坝后建厂房。

二是，在西岸的某个拱上开一个洞引水到西岸边，顺河建厂房。

三是在中间的某个拱上开一个洞，引水到垛间或坝后建厂房。

经过比较，认为第一方案最为有利，并被采用。新发电厂，按三级建筑物设计。为节省投资和材料，厂房采用露天式，全部电气设备置于水轮机层。

设计方面，又对能够安装几台机组进行了研究和比较。经过比较，决定扩建2台机组。

输水管利用坝身的7、8、9、10号垛内已安装的4道泄洪钢管，出垛后，每2道并为1道，直径为2.8米，然后分别引入厂房，同机组相连接。输水钢管上不另装蝴蝶伐，利用原安装的高压闸门控制。

1959年3月，安徽省计委批准《佛子岭水电站扩建计划任务书》，同意扩建2台10000千瓦机组。当月，新发电厂房动工兴建。

1960年底，主厂房在完成一期混凝土工程和安装了1台75吨行车后，厂房土建工程停工下马。

1964年5月14日 水电部转发国家计委文件，批准《佛子岭水电站扩建工程设计任务书》。同意电站扩建1台10000千瓦机组。

1966年2月，工程上马。施工由佛子岭水库加固工程指挥部承担。至年底，新发电厂全部土建工程结束，厂房基本建成。

1967年5月，6号机组安装完成。7月7日，试验结束，机组运行正常。

7月12日—15日，安徽省电力局、水利厅设计院、安装三处联合对6号机进行验收，认为水轮发电机组和辅助设备安装良好，电气一次和二次安装质量合格。

1971年，上级决定续建第二台10000千瓦机组，请上海水泵厂和上海电机厂分别制造水轮机和发电机。

1972年，发电机运到工地。

1973年，水轮机运到工地。1月14日发电机组开始安装。发电机组设备的安装由佛子岭水电站自行组织。6月25日，7号机安装完成，26日进行启动试验，7月1日正式并网发电。

新发电厂，在7号机组安装完成后，又持续10多年对厂房进行了扩建。

佛子岭水库水力发电机新厂房（安徽省佛子岭水库管理处提供）

主厂房长 28 米，宽 11 米。尾水管底板高程 73.6 米，安装 2 台容量为 10000 千瓦的机组，采用 T-100 型调速器，由哈尔滨电机厂制造。

新发电厂大门向西开，大门南侧 5 米处，安装 1 台 3 号变压器，容量为 25000 千伏安。大门北侧 30 米处，安装 1 台 5 号变压器，容量为 8000 千伏安。

整个扩建工程，总投资 633 万元。[1]

---

[1] 仇一丁、孙玉华主编《佛子岭水电站志》，1994。

第二十六章
洪水漫坝 经受考验

Chapter 26　The Floodwaters Went over the Dam, and the Dam Survived the Ordeal

1969年7月，大别山区连降暴雨，佛子岭水库上游，7月1日至16日，次降雨量为966.1毫米，3日平均降雨量达567.4毫米，来水量为11.3亿立方米。

7月14日，最大入库洪峰流量1.8万立方米每秒，为建库以来实测最大洪水（包括磨子潭水库控制流域），约100年一遇。

1965—1968年，流域旱情总体上较为严重，各级领导普遍重视蓄水保水，防汛意识相对存在薄弱环节。

1969年7月，在雨歇期间，没有严格控制汛期限制水位以降低水库水位，以致第二阶段降雨时，起调水位比正常汛期防洪限制水位抬高了6米，使水库的防洪能力显著下降。加之，气象预报不准，防汛调度不及时，又过多考虑保护下游群众和财产安全。当洪水到达大坝后，导致断电、断路、断通信，溢洪道泄洪闸启闭失灵，造成洪水漫出坝顶的严重事故。

佛子岭水库洪水漫坝纪实

1969年4月中旬，按照常规防汛度汛工作安排，制定了本年度水库控制运用计划。佛子岭水库汛期限制水位117.56米，磨子潭汛期限制水位177.0米。

7月1日，库区开始降雨时，库水位111.17米。

4日、6日，又连续降两场暴雨。

7日，库内水位达到116.22米，接近汛限水位，入库流量1566立方米每秒。

7日12时，打开14号钢管闸门泄洪，泄洪量为148立方米每秒。

7日15时，库水位超过限制水位。安徽省防汛指挥部同意打开15号钢管闸门泄洪。

9日，增开13号钢管闸门，总泄洪量为288立方米每秒，这时出现了800立方米每秒的洪峰4次。库水位为124米，超出汛限水位6.42米。

此间，不仅未打开溢洪道5扇闸门，反而几次因故关闭了3道泄洪钢管闸门。

12日，雨止天晴。

13日晨，六安地区气象台通知，梅雨已经结束。

此时，库水位123.99米，超过汛期限制水位6.43米，上游入库流量190立方米每秒。因而，给人们产生了雨情可能要结束的错觉。

这时，省防汛指挥部发来通知，要求注意做好保水工作。

不料，13日20时起，库区上游又开始下起了特大暴雨，深夜雷雨交加，暴雨倾盆而下。

上游白莲水文站实测雨量达665毫米每小时，雨势之强、来势之猛为百年罕见。佛子岭水电站防汛指挥部连夜召开紧急会议，决定开启溢洪道5扇泄洪闸门，让洪水通过溢洪道下泄。

关键时刻，省防汛指挥部电话要求，14日天亮之前不能加大泄洪流量。理由：下游横排头水利工地上尚有部分民工没有撤退，时值深夜，霍山县城关居民和机关的撤退也无法落实。

14日晨4时，佛子岭水库仅打开了溢洪道2号、4号闸门，且开度仅为0.5米。

6时，入库流量1999立方米每秒，库内水位124.53米，下泄量只有485立方米每秒。理由：如果增加下泄量到1000立方米每秒，新建淠河大桥所有器材就会被洪水冲走，连同坝下淠河上的两道木桥也会被冲垮，大量材料顺急流而下，还可能会直接威胁到黑石渡备战大桥的安全，省防汛指挥部要求保护这座军工三线的交通枢纽。

此时，入库流量达到9484立方米每秒，水位上涨至128.12米，溢洪道下泄流量为1500立方米每秒。

溢洪道下泄的急流，冲毁了打渔冲段护坡，造成电线倒杆断电，使正在提升中的溢洪道闸门，被迫停止。

11时26分，库水位平坝顶，溢洪道下泄流量为3370立方米每秒，库水位129.67米。

11时30分，入库流量猛增到12554立方米每秒。

在第二次向溢洪道送电，准备全部打开溢洪道闸门时，来势凶猛的洪水已经翻越坝顶，冲倒了大坝下游东岸的电线杆，配电变压器起火爆炸，溢洪道闸门再也无法提升。

这时，除5号闸门提升12米外，其余4孔平均只提升了8.5米。

13时42分，库内水位130.64米，洪水漫出坝顶高1.08米，造成了建库以来最大出库流量5510立方米每秒的记录。

其中，通过全部泄洪设备下泄流量为4320立方米每秒，坝顶过水1190立方米每秒。

连拱坝上游水天相连，形成了一道500米宽的瀑布。

佛子岭水库漫坝情景（安徽省佛子岭水库管理处提供）

上游30公里长的河道，大量漂浮物、大树、房屋、毛竹、家具，随着急流，翻越大坝，奔腾而下。

咆哮的洪水，像一头猛兽疯狂地冲刷下游堤岸，持续 25 小时 15 分钟。在洪水面前，人们束手无策。

事故造成了巨大损失，对外唯一的一条公路被冲毁，建桥的物资及设备全部被冲走。

坝后交通桥被冲毁（安徽省佛子岭水库管理处提供）

下游坝脚基岩冲刷严重，洪水倒灌新发电厂房。翻越坝顶的漂浮物砸毁了 18 号、19 号拱内的老发电厂房顶制板，总容量 1.1 万千瓦的 5 台发电机、控制室、配电盘、蓄电池等全部被毁。

下游新厂房外的配电变压器全部冲毁（安徽省佛子岭水库管理处提供）

下游沿河居民的房屋、田园、庄稼等均受到了严重的损失。[1]

磨子潭水库洪水漫坝纪实

磨子潭水库，1969年汛期限制水位为177.0米。

7月7日，库水位超过限制水位，除发电引水下泄外，未动用泄洪设备。

13日20时，库水位达到192.9米，超汛限15.9米。理由：为给下游佛子岭水库错峰，仍保持封闭泄洪状态。

14日10时，库水位猛涨到199.66米，入库流量4000立方米每秒，被迫打开泄洪隧洞泄洪。

在启开闸门时，中途断电，只开三分之二高度。

这时，佛子岭水库已经漫坝，通信随之中断，命令无法传递。

鉴于库水位继续猛涨，磨子潭水电站领导果断决策，11时打开溢洪道泄洪。因无电源，便组织人力，手摇开启闸门。

13时，库内水位接近坝顶，而下泄流量仅为763立方米每秒。

13时12分，洪水漫出坝顶。

14时，溢洪道手摇闸门，只有两孔全部打开，其余4孔只打开三分之二高度。

14时30分，库水位高达204.49米，泛滥的洪水超过坝顶0.49米，翻越大坝，汹涌而出，扑向下游。

此时，进入佛子岭库区的最大泄流量为3300立方米每秒。

18时，漫坝停止，历时4小时48分钟。

从14日至19日，磨子潭水库向佛子岭水库内下泄量4.03亿立方米，而佛子岭水库向下游河道泄水量达到12.35亿立方米。[2]

主要大水年份汛情简述

1975年

据洪水调度资料记录，1975年共有4次洪水过程，其中以8月中旬的洪水过程为最大，佛子岭最大入库洪峰3568立方米每秒，洪量4.51亿立方米。

---

[1] 仇一丁、孙玉华主编《佛子岭水电站志》，1994年。
[2] 同上。

1991 年

4月17日，佛子岭水库遭遇了建库以来的最大一次春汛，洪峰流量达到3536立方米每秒，经过31个小时的全力调度，安全下泄洪水1亿立方米。

7月1—11日，佛子岭、磨子潭两大水库遭遇大暴雨的袭击，时段累计降雨量达892.8毫米，最大洪峰流量9068立方米每秒，下泄洪水总量14.79亿立方米。

佛子岭、磨子潭两座水库，分别超过汛限水位8.03米和21.88米。

1999 年

6月26—27日，佛子岭水库区域普降特大暴雨，流域平均降雨279.8毫米，佛子岭、磨子潭区间最大入库洪峰流量为5554立方米每秒，佛子岭水库最大出库流量3168立方米每秒。

佛子岭水库溢洪道泄洪（何平提供）

2005 年

9月2—4日，受台风"泰利"影响，佛子岭水库流域普降特大暴雨，流域平均降雨量为266毫米，佛子岭站达445毫米，佛子岭水库区间入库洪峰为5754立方米每秒，磨子潭水库洪峰为3694立方米每秒。

佛子岭水库最高水位120.96米，磨子潭水库最高水位194.45米。

泄洪总量为4.54亿立方米。其中佛子岭水库2.73亿立方米、磨子潭水库 1.81 亿立方米。

佛子岭水库管道泄洪孔泄洪（安徽省佛子岭水库管理处提供）

2020 年

受强降雨影响，6、7 两月降雨，形成了 4 次明显的入库洪水过程，分别发生于 6 月 12—17 日、6 月 20—25 日、7 月 2—8 日、7 月 15—22 日。

其中，7 月 11—19 日的洪水过程强度最大，调度最频繁，叠加最大入库洪峰达 7279 立方米每秒，总洪量达 7.26 亿立方米。

从 6 月 15 日夜间起，佛子岭、磨子潭、白莲崖水库群，由抗旱调度转为防洪调度，除全开水电机组发电泄洪外，钢管泄洪和溢洪道泄洪同步运行。

8 月 14 日防洪调度结束，转为抗旱供水调度。

防洪调度期间，执行上级防洪调度令 73 份，完成泄洪闸门启闭操作 124 次。

佛子岭水库水位最高 123.24 米、最低 109.98 米、变幅 13.26 米，最大泄洪流量 3169 立方米每秒，泄洪总量为 12.52 亿立方米。

磨子潭水库水位最高 188.11 米、最低 169.93 米、变幅 18.18 米，最大泄洪流量 1003 立方米每秒，泄洪总量为 4.22 亿立方米。

2020 年佛子岭水库泄洪（唐伟提供）

2020 年磨子潭水库泄洪（安徽省佛子岭水库管理处提供）

白莲崖水库水位最高 207.69 米、最低 189.35 米、变幅 18.34 米，最大泄洪流量 2543 立方米每秒，泄洪总量为 4.57 亿立方米。

2020 年白莲崖水库泄洪（安徽省佛子岭水库管理处提供）

通过水库调蓄，水库群综合削峰率达 56.5%，最大蓄滞洪水达 6.72 亿立方米，最大滞洪时间达 26 小时，极大减轻了下游及淮干的洪水压力。

佛子岭、磨子潭、白莲崖三座水库，共通过泄洪闸泄洪 21.3 亿立方米。

汪胡桢与佛子岭水库的故事如今陈列于佛子岭水库文化馆。随着对汪胡桢先生生平的深入了解，我们发现，在他看似平凡的人生背后，隐藏着许多非凡的传奇。

佛子岭水库文化馆

第二十七章

一生总结　传奇创新

Chapter 27　A Lifetime of Dedication and Legendary Innovation

汪胡桢先生的同事、部属或者朋友，一般尊称汪胡桢先生为"汪胡老"。许多人对汪胡桢的姓氏问题比较疑惑。

汪胡桢，姓汪？姓胡？还是姓汪胡？是复姓，还是双姓？

在《一代水工汪胡桢》一书中，有一篇题为《汪胡桢先生与母校河海》的文章，作者是原河海工程专门学校校长许肇南先生的外孙仲维畅。

他从20世纪70年代末开始研究河海工程专门学校的校史和人物志，80年代曾多次拜访世交汪胡桢先生，相互间有100多封书信往来，应该说仲维畅对汪胡桢先生是比较了解的。

在仲维畅回忆文章的开篇，直接介绍汪胡桢先生的生平："我国著名水利工程学家汪胡桢先生，双姓汪胡，名桢，字幹夫。"

为什么说是双姓汪胡？仲维畅在文中说到了一个故事：1958年春，汪胡老随同周恩来总理查勘长江三峡，他见滔滔江水，不分昼夜，东流逝去，看着宝贵的白色资源，白白消耗，资源浪费，为之感慨万分。汪胡桢即兴写下了题为《展望长江三峡》的一首诗，他把这首诗送给周恩来总理。周总理看了笑道，你双姓汪胡，又有工程师与诗人的双重气质……长江三峡的巨大能源是要开发的。

从周总理的话语可以得知，一是汪胡桢先生双姓汪胡，二是肯定了三峡是要开发的。

此外，汪胡桢先生的表侄黄国华先生整理的汪胡桢先生年谱里有：

汪胡桢祖籍徽州，堂号：汪余辉堂。

曾祖父：畔山汪公，曾祖母：张氏。

祖父：胡云岩（入赘汪家），祖母：汪氏。

父亲：汪胡泳，母亲：黄月宝。

弟弟：汪胡梓。

儿子：汪胡熙，女儿：汪胡炜。

自古有"天下汪姓，出徽州"的说法，而胡姓，在徽州绩溪亦为大姓，历代名人辈出。全国还有不少"汪胡村"，复姓汪胡，也是有的。

汪胡桢双姓"汪胡"的说法，目前都源自上文的那段故事。

至于，汪胡桢祖上何时迁居嘉兴，无法考证。其实，弄清汪胡桢的姓氏来历，并不重要，只是因为有趣，亦成故事。

汪胡桢是全国著名的水利专家、中国水利事业的开拓者。2015年汪胡桢故居对外开放，人称"汪家花园"，汪胡桢和胞弟汪胡梓两家人曾居住在汪家花园。

然而，在这个衣食无忧的书香大院，却走出五位子女，奔向战场，先后加入新四军、解放军和志愿军，参加抗日战争、解放战争和抗美援朝战争，战功显赫。

嘉兴黄国华先生称之为"一门五从戎，南湖儿女从军记"。

1941年，汪胡桢大侄女汪胡家，与父母家人不辞而别，毅然离家，与同学一起奔向苏北抗日根据地，加入新四军。正在上海编写《中国工程师手册》的汪胡桢得知此事后，马上赶回嘉兴家中，对侄女的行为大加赞赏，对其余晚辈说："家宝（小名）是我们汪家下代的好榜样！"

在汪胡桢的鼓励支持下，汪家掀起了参军热潮，子侄们在不同时期，都纷纷选择革命道路，这才有了"一门五从戎"的故事。

汪胡家，汪胡桢大侄女，1941年参加苏北新四军，先后任教员、总支干事、干部科干事、组织处干事等职。新中国成立后，先后在部队和地方任职，1985年离休。

汪胡照，汪胡桢大侄子，1949年6月参加中国人民解放军。1950年春在南京华东军政大学学习军用电报译码。作为抗美援朝第一批参战人员，他在志愿军司令部任机要处电译组长，《朝鲜停战协定》签署后，他仍留在朝鲜执行军事任务，屡立战功。1958年转业。

汪胡熙，汪胡桢儿子，1950年夏从国立浙江大学工学院土木工程系毕业，8月加入解放军，入伍后在铁道兵团任技术教员。朝鲜战争爆发后，他即赴朝鲜，直属桥梁团，参与抢修铁路桥梁无数。回国后，转辗大江南北，长期在铁道兵团任总工程师，曾参加武汉长江大桥等一大批国防重点铁路工程的建设。

汪胡炜，汪胡桢女儿，1949年在杭州加入解放军文工团，朝鲜战争爆发后随军入朝，执行战地慰问任务。朝鲜战争结束后，转到地方工作。

汪胡华，汪胡桢小侄女，1949年7月在上海加入解放军华东南下服务团，随军南下解放福建、大西南。

汪胡桢在送子女晚辈们上战场的同时，自己也投身于治淮战场，不忘初衷，用科技报国。

一家好儿女，奋勇上战场，青春历炮火，保家卫祖国。

这就是汪胡桢及其家庭的家国情怀和优良家风。

南京师范大学学者尹引，在研究南京"新村"建设后，发现汪胡桢先生的人生特别具有传奇色彩。于是，从对"新村"的研究，转入对汪胡桢先生"创新"人生的探究，他发现汪胡桢一生有着多面人生的经历，十分精彩而有趣。据尹引老师分析，汪胡桢有六个显著的特点。

一是不忘初心的水利专家

汪胡桢是我国水利事业的开拓者，1923年汪胡桢在美国求学期间，委托美国内务部水利股代为拍摄了一部以水为主题的电影《水的故事》，后译名《水利兴国记》，这是我国第一部水利专题影片。这部影片在汪胡桢回国后在河海工程专门学校被当作科教片，多次播放，并被其他学校的土木系借去放映。

1925年，汪胡桢在《河海周刊》第十三卷第一期上发表了《水利救国论》，是有案可查的我国第一篇水利救国文章，他把水利作为一生追求的事业，这就是汪胡桢的初心使命，先天下之忧而忧。

有潦旱频,仍农民不获安居乐业者,如黄淮运河参伍错综之地及燕赵五大河交汇之区是。……今欲调剂人工与农田之不平,惟有自兴修水利始。

1929 年,汪胡桢作为主要人员参与编写的《导淮工程计划》,提出了"导淮之目的,日防洪灾,便航运,裕农利,而发水电附之。防灾为目的之主要者,先袪害而言利也。"他将防洪与航运、灌溉、水电综合考虑,统一规划,可以说开辟了中国水利工程计划的先河。这一计划是我国的第一部水利综合规划,代表了中国水利事业的进步。

1931 年,汪胡桢在淮河发生大水后主动参加江淮工赈,被聘任为第十二工赈局局长兼皖淮工程局主任工程师,在全国二十多个工赈区中是他第一个开工赈灾,第一个把赈灾粮发给灾民,第一个完成赈灾工程的。他在《皖北灾后应有之觉悟》的文章中,分析总结了淮河成灾的原因和一些思考,他教民工识字,他教农民除虫和种树,发展经济。

1934 年,汪胡桢踏勘运河,仅用一年半时间制定了《整理运河工程计划》,"受职以后,沿河勘察,考求利病,继复搜讨新知,钩稽旧说,详加研究,通盘筹划,计自北平至杭州航线一千七百公里,共需工款三千万元,工竣以后,可年增货运十万万延吨公里,与国计民生裨益綦巨"。书报介绍其,"堪为复兴运河水利之指南"。这份资料也为中国大运河申遗成功提供了重要的支撑材料。

1936 年,汪胡桢在中国水利工程学会第六届年会上,起草的《中国水利工程技术人员职业道德信条七则》,提出水利工程技术人员应该具有的科学态度和伦理道德标准。这不仅是我国首次提出水利工程师职业道德标准,而且是水利界乃至整个工程界应当继承和发扬的精神财富。

1942 年,汪胡桢组织一部分在上海土木专业的教师等有心之士,闭门编纂《中国工程师手册》,编成基本、土木、水利 3 卷。"蛰居沪滨,排除艰难,埋首著作,体例完备,融科学于一炉,洵工程之南针。裨益建设,风惠后学,良非浅鲜。"这又是我国第一部工程师手册。

新中国成立后,他主导《治淮方略》的编写,重新规划淮河治理方案,主持了佛子岭连拱坝建设。这些成就,熟悉汪胡桢先生的朋友都非常清楚,无须多说。

二是求真务实的教育专家

汪胡桢一生，除了兴修水利，还热衷于教育，是一位水利教育家，为国家培养了许多杰出的水利人才。他先后在河海工程专门学校、河海工科大学、浙江大学任教，尽管时间都不太长，但他始终专注于水利工程专业知识的教学，将自己丰富的实践经验和深厚的理论知识传授给学生。

汪胡桢在教育方面的贡献，一是1935年，他建议利用工赈余款为经费，培养一批水利专家，在得到批准后，他担任主考官，分两批先后录取了严恺、张书农、王鹤亭、伍正诚、粟宗嵩、徐怀云、薛履坦等，分送英、美、德、法、荷等国留学，后又派去印度、埃及、越南水利工地实习，这批学子后来都成了卓越的水利专家。二是1952年起汪胡桢在建设佛子岭水库的同时组织了"佛子岭大学"，为新中国培养了一大批水利建设专业技术人才。三是1960年起，他担任北京水利水电学院（华北水利水电学院）院长长达18年之久，他把一生的财富都留给了这所学校。

三是土木工程的翻译专家

这一时期主要指在民国时期，1918年汪胡桢翻译了《中国矿业论》，全书共16章，326页，使原来由外国人掌握的矿业分布知识，传到国人的手里，开启了我国现代科学勘探矿产的计划。

1938年，汪胡桢受中国科学社之聘，在上海组织翻译出版了奥地利工程师旭克列许的《水利工程学》，共11编，并有附图2000余幅。

1939年，汪胡桢、顾世楫等合译了《实用土木工程学》丛书。共12篇，均是以1938年美国技术学会出版的土木工程丛书最新版本为蓝本。

其中，《水利工程学》，包括气象学、水文学及水力学、土壤学及土力学、材料学、给水工程学、沟渠工程学、闸坝工程学、水力发电工程学、农田水利工程学、河工学、渠工学。

《实用土木工程学》，包括静力学及水力学、材料力学、平面测量学、道路学、铁路工程学、土工学、给水工程学、沟渠工程学、混凝土工程学、钢建筑学、房屋及桥梁工程学、工程契约及规范等。

由此，称汪胡桢为土木工程学的翻译家，也不为过。

四是鞠躬尽瘁的出版专家

汪胡桢的出版物主要涵盖学术期刊和科学图书两大类。

学术期刊方面，以《水利》月刊为核心，《水利》月刊是中国水利工程学会会刊，对中国近现代水利事业的发展产生了深远影响。在汪胡桢任出版委员会委员长兼编辑时期，即1931—1937年，共出版13卷75期，其间的学术成果尤为显著。

科技图书的出版方面，汪胡桢的贡献同样卓越，尤其以《中国工程师手册》的出版最为不易。1941年，中国正处于抗战最艰难的时期，汪胡桢卖掉了自己在南京的房子，组建了厚生出版社，以解决出版资金不足的问题。他坚信中国必将取得抗战的胜利，并为战后的重建工作提前做好充分的技术准备。

此外，汪胡桢还出版了其他重要著作，包括1977年的《水工隧洞的设计理论和计算》，1982年的《地下洞室的结构计算》，以及1979年起编撰、1986—1990年出版的《现代工程数学手册》等。

五是不为人知的房地产专家

关于汪胡桢是房地产专家这一事，可能很少为人知晓。

1927年，他参与嘉兴老城改造项目，提出"新村"建设的理念。

1930年，汪胡桢在导淮前线的淮安完成《导淮工程计划》后，回到南京的导淮委员会。为了在南京寻找一套比较宁静又属于自己的居所，1931年底他组织创建了金陵房产合作社，通过合伙购地、集资建房的形式，建设了南京的第一个新村——良友里。

1932年底，通过招股成立乐居房产公司，先后开发了梅园新村、桃源新村、复成新村、竺桥新村等一系列城市"新村"。这些新村很快就成为当时"首都建设"的典范，并成为现今南京珍贵的城市人文遗产。

此外，汪胡桢还设计出最具中国特色的"便殿式住宅"新型房型，不经意间成为了三十年代民国首都南京的房地产专家。[1]

---

[1] 尹引：《一代水工汪胡桢与南京"新村"建设》，广西师范大学出版社，2020。

六是视野开阔的经济学家

汪胡桢在经济领域，无论是微观层面、区域层面，还是宏观层面，都展现出了深刻的洞察力和独到的见解。

在微观层面，他的主要作品包括1927年4月25日发表的《改造嘉兴市街刍议》和1928年的《嘉兴城市之改造》，主要探讨了城市改造的相关问题。

《改造嘉兴市街刍议》提出："为便利居户汲水计，于电厂内附设抽水机，借生铁管以输水至各街道，并于路之交叉处，设置消火栓以备不虞。新村道路均弯曲有致，中央暂筑车道宽十尺，两旁为草萌树地带宽各十五尺，草地带之外人行路各宽五尺，路基内均有下水沟以泻水。新村内，指定若干地点以便建设商场、小菜场、电影院、国民学校等公共建筑。凡足为新村居户堆进衣食住行之便利者，盖莫不预为设置也。"

当时，正值国民政府定都南京（1927年4月18日），后在1929年12月颁布《首都计划》。

发表于《民国日报》《建设》版上的《改造嘉兴市街刍议》（尹引提供）

1927年4月25日《民国日报》增设《建设》版，并提出国家今后的努力更须从建设方面下功夫。作为《建设》创刊号的第一篇建设计划文章，汪胡桢的《改造嘉兴市街刍议》被发表，其时间比1929年12月国民政府颁布的《首都计划》早了两年半，这一事实具有特殊的意义。

在区域经济方面，汪胡桢的成就主要体现在1946年3月发表于《水利》月刊第14卷第2期的《苏北滨海垦殖区开发方案》一文。同年十月，他又在《建设》杂志第1卷第1期上发表了《开发苏北盐垦区域的建议》。

汪胡桢《苏北滨海垦殖区开发方案》

这篇文章气势恢宏，以水利建设为基础，区域综合开发整治为核心设计，旨在打造一个经济自治区。这不仅是新区开发，更是一个集工农渔牧业为一体的园区，一个综合经济开发区。其工程建设涉及水利、工业、农业、畜牧业、林业、渔业等多个行业。方案计划引进国际高科技和专业技术人才，致力于打造一个现代化的经济、产业、资源、能源、物流和生物链。

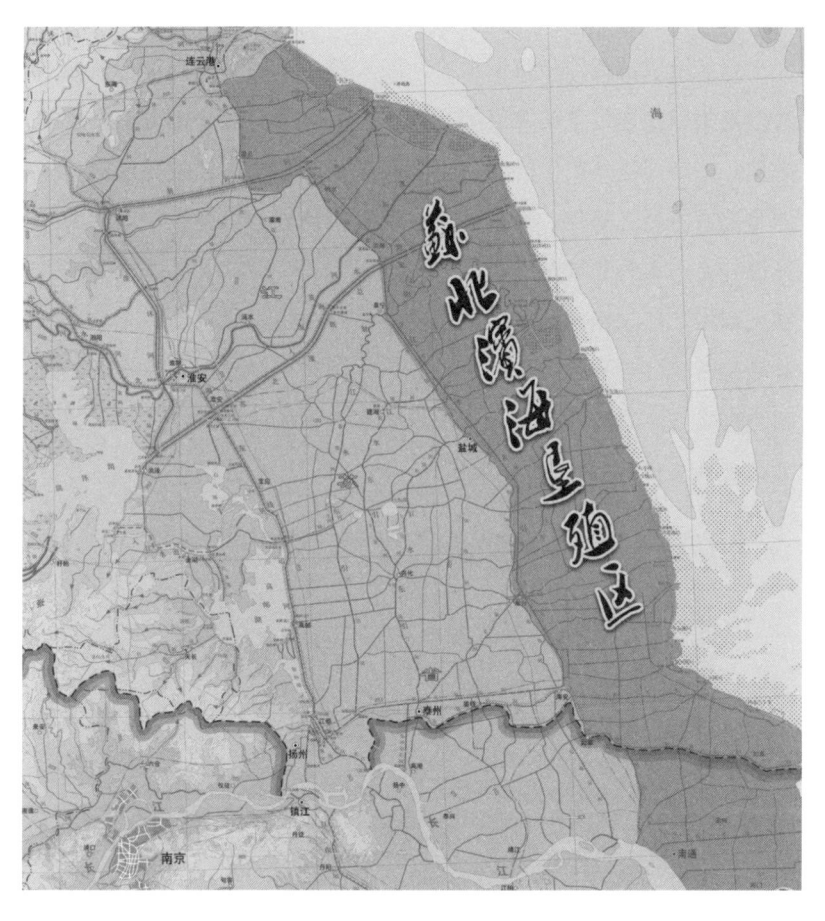

苏北滨海垦殖区示意图

方案还细化了工程建设的具体内容，包括海堤、圩堤建设，防风林建设，沟渠开挖等；基础建设方面，如苏北沿海铁路建设，交通枢纽规划，新市建设，港埠建设，航空港建设等；工农业建设方面，提出如真空制盐、电化制碱、热能发电、风车发电、种桑养蚕、沟塘养鸭等项目，提倡发展新型工业、新型农业、新型农艺；开发区管理方面，包括实施移民生产、定额田亩、赁贷耕作、卫生教育、户籍制度、生产保险、举办赛会、竞技、展览、调查活动，倡导生产合作，减轻劳动负担等。此外，还提出了自治管理模式和一系列前瞻性的新概念，俨然构建了一个经济特区的框架方案。

宏观经济方面，1947年5月，《建设》杂志第1卷第3期上发表了汪胡桢的《今后吾国经济建设问题》一文。该文体现了作者对建设新中国的渴望。这篇文章不仅发表时间早，而且视野宏大，立场高远，思考深入，涉及领域广泛。文章从汲取抗战经验教训出发，深入探讨了民生与国防、区域产业发展、经费筹集以及建设策略等议题。其主要内容分有五个部分：一是抗战艰苦之教训，二是国防及民生必须建立之产业，三是全国经济建设五大中心区域，四是建设资金之筹集，五是吾国必须实行计划经济建设。其内容除涉及水电能源外，与水利领域几无直接关联。

在文章中，汪胡桢犀利地指出了国民政府在建设中存在一个问题：吾国产业建设缺乏中心计划，国父《实业计划》之精义，规定具体工作，以期中国之国民经济能适应国防之要求。但以前吾国产业建设，杂乱无章，毫无计划可言，处处与国防相背驰。

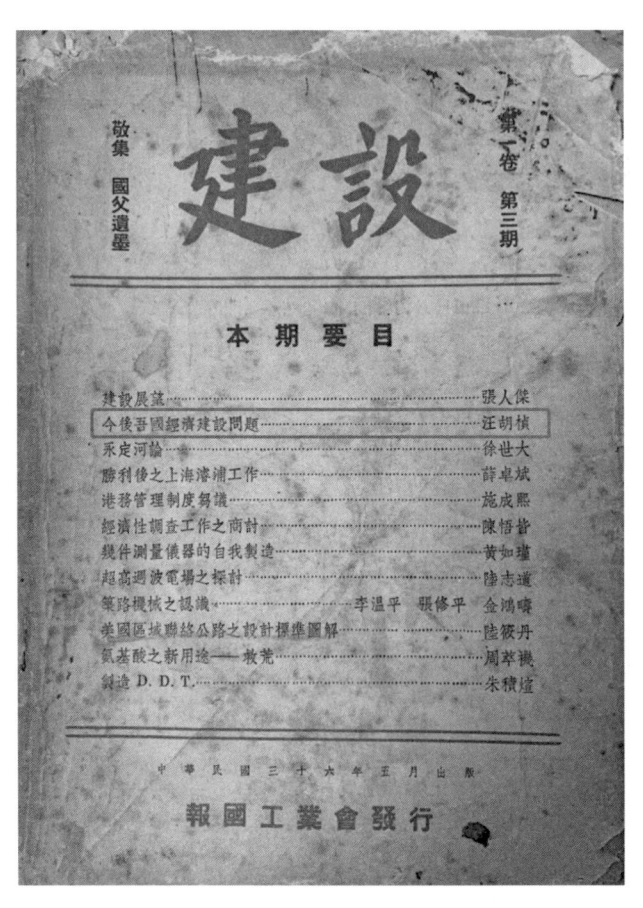

发表于《建设》杂志的《今后吾国经济建设问题》

另一篇重要文献，是成稿于 1949 年 7 月 25 日的《全国经济建设拟案》。

那时上海刚刚解放，嘉兴已于 5 月 7 日获得解放，汪胡桢目睹了新中国成立后的新气象，对国家的未来充满了信心。经历战争年代的中国科学家们，为振兴民族科技，复兴民族经济，以《科学》杂志为阵地，积极献言献策。在短短两个月时间里，汪胡桢完成了这篇文章，为新中国的经济建设提出了非常详尽的方案建设。

《全国经济建设拟案》在第一章总纲中，提出了轻重工业的设立和建设要点；第二章聚焦电力系统，提出了电力建设的关键所在；第三章关注交通，提出了交通建设的重点布局；第四章涉及农业与水利，提出了农业水利建设的总体目标；第五章在矿冶业方面，提出了矿产原料的供需方案与处置措施；第六章针对工业，强调了各类工业的关注点和制定行业标准；第七章在都市建设中，提出了都市建设的基本要求和疏解大都市人口密度的策略，同时兼顾农村发展；第八章在国防领域，提出了战备应急的思路。

由于汪胡桢在经济领域的远见卓识，称其为经济学家，一点也不为过。

除了以上六个方面外，尹引老师还分析了汪胡桢人生中五次重要抉择，这些选择充分体现了汪胡桢的爱国情怀、科学报国精神、全局观念以及高尚的道德品质。

第一次选择，在 1934—1935 年首都房产开发如火如荼的时候，汪胡桢耗时一年半勘测京杭大运河，并撰写了《整理运河工程计划》，提出整理运河的具体方案。这是他在事业与财富之间做出的选择。

第二次选择，是在抗战期间，他卖房编撰《中国工程师手册》，这是另一种抗战形式的选择。

第三次选择，是他拒绝与汪伪政府合作，选择离开上海，避难至安徽黄山，这是爱国者所做出的必然选择。

第四次选择是在抗战胜利后，他结束房产公司业务，继续投身水利事业，再次在事业与财富之间做出选择。

第五次选择是新中国成立后，虽已年过半百，但是汪胡桢依然选择再度出山，主动请缨担任佛子岭水库工程的指挥，这一决定也成就了他的伟大事业，使他被誉为"中国的连拱坝之父"。

在佛子岭水库建成 70 周年之际，许多往事已逐渐淡出人们的记忆。我们如何重新审视佛子岭水库工程？如何重新认识汪胡桢？以及，如何理解佛子岭与汪胡桢的关系？

最恰当的方式就是走近汪胡桢，回顾那一段历史，并让这段故事得以传承。

第二十八章

绿水青山　水库如画

Chapter 28　Green Waters and Green Mountains, Picturesque Reservoir

　　英勇的抗美援朝战争和轰轰烈烈的治淮工程,是同一时期,两个不同的"战场"。

　　从上甘岭到佛子岭,两座大岭虽相隔千里,却都见证了中国人民的坚韧不拔和伟大成就。同一时期,捷报频传,振奋人心。

　　一条大河波浪宽,风吹稻花香两岸……《我的祖国》这首歌,唱出了我们对这片土地深深的热爱和依恋。

电影《上甘岭》画面

电影《上甘岭》中，一帧佛子岭水库的画面巧妙地作为背景映衬出现。这不仅仅因为佛子岭水库是一项重要的水利工程，更因为它是时代的象征，是我们伟大祖国的骄傲。

昔日的佛子岭，我们已有所了解。现今的佛子岭又呈现出何种面貌呢？

青山不言，绿水多情，大自然养育着一方水土和一方人民，对生态而言，维护是最好的发展。

绿水青山是反映生态环境变化的重要标志，生态环境是人类生存发展的根基，保护好生态环境，走绿色发展之路，人类社会的发展才能高效，人类生存的环境才能永续。换言之，新时代发展追求的是人与自然的和谐共生，正确处理好生态环境保护和发展的关系，是实现可持续发展的内在动力，也是推进现代文明的自然法则。

人们越来越清晰地认识到，只有更好地保护绿水青山，才能实现生态效益、经济效益和社会效益同步提升，才能真正实现百姓富、生态美的有机统一。绿水青山所蕴含的生态价值和生态效益，体现了社会经济发展与生态环境保护的辩证统一。

在实践中，人们逐渐认识到绿水青山对于可持续发展的重要性，并将其转化为生动的现实，这已经成为人民群众的自觉行动，共同构建经济发展与环境资源协同共进的地球家园。

佛子岭水库是一座集防洪、灌溉、供水、发电、生态保护等多种功能于一体的大型水库。对于这样一座重要的水利工程，绿水青山不仅构成了其美丽的自然景观，更在多个方面对水库的运行和生态环境发挥着至关重要的作用。

绿水青山是佛子岭水库水质的重要保障，茂密的植被和良好的生态环境能够有效过滤雨水中的杂质，减少水土流失，保障入库水质的清洁，清洁的水质又直接关系到淠史杭灌区的水资源质量，提升人民生活品质和农业灌溉用水的质量。

绿水青山有助于维护佛子岭水库的生态平衡，丰富的植被为各种野生动物提供了栖息地，形成了多样化的生物群落。这些生物群落在水库的生态系统中扮演着重要的角色，有助于保持水库生态系统的稳定和健康。

绿水青山对于发挥佛子岭水库的防洪功能具有重要意义，茂密的植被能够减缓雨水径流，增加地表水的下渗，有效减少洪水峰值，延长洪水过程线，对减轻水库防洪压力、保障下游地区防洪安全具有重要作用。

绿水青山是佛子岭水库旅游资源的重要组成部分。优美的自然风光和丰富的生态资源，可以吸引大量游客前来观光，可以推动了当地文旅业的发展，不仅可以带来经济效益，也是提高佛子岭水库知名度和美誉度的重要途径。

不言而喻，绿水青山对佛子岭水库的重要性，不仅是水库美景的构成元素，更是水质保障和维护生态平衡、发挥防洪功能以及推动旅游环境发展的关键所在。

多年来，佛子岭水库管理部门高度重视库区绿水青山保护工作，主动承担库区周边的环境保护责任，用实际行动推动绿色发展、循环发展、低碳发展，实现管理效益和生态效益的双赢，逐渐形成了人与自然和谐共生的新格局，旨在实现工程管理与环境保护的协调发展。

秉持着对自然的敬畏之情，如今的佛子岭生态环境在生动的实践中结出了硕果，惠及了当地民众。

水库之美，映衬着国家之美。

人不负青山，青山定不负人。

如今库区绿如茵

坡地美化树成林

气蚀叶轮话科普

治水方针"十六字"

竹根山泉剐水甜

核心价值享成果

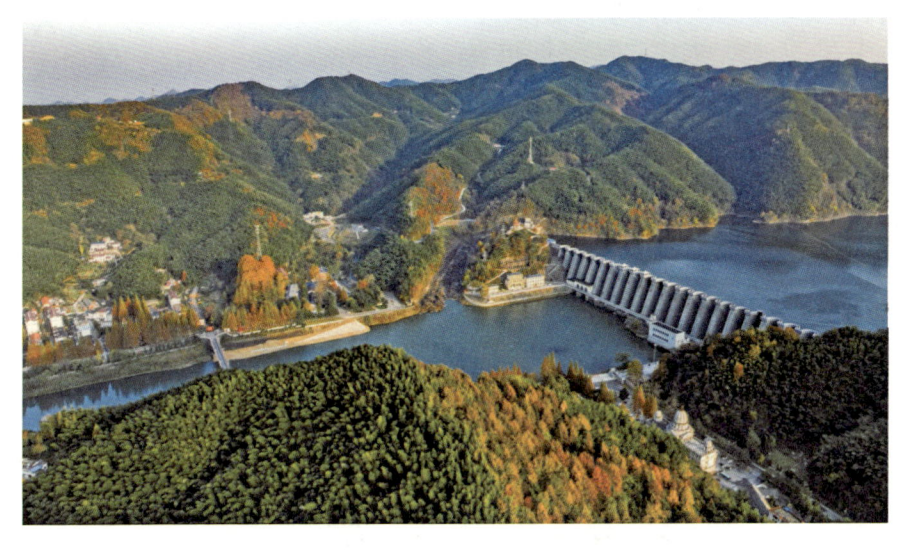

湖光山色映画卷（安徽省佛子岭水库管理处提供）

长龙卧波展雄姿（安徽省佛子岭水库管理处提供）

第二十八章 绿水青山 水库如画

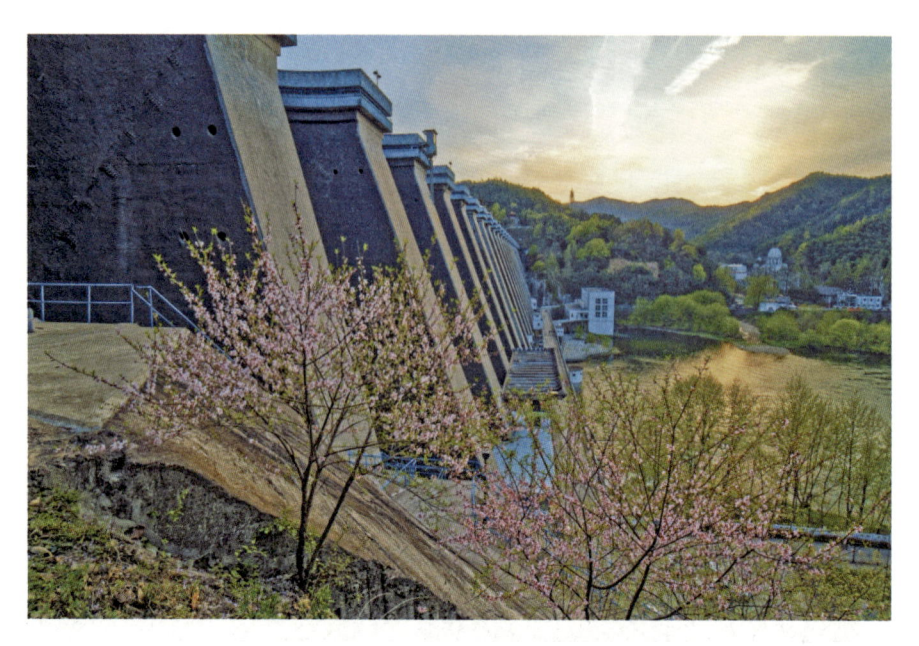

汪胡桢与佛子岭水库

暖阳洒金映水库（安徽省佛子岭水库管理处提供）

三分春色上枝头（安徽省佛子岭水库管理处提供）

晓雾云涛磨子潭（安徽省佛子岭水库管理处提供）

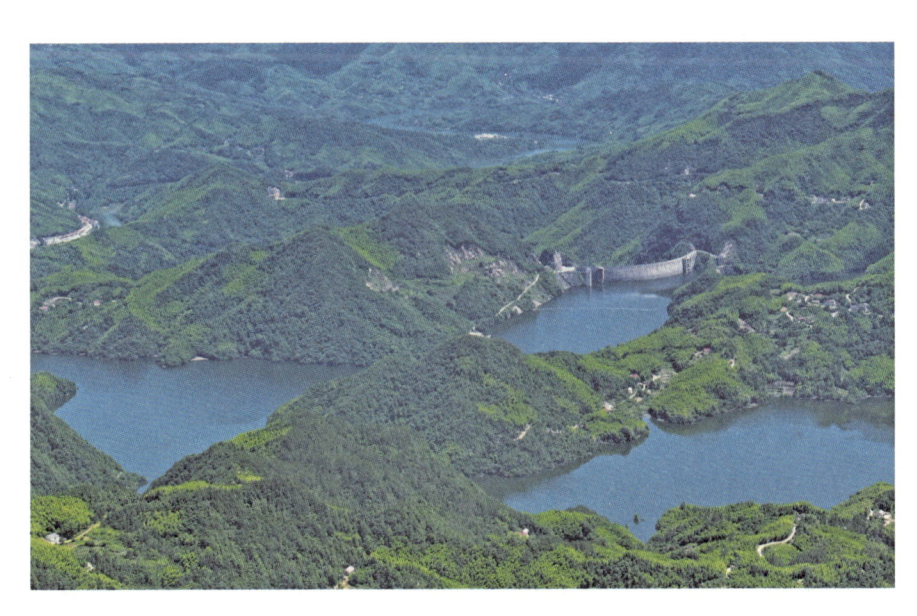

三潭映月白莲崖（安徽省佛子岭水库管理处提供）

主要参考文献

1. 黄国华. 汪胡桢传［M］. 杭州：浙江人民出版社，2023.
2. 河海工程专门学校. 河海工程专门学校特科毕业纪念册［A］. 南京：河海大学档案馆.
3. 嘉兴市政协文史资料委员会. 一代水工汪胡桢［M］. 北京：当代中国出版社，1997.
4. 导淮委员会. 导淮委员会工作报告［R］. 1934.
5. 导淮委员会. 导淮工程计划［R］. 1931.
6. 汪胡桢. 整理运河工程计划［M］. 1935.
7. 汪胡桢，等. 中国工程师手册［M］. 上海：商务印书馆，1951.
8. 水电部治淮委员会. 治淮回忆录［M］. 蚌埠：治淮杂志编辑部，1985.
9. 治淮委员会政治部宣传处. 治淮第一年工程图片集［M］. 上海：华东人民出版社，1952.
10. 佛子岭水库工程指挥部. 佛子岭水库工程技术总结［M］. 1954.
11. 水利部治淮委员会. 淮河［M］. 1958.
12. 仇一丁，孙玉华，殷献钢. 佛子岭水电站志［M］. 1994.
13. 《佛子岭水电站志》（续卷）编纂委员会. 佛子岭水电站志（续卷）［M］. 2004.
14. 李宗新，卢向韬. 淮河军魂［M］. 北京：水利电力出版社，1992.
15. 佛子岭水库工程指挥部. 佛子岭水库工程工作总结［M］. 1954.

16. 张怀江，等. 佛子岭水库画集［M］. 上海：上海人民美术出版社，1955.

17. 陈登科. 移山记［M］. 北京：中国青年出版社，1959.

18. 尹引. 一代水工汪胡桢与南京"新村"建设［M］. 桂林：广西师范大学出版社，2020.

跋

《汪胡桢与佛子岭水库》的初稿在2021年已经完成，但出版之事一直未能如愿。今年初，时逢佛子岭水库建成70年，社会各界对这一工程的关注度有所回升，各类文章和视频时常见诸网络媒体，出版一事似遇机缘。尽管公众对佛子岭水库的了解不多，但我对11月5日这个纪念日念念不忘，思索着如何为佛子岭水库建成70周年庆典出点力、做点事。于是今春，我再次对书稿进行了修订，重新架构章节段落，对故事内容做了进一步的扩充和丰富，书稿更臻完善，出版一事又提上心头。

我从研究淮河治理开始，到了解佛子岭水库，再到研究汪胡桢其人，在此过程中逐渐被汪胡桢的事迹所打动。回想起2021年4月，为庆祝中国水利学会成立九十周年举办的一次征文活动，我在看到征文通告时，距离截稿日期仅剩几天，一时没有在意。时隔两天，我突然想起此事。由于我曾整理过许多关于汪胡桢的文献资料，其中一部分与中国水利工程学会有所关联，这些资料与征文的主题十分吻合。于是，我重新找出了征文启事，参照我对汪胡桢生平事迹的熟悉程度，挑选了与学会相关的要素，最终确定了题目——《汪胡桢与中国水利工程学会》。这篇文章把汪胡桢为中国水利工程学会所做的相关事情分类细化，提纲挈领，深化考证，把学会成立的时间、过程、业绩等众多细节逐一弄清，秉笔直书，赶在截稿日期之前的几个小时，完稿交付。由于成文后字数超限，仅作点小小说明，至于是否采用，能否参与评比，以及最终结果如何，我一概顺其自然。不想此文不仅受到了中国水利史研究会的青睐，还在中国水利学会庆祝成立90周年征文活动中荣获了一等奖。

我对于创作《汪胡桢与佛子岭水库》的想法，早已有之。写作之初，安徽省水利厅原督察专员何平建议我将汪胡桢的故居故事与他的工程成就相结合，以此为线索，展示汪胡桢先生曾经"战斗"的地方以及他的生平经历和精神，让下一代、让更多的人，对汪胡桢先生有全面的了解。

本书的主角突出有二：一是水利人物——我国著名的水利科学家汪胡桢；一是水利工程——我国著名的佛子岭水库连拱坝。这一人一物，构成了新中国治淮成就的一个缩影、一个亮点、一个传奇和一个总结。

2023年7月，我在嘉兴市纪念汪胡桢先生诞辰126周年暨汪胡桢文献展示分享座谈会上，为汪胡桢故居捐赠了《佛子岭水库工程技术（工作）总结》（一套十本），并在汪胡桢故居门前与汪胡桢之女汪胡炜合影。今年3月9日，嘉兴市政协在汪胡桢先生的故乡召开《汪胡桢传》一书的座谈会，我作为研究汪胡桢生平的业余爱好者应邀出席会议。《汪胡桢传》的出版使我对《汪胡桢与佛子岭水库》的出版坚定了信心。虽然力有未逮，却心不甘寂寞，努力还将继续。

作者吴旭与汪胡炜在嘉兴汪胡桢故居门前合影

6月初的一天，从同事段春平那里得

知，河海大学出版社的编辑不日要来单位，他建议我借此机会和出版社面谈出版事宜。我因有事，于是请他代为把电子稿发给编辑，如出版社能看中，再谈不迟。实际上，我心里底气不足，又感到时间紧迫，担心出版社不会对我这个无名作者的作品给予关注和认可。

没想到，机会来得那么突然，没出半月，我就通过段春平收到了来自河海大学出版社的稿件修改建议，且编辑对稿件颇有赞许。在我准备放弃之时，又迎来新的机遇，这对我是很好的鼓励。我立刻按出版意见进行修改，着重补充了资料出处和图片说明。这项工作看似简单，却很耗费时间。我意识到自己写作过程中的不足，但没别的办法，只有一个字，干。

这次的修改并非徒劳，我仿佛又重新创作了一遍，收获更大，体会更深，对汪胡桢与佛子岭水库的理解也更为透彻。我借此机会拾遗补漏，逐一考证，并反复征求出版社意见，书稿质量得到进一步提升。

在本书创作过程中，我得到了汪胡桢先生的家属及研究、敬佩、了解汪胡桢的社会各界人士的帮助和支持。汪胡炜女士对我创作《汪胡桢与佛子岭水库》一书给予了莫大的肯定和鼓励，老人家93岁高龄还亲自为我这本书撰写序言。华北水利水电大学原党委书记、博士生导师，中华水文化专家委员会委员，黄河文化研究会会长朱海风教授长期从事中国水文化研究和高等教育管理工作，一直关心支持关于汪胡桢生平事迹的整理与研究，也欣然应邀题写书名并作序。佛子岭水库管理处帮助核对了书稿中的一些技术参数，使相关数据更加准确。淮河水利投资集团提供了部分治淮史料，助力弘扬淮河文化。合肥泓泉档案信息科技有限公司在资料编目上提供了指导和帮助。嘉兴政协原特邀文史委员黄国华先生和河海大学刘顺老师为我提供了大量汪胡桢的相关图片，使书稿图文并茂，以文叙事，以图补证，灵活突现，相得益彰。南信大陈昌春教授悉心指导，把查询到的汪胡桢所述美国和法属阿尔及利亚的两处可供参考的连拱坝资料提供给我，使我本来的遗憾得以弥补。南师大尹引老师给予了大力支持，帮助总结、修改了关于汪胡桢的创新人生等内容，文稿总结得以升华。中国摄影家协会会员熊志刚同志拿出他珍藏的佛子岭大片支持我，使这本书稿增色不少，佛子岭水库的今貌原迹也得以映衬。安徽省水利厅原督察专员何平一直鼓励、支持我，帮助研究目录用词与内容衔接，讨论文稿的语句用词，使表述更趋稳妥。河海大学出版社在出版过程中赶时间、抢进度、保质量，为的是赶在佛子岭水库建成 70 周年之际出版此书。当然，还要铭记在草稿初创阶段，曾经帮助收集整理相关资料的王义等同事们。在此一并致以衷心的感谢！

来自各方的帮助，旨在纪念从河海大学和治淮前线走出的科学家汪胡桢先生，旨在总结治淮工程佛子岭水库的建设经验和成就，旨在记录水利人共同的自豪与荣耀。

限于笔者水平有限，初次写书，难免有沧海遗珠之憾，或有疏漏讹误之处，敬请广大读者、专家不吝批评指正。

作者　吴旭

2024 年初秋于蚌埠

附图1　佛子岭水库实景三维数字模型图

(倾斜摄影：熊志刚)